U0365758

二级注册建筑师考试教材与工作实务

建筑经济、施工与设计业务管理

筑龙学社　组织编写

中国建筑工业出版社

图书在版编目（CIP）数据

二级注册建筑师考试教材与工作实务. 建筑经济、施工与设计业务管理 / 筑龙学社组织编写. -- 北京：中国建筑工业出版社，2024.1
ISBN 978-7-112-29509-8

Ⅰ. ①二… Ⅱ. ①筑… Ⅲ. ①建筑经济-资格考试-自学参考资料②建筑施工-资格考试-自学参考资料③建筑设计-资格考试-自学参考资料 Ⅳ. ①TU

中国国家版本馆 CIP 数据核字（2023）第 252693 号

责任编辑：焦 扬 徐 冉
责任校对：赵 力

二级注册建筑师考试教材与工作实务
建筑经济、施工与设计业务管理
筑龙学社 组织编写
*
中国建筑工业出版社出版、发行(北京海淀三里河路 9 号)
各地新华书店、建筑书店经销
北京鸿文瀚海文化传媒有限公司制版
三河市富华印刷包装有限公司印刷
*
开本：787 毫米×1092 毫米 1/16 印张：18½ 字数：447 千字
2025 年 2 月第一版 2025 年 2 月第一次印刷
定价：79.00 元
ISBN 978-7-112-29509-8
（42261）

编 委 会

主　编：田文萍

副主编：丁　威　龚志凯

编　委：徐庆迎　李国明　方翔宇　田丽可
　　　　徐　翀　郭中宽　李　娜

序

  建筑师作为业主建筑生产全过程的代理人，其建筑专业实践涵盖从策划、设计到招标投标和施工的建筑生产全过程。注册建筑师考试的考前复习应有助于考生掌握全过程建筑设计，有助于提升其分析、创造的思维能力以及对新知识、新技术的敏感性。

  我国正处于社会经济转型、产业升级，实现高质量发展的新阶段。它涉及理念的转变，模式的转型和路径的创新，是一个战略性、全局性、系统性的变革。随着新型建筑工业化的发展，传统的从设计到建造的线性流程需要进行相应的调整，形成建筑设计与建造设计协同发展的并行流程。建筑师在考前复习的过程中应对新型建筑工业化重点关注，并把握以下4个方面对建筑实践的影响：

  1. 发展体系框架和三化融合

  《"十四五"建筑业发展规划》提出在"十四五"末期要初步形成建筑业的高质量发展体系框架，推动建筑业的高质量发展。发展体系重点在三个方面发力：一是工业化，二是数字化，三是绿色化。规划强调推动三化融合，协同发展，跨界融合，集成创新。中国建筑业正在走以新型工业化变革生产方式，以数字化推动全面转型，以绿色化实现可持续发展的创新时代。

  2. 科技革命和产业变革

  以互联网、物联网、大数据、云计算、移动通信、人工智能、区块链等新型技术集成与创新应用，推动全行业的质量变革、效率变革、动力变革，实现数字价值创造，推动数字产业化和产业数字化。新一轮科技革命和产业变革，极大地促进了建筑业的新思维、新科技和新业态。

  3. 系统集成和整合创新

  加强建筑生产工业化创新发展的体系研究与实践。模块化设计、数字化制造、装配化施工、智慧化运维使装配式建筑体系集成化，并从建筑策划设计到加工制造，再到现场装配施工，以及后期运维，形成一条全产业链，进而形成全生命周期的建筑体系。

  4. 工业化设计和智慧化制造

  加强工业化的思维、产品化的设计思考，开拓建筑学的新边界。当机器取代人去建造，建造的组织模式必将发生变化，生产关系的变化必然改变建筑学的边界。建筑学借助工业化与智能机器人的力量，实现了从建筑策划、创意、设计到建造的一体化，击碎了传统建筑行业的专业细分与藩篱，这种"工业化＋智能机器"的复合模式必然带来生产力、生产关系和建造方式的重大变革。

  总之，新型建筑工业化不仅需要建筑师扎实掌握建筑设计的专业知识与创新思维，还要跨专业学习土木工程管理、产品制造、计算机语言等相关知识，掌握诸多基于信息化技术的设计与分析模拟工具，为日后成为具有综合素质的建筑设计与建造团队领导者打下坚实的基础。新型建筑工业化的介入使得建造过程发生了重大改变，面对这种变化，建筑师除了坚守核心领域——基于场地和功能的建筑构思，还必须将设计延伸到材料、产品、构件的生产及组装领域。注册建筑师考试全面反映了社会对于建筑师的基本要求。我国注册建筑师考试科学、合理、公平、有效，考试大纲改版后的注册考试将继续与时俱进，关注新型工业化对建筑师提出的新要求，达到测试考生是否具备足够的专业知识与技能以及组织协调和决策能力的目的。

青年建筑师除立足于设计行业本身之外，应责无旁贷地做好项目设计方面的领头人，在建筑行业的创新、节能、绿色发展之路上继续探索前进。衷心希望青年建筑师们用科技的力量，拓宽建筑学的边界，走向新营造！

顾勇新
中国建筑学会监事
中国建筑学会建筑产业现代化发展委员会副主任

前　言

本系列图书是响应原建设部和人事部自 1994 年实施注册建筑师制度而编制的应试辅导书，拟包含涉及"场地与建筑方案设计（作图题）""建筑设计、建筑材料与构造""建筑结构、建筑物理与设备""建筑经济、施工与设计业务管理"科目共 4 册。

本教材以 2022 年版考试大纲为依据，依托筑龙学社多年教研的经验积累，结合考试参考书目、现行国家标准规范进行编写。结合例题进行知识点解析，突出重难点；同时，结合实际工程经验，给出实务提示，以帮助考生理论联系实际，力求"学得快，用得上"。

本教材特邀具有多年全国一、二级注册建筑师考试辅导经验的教师编写，他们均具备一级注册建筑师、一级注册结构工程师、注册电气工程师或注册公用设备工程师等执业资格。他们在本专业领域具有丰富的专业知识及经验，可以切实有效地为考生提供备考指导。

本教材在应试辅导的同时，也强调对专业知识体系的梳理与融贯。从专业角度加入与行业发展同步的信息以及现行国家标准规范等，内容与时俱进。在知识的归纳解读中，部分内容运用了思维导图的形式，力求重点突出、清晰直观、便于理解。同时，本教材还具备考点覆盖面广、信息量大的特点。

在二级注册建筑师资格考试中，"建筑结构、建筑物理与设备"科目内容较多，如何帮助学员提高复习效率并通过考试是编写教师关注的核心问题。本教材分析近 5 年的考题，按照重要性及出题频率对考试大纲中的考点进行分级。三星级（★★★）的知识点为需重点掌握的内容，二星级（★★）的知识点需记忆并理解掌握，一星级（★）的知识点仅作一般性了解即可。以此划定复习范围和深度，帮助考生提高学习效率。

总体来说，本教材的编写紧扣 2022 年版考试大纲的要求，立足基础，强化辅导，兼顾拓展，强调知识结构的体系化和考前复习的针对性。本教材初稿的主要章节都曾被用来试讲，考生普遍反映教材内容简洁、易懂，受到大家的欢迎与肯定。然而，百密一疏，书中若有错误或遗漏之处，也请各位同仁及广大考生不吝赐教，以使教材不断完善。

目　　录

第一章 建筑经济

考试大纲对相关内容的要求：

了解建筑工程投资构成的概念；了解建筑工程全过程投资控制的知识，以及各阶段工作内容与作用；策划阶段，了解投资估算的作用、编制依据和内容，项目建议书、可行性研究、技术经济分析的作用和基本内容；设计阶段，理解设计方案经济比选和限额设计方法，估算、概算、预算的作用、编制依据和内容；招投标阶段，了解工程量清单、标底、招标控制价、投标报价的基本知识；施工阶段，了解施工预算、资金使用计划的作用、编制依据和内容，工程变更定价原则；竣工阶段，了解工程结算、工程决算的作用、编制依据和内容，工程索赔基本概念；运营阶段，了解项目后评价基本概念。

将新大纲与 2002 年版考试大纲的内容进行对比："4.3.1 了解基本建设费用的组成；了解工程项目概算、预算内容及编制方法；了解一般建筑工程的技术经济指标和土建工程分部分项单价；了解建筑材料的价格信息，能估算一般建筑工程的单方造价；掌握建筑面积的计算规则。"可以看出：①新增"项目建议书、可行性研究、技术经济分析"概念的学习；②新增"设计方案经济比选和限额设计"，强调设计方案对工程造价的有效控制；③新增招投标阶段、施工阶段、竣工阶段、运营阶段造价控制，突出建筑经济全过程管理；④取消"建筑材料价格信息"，在实际工程中可参考各地造价站发布的建设工程材料价格信息；⑤取消"建筑面积的计算"。以上变化使得考试与日常工程实践结合得更加紧密。

本章将对建筑工程预算、工程造价管理的相关知识，现行标准规范以及国家或省级行政部门颁发的计价依据和计价方法进行梳理与总结。考生需重点掌握以下内容：建筑工程投资的构成；项目建议书、可行性研究的作用和内容；投资估算的作用、编制依据和内容；设计方案经济比选和限额设计方法；招投标阶段、施工阶段、竣工阶段、运营阶段造价控制的工作内容及作用。本书将结合工程案例，利用思维导图以及表格的形式，帮助考生快速理解、掌握考点知识。

第一节 建设程序与工程造价的确定

一、建设项目及其组成（★）

建设项目是指按一个总体规划或设计进行建设的，由一个或若干个互有内在联系的单项工程组成的工程总和。建设项目在经济上独立核算，行政上有独立的组织形式并实行统一管理。

建设项目可分为单项工程、单位工程、分部工程和分项工程（图 1-1-1）。

（一）单项工程

单项工程是指在一个建设项目中，具有独立的设计文件，建成后可以独立发挥生产能力或使用功能的工程项目。单项工程是建设项目的组成部分，一个建设项目可以只有一个

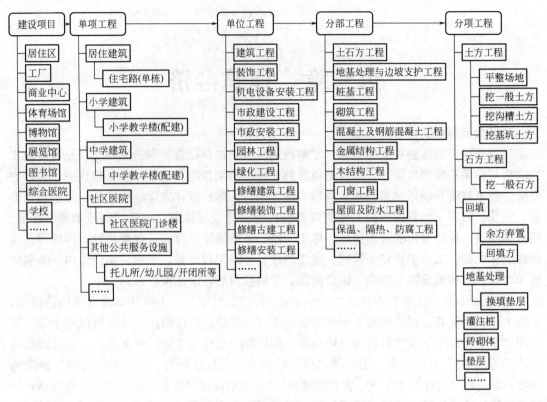

图 1-1-1　建设项目组成示意图

单项工程，也可以有若干个单项工程。

（二）单位工程（子单位工程）

根据《工程造价术语标准》GB/T 50875—2013，单位工程是指具有独立的设计文件，能够独立组织施工，但不能独立发挥生产能力或使用功能的工程项目。根据《建筑工程施工质量验收统一标准》GB 50300—2013，具备独立施工条件并能形成独立使用功能的建筑物或构筑物为一个单位工程。

单位工程是单项工程的组成部分。如工业厂房工程中的土建工程、设备安装工程、工业管道工程等就是单项工程所包含的不同性质的单位工程。对于建设规模较大的单位工程，可将其能形成独立使用功能的部分划分为一个子单位工程。

（三）分部工程（子分部工程）

分部工程是单位工程的组成部分，是指将单位工程按专业性质、工程部位、建筑功能等划分的工程。根据《建筑工程施工质量验收统一标准》GB 50300—2013，建筑分部工程包括：地基与基础、主体结构、建筑装饰装修、屋面、建筑给水排水及供暖、通风与空调、建筑电气、智能建筑、建筑节能、电梯等分部工程。当分部工程较大或较复杂时，可按材料种类、施工特点、施工程序、专业系统及类别将分部工程划分为若干子分部工程。

（四）分项工程

分项工程是分部工程的组成部分，也是形成建筑产品基本构件的施工过程，一般分项工程按主要工种、材料、施工工艺、设备类别进行划分。分项工程是建筑施工生产活动的基础，也是计量工程用工用料和机械台班消耗的基本单元。分项工程既有其作业活动的独立性，又有相互联系、相互制约的整体性。

二、工程建设程序（★）

工程建设程序是指建设项目从策划、评估、决策、勘察设计、建设准备到施工、竣工验收、投入生产或交付使用、考核评价的整个建设工程中，各项工作必须遵循的先后顺序。工程建设程序反映了工程建设过程的客观规律和经济规律，是建设工程项目科学决策和顺利进行的重要保证，是工程项目建设实践中得出来的经验总结，不能任意颠倒，但可以合理交叉。

工程建设程序可分为策划决策、建设实施、使用三个阶段，每个阶段分为若干项工作（图 1-1-2）。

策划决策阶段		建设实施阶段												使用阶段	
		设计准备阶段	设计阶段			施工阶段						生产准备		保修阶段	保修期结束
编制项目建议书	编制可行性研究报告	设计任务书	编制设计文件			建设准备	施工招投标			施工		竣工验收		投产经营	项目后评价
			初步设计	技术设计	施工图设计										
投资估算		—	设计总概算	修正总概算	施工图预算		招标控制价	投标报价	合同价	施工成本控制、施工预算	工程变更和索赔	工程结算	竣工结算	竣工决算	项目后评价
建设单位编制		建设单位编制	设计单位编制				招标人编制	投标人编制	承包人编制			承包人审查	发包人审查	建设单位编制	相关部门审查

图 1-1-2　工程项目建设程序示意图

（一）编制和报批项目建议书

项目建议书是由项目投资方向其主管部门上报的要求建设一个具体工程项目的建议文件，是投资决策之前对建设项目的轮廓设想。项目建议书要在投资决策之前，对项目设立的必要性、可能性和盈利可能性进行论述，把项目投资的设想变为概略的投资建议，供项目审批机关作出初步决策，是选择和审批项目的依据，也是编制可行性研究报告的依据。

项目建议书的主要内容包括：①进行市场调研，分析投资建设的必要性、可行性；②规划和设计方案、产品方案、拟建规模和建设地点的初步设想；③资源情况、交通运输与其他建设条件、协作关系、主要生产技术和工艺，以及主要设备引进国别、厂商的初步分析；④投资估算、资金筹措及还贷方案设想；⑤项目进度安排；⑥经济效益和社会效益的初步估计；⑦环境影响的初步评价；⑧有关的初步结论和建议。

对于政府投资项目，项目建议书按要求编制完成后，应根据建设规模和限额划分报送有关部门审批。对列入相关发展规划、专项规划和区域规划范围的政府投资项目，可以不再审批项目建议书；对改扩建项目和建设内容单一、投资规模较小、技术方案简单的项目，可以合并编制、审批项目建议书、可行性研究报告和初步设计。

项目建议书经批准后，可进行可行性研究工作，但并不表明项目非上不可，批准的项目建议书不是项目的最终决策。

> **实务提示：** 非政府投资的工程项目一律不再实行审批制，区别不同情况实行核准制或登记备案制。政府仅对重大项目和限制类项目从维护社会公共利益角度进行核准，其他项目无论规模大小均改为备案制。企业投资建设实行核准制的项目，仅需向政府提交项目申请报告，不再经过批准项目建议书、可行性研究报告和开工报告的程序。
>
> 　　企业投资的项目申请报告主要包括：①项目单位情况；②拟建项目情况，包括项目名称、建设地点、建设规模、建设内容等；③项目资源利用情况分析以及对生态环境的影响分析；④项目对经济和社会的影响分析。
>
> 　　项目单位在报送项目申请报告时，还应附：①城乡规划行政主管部门出具的选址意见书（仅指以划拨方式提供国有土地使用权的项目）；②国土资源（海洋）行政主管部门出具的用地（用海）预审意见（国土资源行政主管部门明确可以不进行用地预审的情况除外）；③法律、行政法规规定需要办理的其他相关手续。

（二）项目可行性研究

可行性研究是对建设项目在技术上是否可行和经济上是否合理所进行的科学分析论证。项目建议书获得批准后即可立项，立项后编制和报批可行性研究报告。按研究编制精度不同，可分为初步可行性研究和详细可行性研究两个阶段。

可行性研究报告是在投资决策之前，对拟建项目有关的自然、社会、经济、技术等，进行调研、分析、比较以及预测建成后的社会经济效益，在此基础上，综合论证项目建设的必要性、财务的盈利性、经济上的合理性、技术上的先进性和适应性以及建设条件的可能性和可行性，从而为投资决策提供科学依据的书面材料。

1. 可行性研究的作用

（1）作为建设项目投资决策的依据。可行性研究是政府投资项目主管部门审批决策、企业投资项目内部投资决策的依据，是须经政府投资主管部门核准的投资项目编制项目申请报告的依据，是使用政府投资补助、贷款贴息等方式的企业投资项目编制资金申请报告的依据。

（2）作为项目融资、筹措资金和申请贷款的依据。

（3）作为项目主管部门商谈合同、签订协议的依据。

（4）作为项目工程设计以及设备订货、施工准备等建设前期工作的依据。

（5）作为项目拟采用新技术、新设备的研制和地形、地质及工业性试验工作的依据。

（6）作为环保部门审查项目对环境影响的依据。

（7）作为向项目建设所在地政府和规划部门申请建设执照的依据。

（8）作为优化建设方案、落实建设条件等事项的依据。

2. 可行性研究的依据

可行性研究的依据包括：项目建议书（政府投资项目还应有项目建议书的批复文件）；国家、地方及行业部门的发展规划；有关法律、法规和政策；有关工程建设的标准、规范、定额等；拟建厂（场）址的自然、经济、社会概况；合资、合作项目签订的协议书或意向书；与拟建项目有关的各种市场信息、社会公众要求等资料；与拟建项目有关的专题研究报告。

3. 可行性研究的主要工作内容

（1）进行需求分析与市场研究，以解决项目建设的必要性及建设规模、标准等问题。

（2）进行设计方案、工艺技术方案、建设方案研究，解决项目建设的技术可行性问题。

（3）进行财务分析和经济分析，以解决项目建设的经济合理性问题。

（4）进行社会评价、环境影响评价、风险分析，以解决项目建设对社会、环境的影响以及项目建设的风险问题。

4. 可行性研究报告的主要内容

（1）项目提出的背景、项目概况及投资的必要性。

（2）产品需求、价格预测及市场风险分析。

（3）资源条件评价（对资源型项目而言）。

（4）建设规模及产品方案的技术经济分析。

（5）建设条件与厂址选择。

（6）工程技术方案、设备方案和工程方案。

（7）主要原材料、燃料供应。

（8）总图布置、场内外运输与公共辅助工程。

（9）节能、节水措施。

（10）环境影响评价。

（11）劳动保护、安全卫生、消防。

（12）企业组织机构与人力资源配置。

（13）项目实施进度安排，投资估算及融资方案。

（14）财务评价及国民经济评价。

（15）社会评价及风险分析。

（16）研究结论与建议。

此外，政府投资项目的可行性研究报告还应包括有关的招标内容。

（三）编制和报批设计文件

项目决策后，需要对拟建场地进行工程地质勘察，提出勘察报告，为设计做好准备。通过设计招标或方案比选确定设计单位后，即可开始初步设计文件的编制工作。

一般工程项目的设计过程分为两个阶段，即初步设计和施工图设计的二段设计；对于大型、复杂的项目，可根据需要在初步设计阶段后增加技术设计阶段（扩大初步设计阶段），即初步设计、技术设计和施工图设计的三段设计，并相应编制初步设计总概算、修正总概算和施工图预算。

编制初步设计文件，应当满足编制施工招标文件、主要设备材料订货和编制施工图设计文件的需要。初步设计不得随意改变经批准的可行性研究报告中所确定的建设规模、产品方案、工程标准、建设地址和总投资等控制目标。

编制施工图设计文件，应当满足设备材料采购、非标准设备制作和施工的需要，并注明建设工程合理使用年限。

施工图审查主要内容包括：是否符合工程建设强制性标准；地基基础和主体结构的安全性；消防安全性；人防工程（不含人防指挥工程）防护安全性；是否符合民用建筑节能强制性标准，对执行绿色建筑标准的项目，还应审查是否符合绿色建筑标准；勘察设计企业和注册执业人员以及相关人员是否按规定在施工图上加盖相应的图章和签字。

任何单位或者个人不得擅自修改审查合格的施工图，确需修改的，凡涉及上述审查内容的，建设单位应将修改后的施工图送原审查机构审查。对于交通运输等基础设施工程，施工图设计文件则实行审批或审核制度。

（四）建设准备

项目开工建设之前的准备工作主要包括：征地、拆迁和场地平整；完成施工用水、电、通信、道路等接通工作；组织招标选择施工单位、工程监理单位及材料、设备供应商；准备必要的施工图纸；办理施工许可证和工程质量监督手续。

（五）施工安装和生产准备

建设单位按规定做好建设准备，具备开工条件后，由建设单位申请开工，进入施工安装阶段。建设工程具备开工条件并取得施工许可证后即可组织施工安装。

施工承包单位应按照工程设计、施工合同、施工组织设计、施工规范的要求，在保证工程质量、工期、成本及安全、环保等目标的前提下进行施工，达到竣工验收标准后，由施工单位移交给建设单位，同时编制工程竣工结算文件。

对于生产性建设项目，建设单位应在工程竣工投产前做好生产或使用前的准备工作，确保项目建成后能及时投产。

生产准备工作一般应包括以下内容。

（1）招收和培训生产人员，组织有关人员参加设备安装调试验收工作。

（2）组织准备：组建生产管理机构，制定生产管理机构设置、制定管理制度、生产人员配备。

（3）技术准备：汇总国内装置设计资料；翻译、编辑有关国外技术资料，编制生产方案及新技术准备。

（4）物资准备：落实生产原材料、协作产品、燃料、水、电、气等来源和其他需协作配合的条件，组织物资制造或订货。

（六）工程项目竣工验收、投产经营和考核评价

建设项目按照批准的设计文件所规定的内容全部建成并符合验收标准，应按竣工验收报告规定的内容进行竣工验收，竣工验收合格后应办理固定资产移交手续和编制工程决算，竣工验收合格后工程项目即转入生产和使用。

竣工验收准备工作主要包括：整理形成工程档案资料；绘制竣工图；编制竣工决算。

对于有些工程项目，在项目生产运营一段时间后，还需要进行考核评价，即对工程项目的立项决策、设计施工、投产运营和建设效益等进行评价，以便总结经验、改进工作、提高投资效益。项目后评价的基本方法是对比法，一般从效益、过程两个方面对工程项目进行项目后评价。

三、建设工程全过程投资控制 (★)

(一) 建设工程全面造价管理

建设工程全面造价管理包括全寿命期造价管理、全过程造价管理、全要素造价管理和全方位造价管理，详见表 1-1-1。

建设工程全面造价管理构成及含义

表 1-1-1

构成	含义
全寿命期	从初始建造至完成后日常使用及拆除回收,包括策划决策、建设实施、运行维护及拆除回收等各阶段
全过程	策划、设计、招投标、施工、竣工
全要素	成本、工期、质量、安全、环保
全方位	政府建设主管部门、行业协会、建设单位、设计单位、施工单位、咨询机构

1. 全寿命期造价管理

建设工程全寿命期造价是指建设工程初始建造成本和建成后的日常使用及拆除成本之和，包括策划决策、建设实施、运行维护及拆除回收等各阶段费用。

2. 全过程造价管理

全过程造价管理，是指覆盖建设工程策划决策及建设实施各阶段的造价管理。包括：策划决策阶段的项目策划、投资估算、项目经济评价、项目融资方案分析；设计阶段的限额设计、方案比选、概预算编制；招投标阶段的标段划分、发承包模式及合同形式的选择、招标控制价或标底编制；施工阶段的工程计量与结算、工程变更控制、索赔管理；竣工验收阶段的结算与决算等。

全寿命期和全过程的时间涵盖范围不同（图 1-1-3）。

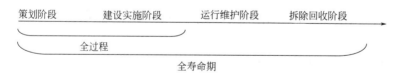

图 1-1-3 全寿命期和全过程的时间涵盖范围区别

3. 全要素造价管理

影响建设工程造价的因素有很多。全要素造价管理的核心是按照优先性原则协调和平衡工期、质量、安全、环保与成本之间的对立统一关系。

4. 全方位造价管理

建设工程造价管理不仅是建设单位或承包单位的任务，还应是政府建设主管部门、行业协会、建设单位、设计单位、施工单位以及有关咨询机构的共同任务。

(二) 建设工程全过程投资控制

建设工程项目投资控制是指为了实现投资目标，将投资尽可能控制在预定范围内所进行的一系列工作（图 1-1-4）。建设工程项目投资控制的工作应该贯穿投资决策阶段、设计阶段、发包阶段、施工阶段以及竣工阶段等整个工程建设的全过程。

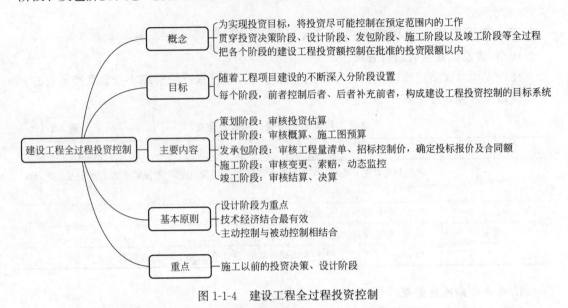

图 1-1-4　建设工程全过程投资控制

工程项目建设各个阶段的投资目标相互制约、相互补充，前者控制后者、后者补充前者，构成建设工程投资控制的目标系统。

1. 建设工程全过程投资控制的主要内容

（1）工程项目策划阶段：按照有关规定编制和审核投资估算，经有关部门批准，即作为拟建工程项目的控制造价；基于不同的投资方案进行经济评价，作为工程项目决策的重要依据。

（2）工程设计阶段：在限额设计、优化设计方案的基础上编制和审核设计概算、施工图预算。对于政府投资工程而言，经有关部门批准的设计概算将作为拟建工程项目造价的最高限额。

（3）工程发承包阶段：进行招标策划，编制和审核工程量清单、招标控制价或标底，确定投标报价及其策略，直至确定承包合同价。

（4）工程施工阶段：进行工程计量及工程款支付管理，实施工程费用动态监控，处理工程变更和索赔。

（5）工程竣工阶段：编制和审核工程结算、编制竣工决算，处理工程保修费用等。

2. 建设工程全过程投资控制的基本原则

实施有效的建设工程全过程投资控制，应遵循以下三项原则。

（1）以设计阶段为重点的全过程造价管理。建筑工程投资控制的关键在于前期策划决策和设计阶段，而在项目投资决策后，控制工程项目投资的关键就在于设计。建设工程全寿命期费用包括工程造价和工程交付使用后的日常开支（含经营费用、日常维护修理费用、使用期内大修和局部更新费用），以及该工程使用期满后的报废拆除费用等。

（2）主动控制与被动控制相结合。对目标值与实际值进行比较，当实际值偏离目标值时，分析其产生偏差的原因，并确定下一步对策，称为被动控制。建设工程投资控制不仅要被动地控制工程造价，更要事先主动采取控制措施，实施主动控制，影响投资决策，影响工程设计、发包和施工，主动地控制工程造价。

（3）技术与经济相结合。有效地控制建筑工程投资，应从组织、技术、经济等多方面采取措施。①从组织上采取措施，包括：明确项目组织结构；明确造价控制人员及其任务；明确管理职能分工。②从技术上采取措施，包括：重视设计多方案比选；严格审查初步设计、技术设计、施工图设计、施工组织设计；深入研究节约投资的可能性。③从经济上采取措施，包括：动态比较造价的计划值与实际值；严格审核各项费用支出；采取对节约投资的有力奖励措施等。

技术与经济相结合是控制建设工程投资最有效的手段。应通过技术比较、经济分析和效果评价，正确处理技术先进与经济合理之间的对立统一关系，在技术先进的条件下取得经济合理，在经济合理的基础上获得技术先进。

四、建设工程造价的确定（★★）

建设工程造价，亦称作建设项目投资（图 1-1-5）。由于视角不同，工程造价有不同的含义。从投资者角度看，工程造价是指工程项目从筹建到竣工交付使用的整个建设过程所花费的全部固定资产投资费用。从承包商的角度看，工程造价是指在工程发承包交易活动中形成的建筑安装工程费用或建设工程总费用。

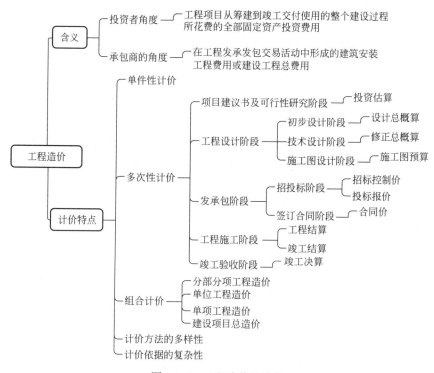

图 1-1-5　工程造价的确定

（一）工程造价计价的特点

工程建设项目不同于一般的工业生产活动，是一项有一定客观规律和明显特性的专业的生产活动，具有以下主要特点。

1. 单件性计价

每个建筑产品都具有特定的用途、建筑及结构形式，在不同的建造地点，采用不同的建筑材料及施工工艺，达成不同的建造效果。每个建筑产品从设计到施工，均为单独的过程，必须单独计算工程造价。

2. 多次性计价

工程项目从策划决策到建设实施，应按建设程序在不同阶段多次进行工程计价，以保证工程造价计算的准确性和动态控制的有效性。不同阶段对工程造价的计价深度有不同的要求。多次性计价就是一个逐步深入和不断细化、最终确定实际工程造价的过程（图 1-1-6）。

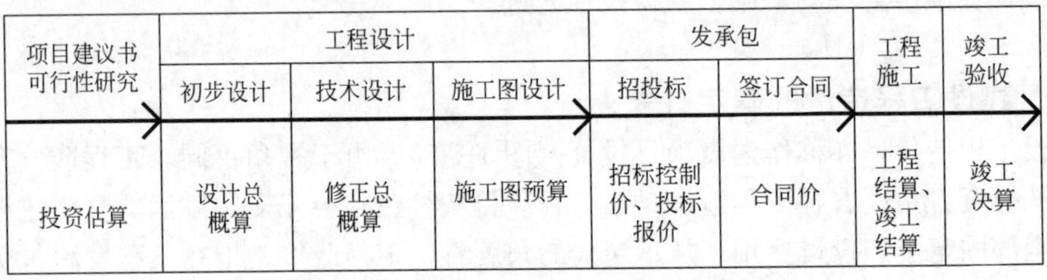

项目建议书可行性研究	工程设计			发承包		工程施工	竣工验收
	初步设计	技术设计	施工图设计	招投标	签订合同		
投资估算	设计总概算	修正总概算	施工图预算	招标控制价、投标报价	合同价	工程结算、竣工结算	竣工决算

图 1-1-6　工程项目多次计价过程示意图

3. 组合计价

建设项目是一个复杂的工程综合体，按不同层次分解为单项工程、单位工程、分部工程、分项工程。建设项目的组合性决定了工程计价的编制是一个按照层次由下向上、由细部到整体逐步组合的过程。建设项目的计价组合过程：分部分项工程造价→单位工程造价→单项工程造价→建设项目总造价。

4. 计价方法的多样性

工程项目多次性计价过程，对应不同的计价依据，每个阶段的计价精度要求不同，因此决定了计价方法的多样性。例如，投资估算方法有设备系数法、生产能力指数估算法等，概预算方法有单价法、概算指标法、类似工程预算法等。不同方法对应不同的适用条件，在进行工程计价时需根据具体情况进行选择。

5. 计价依据的复杂性

由于工程造价的特殊性，工程计价依据十分复杂，主要有以下几类。

（1）设备和工程量计算依据：项目建议书、可行性研究报告、设计文件等。

（2）人工、材料、机械等实物消耗量计算依据：投资估算指标、概算指标、概预算定额、造价指数、预算定额、施工定额等。

（3）工程单价计算依据：人工及材料价格、材料运杂费、机械台班费、物价指数等。

（4）设备单价计算依据：设备原价、设备运杂费、进口设备关税等。

（5）措施费、间接费、工程建设其他费用计算依据：相关费用定额及指标。

（6）政府规定的税、费，物价指数和工程造价指数。

（二）工程造价多次计价的依据和作用

1. 项目建议书及可行性研究阶段→投资估算

投资估算是指在项目建议书和可行性研究阶段，参考相关工程造价管理部门发布的投资估算指标及类似工程造价资料，并结合项目所在地市场价格水平及工程实际情况，用于预先测算工程造价而编制的估算文件。

在项目建议书、可行性研究、方案设计阶段（包括概念方案设计和报批方案设计）应编制投资估算。投资估算是建设项目技术经济评价、投资决策、筹措资金计划、申请贷款及工程造价控制的重要依据。投资估算是控制初步设计概算及整个项目工程造价的目标限额。

2. 初步设计阶段→设计总概算

在初步设计阶段，设计单位根据设计任务书、初步设计图纸等资料，依据概算定额、概算指标、费用定额等编制设计概算文件。设计概算包括从项目筹建到竣工验收的全部建设费用，可分为建设项目总概算、各单项工程总概算、各单位工程总概算。与投资估算相比，设计概算的精确度有所提升，但受投资估算的控制。

经过上级部门批准后的设计总概算是建设项目造价控制的最高限额，一般应控制在立项批准的投资估算额以内；设计概算总造价超过投资估算额10％的，必须修改设计或重新立项审批；设计概算批准后不得任意修改和调整；如确需修改或调整，要经原批准部门重新审批。

设计总概算是确定建设项目总造价、签订建设项目总承包合同的依据，也是控制施工图预算、考核设计经济合理性的依据。

3. 技术设计阶段→修正总概算

较为复杂的建设项目，如需进行技术设计，则应根据技术设计要求编制修正总概算。修正总概算是对设计总概算的修正和调整，比设计总概算更准确，但受设计总概算的控制。

4. 施工图设计阶段→施工图预算

施工图预算是指在施工图设计阶段，根据已批准的施工图纸、工程预算定额、《建设工程工程量清单计价规范》GB 50500、费用定额以及工程所在地生产要素价格水平等资料编制的工程预算文件。

施工图预算比设计概算或修正概算更为详尽和准确，但同样受审批后的设计总概算的控制。经审批的施工图预算不应超过批准后的设计总概算确定的造价。

施工图预算是控制工程造价、进行工程招投标、确定招标控制价（标底）、确定建筑安装工程总承包合同价的依据。

5. 签订合同阶段→合同价

发包承包双方共同依据有关计价文件、市场行情，通过招投标等方式达成一致，签订的建设项目承包合同、建筑安装工程承包合同、材料设备采购合同等所确定的价格，即合同价，属于市场价格性质。合同价是发包承包双方进行工程结算的基础，但合同价不等于最终结算的实际工程造价。由于合同约定的条款不同，计价方式不同，合同价内涵也会有所不同。

6. 施工阶段→工程结算、竣工结算

在合同实施过程中，由于设计变更、现场签证、工程洽商、超出合同规定的市场价格变化等因素，工程造价会发生变化。

工程结算是发包承包双方依据合同约定，对合同范围内部分完成、中止、竣工工程项目进行计算和确定价款的文件，包括施工过程中的中间结算和竣工验收阶段的竣工结算。

竣工结算是承包人按照合同约定的内容完成全部工作，经发包人或有关机构验收合格后，发承包双方依据施工合同确认的设计变更、现场签证、索赔等资料，最终计算和确定工程价款的文件。

工程结算文件一般由承包单位编制，由发包单位审查，也可委托工程造价咨询机构进行审查。工程结算价反映的是工程项目实际造价。

7. 竣工验收阶段→竣工决算

竣工决算是以实物数量和货币形式，对工程建设项目建设期的总投资、投资效果、新增资产价值及财务状况进行的综合测算和分析。竣工决算综合反映了竣工项目从筹建开始到项目竣工交付使用为止的全部建设费用。

竣工决算文件一般由建设单位编制，上报相关主管部门审查。竣工决算价确定的是整个工程建设项目的实际工程造价，竣工决算是核定建设项目资产实际价值的依据。

竣工结算与竣工决算的区别：竣工结算的对象是发包承包双方合同约定的工程项目，编制单位为承包人；竣工决算的对象是整个工程建设项目，编制单位为建设单位。

例题 1-1： 下列关于工程多次性计价的说法，正确的是（　　）。

A. 在项目建议书阶段需编制投资估算　　　B. 在方案设计阶段需编制预算

C. 在初步设计阶段需编制工程量清单　　　D. 在施工图设计阶段需编制设计概算

【答案】 A

例题 1-2： 一个建设项目总价控制的最高限额是（　　）。

A. 经批准的设计总概算　　　　　　　　　B. 设计单位编制的初步设计概算

C. 发包承包双方签订的合同价　　　　　　D. 经审查批准的施工图预算

【答案】 A

本节重点： ①建设项目的组成（单项工程、单位工程、分部工程和分项工程）；②工程建设程序各阶段的主要工作内容及作用；③建设工程全面造价管理的构成及含义，建设工程全过程投资控制的主要内容及基本原则；④工程造价计价特点：单件性计价、多次性计价、组合计价、计价依据的复杂性、计价方法的多样性，工程造价多次计价的依据和作用。

第二节　建设项目费用的组成

一、建设项目总投资的构成（★★）

建设项目总投资是为完成工程项目建设并达到使用要求或生产条件，在建设期内预计或实际投入的全部费用总和。

建设项目总投资包括建设投资、建设期利息和流动资金三部分。其中：建设投资是为完成工程项目建设，在建设期内投入且形成现金流出的全部费用，包括工程费用、工程建设其他费用和预备费三部分。工程费用包括建筑安装工程费、设备及工器具购置费。工程建设其他费用指项目建设期或运营时必须发生的但不包括在工程费用中的费用。预备费是在建设期内因各种不可预见因素的变化而预留的可能增加的费用，包括基本预备费和价差预备费（图1-2-1）。

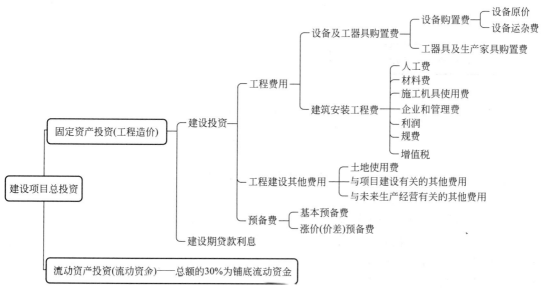

图 1-2-1　建设项目总投资的构成示意图

例题 1-3： 下列项目总投资中，不属于建设投资的是（　　）。
A. 设备购置费　　　B. 涨价预备费　　　C. 流动资金　　　D. 土地使用费
【答案】 C

二、设备及工器具购置费的组成和计算（★★）

设备及工器具购置费是指建设项目设计范围内需要安装及不需要安装的设备、仪器、仪表等及其必要的备品备件购置费；为保证投产初期正常生产所必需的仪器仪表、工卡具模具、器具及生产家具等购置费。设备及工器具购置费由设备购置费、工器具及生产家具购置费用组成（图1-2-2）。

（一）设备购置费的概念及构成

设备购置费是指为工程建设项目购置或自制的达到固定资产标准的设备、工器具、生产家具的费用。设备购置费计算公式如下：

$$设备购置费＝设备原价（或进口设备抵岸价）＋设备运杂费 \qquad (1-1)$$

说明：①设备原价是指国产标准设备、国产非标准设备、引进设备的原价，包含备品备件费。

②设备运杂费是指设备原价中未包括的设备包装和包装材料费、运输费、装卸费、采购费及仓库保管费和设备供销部门手续费等。

1. 国产设备原价的构成与计算

国产设备原价一般指的是设备制造厂的交货价或订货合同价，即出厂（场）价格。国

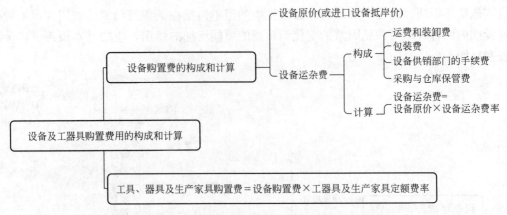

图 1-2-2　设备及工器具购置费用的构成和计算

产设备原价分为国产标准设备原价和国产非标准设备原价。

（1）国产标准设备原价

国产标准设备是指按照主管部门颁布的标准图纸和技术要求，由我国设备生产厂批量生产的，符合国家质量检验标准的设备。国产标准设备一般有完善的设备交易市场，因此可通过查询相关交易市场价格或根据生产厂或供应商的询价、报价、合同价确定设备原价，或采用一定方法计算确定。

（2）国产非标准设备原价

国产非标准设备是指国家尚无定型标准，各设备生产厂不可能在工艺过程中采用批量生产，只能按订货要求并根据具体的设计图纸制造的设备。非标准设备由于单件生产、无定型标准，所以无法获取市场交易价格，只能按其成本构成或相关技术参数估算其价格。

非标准设备原价的计算方法有：①成本计算估价法；②系列设备插入估价法；③分部组合估价法；④定额估价法等。应选用使非标准设备计价接近实际出厂价，并且计算简便的方法。

成本计算估价法是一种比较常用的估算非标准设备原价的方法。

按成本计算估价法，单台国产非标准设备原价构成及计算过程，详见表 1-2-1。计算公式如下：

单台国产非标准设备原价＝{［（材料费＋加工费＋辅助材料费）×（1＋专用工具费率）×
（1＋废品损失费率）＋外购配套件费］×（1＋包装费率）－
外购配套件费}×（1＋利润率）＋外购配套件费＋税金
＋非标准设备设计费

(1-2)

单台国产非标准设备原价构成及计算　　　　　　　　　　　　　　　表 1-2-1

序号	构成	计算公式	注意事项
①	材料费	材料净重×（1＋加工损耗系数）×每吨材料综合价	—
②	加工费	材料总重量（t）×材料每吨加工费	生产工人工资和工资附加费、燃料动力费、设备折旧费、车间经费等

序号	构成	计算公式	注意事项
③	辅助材料费	材料费×辅助材料费指标	焊条、焊丝、氧气、氩气、氮气、油漆、电石等
④	专用工具费	(材料费+加工费+辅助材料费)×专用工具费率	(①+②+③)×专用工具费率
⑤	废品损失费	(材料费+加工费+辅助材料费+专用工具费)×废品损失费率	(①+②+③+④)×废品损失费率
⑥	外购配套件费	按设备设计图纸所列的外购配套件的名称、型号、规格、数量及重量,根据相应的购买价格加上运杂费	价格加运杂费单计
⑦	包装费	(材料费+加工费+辅助材料费+专用工具费+废品损失费+外购配套件费)×包装费率	(①+②+③+④+⑤+⑥)×包装费率
⑧	利润	(材料费+加工费+辅助材料费+专用工具费+废品损失费+包装费)×利润率	(①+②+③+④+⑤+⑦)×利润率(外购配套件费不计算利润)
⑨	税金	税金=销售额×适用增值税率	销售额=(①+②+③+④+⑤+⑥+⑦+⑧)
⑩	非标准设备设计费	按国家规定的设计费收费标准计算	—

2. 进口设备原价的构成及计算

进口设备的原价是指进口设备的抵岸价,即设备抵达买方边境、港口或车站,缴纳完各种手续费、税费后形成的价格(图 1-2-3)。

(1)进口设备的交货方式

进口设备的交货方式可分为内陆交货类、目的地交货类、装运港交货类三种。

1)内陆交货类,即卖方在出口国内陆的某个地点交货。在交货地点,卖方及时提交合同规定的货物和有关凭证,并负担交货前的一切费用并承担风险;买方按时接受货物,交付货款,负担接货后的一切费用并承担风险,并自行办理出口手续和装运出口。货物的所有权也在交货后由卖方转入买方。这适用于任何运输方式。主要有工厂交货价(EXW)和货交承运人价(FCA)两种交货价。

2)目的地交货类,即卖方要在进口国的港口或内地交货,有目的港船上交货价(DES)、目的港码头交货价(DEQ,关税已付)和完税后交货价(DDP,进口国的指定地点)等几种交货价。它们的特点是:买卖双方承担的责任、费用和风险是以目的地约定交货点为分界线,只有当卖方在交货点将货物置于买方控制下才算交货,才能向买方收取货款。这类交货价对卖方来说承担的风险较大,在国际贸易中卖方一般不愿采用这类交货方式。

3)装运港交货类,即卖方在出口国装运港完成交货任务。主要有装运港船上交货价(FOB,亦称离岸价)、运费在内价(C&F)、装运港船边交货价(FAS)和运费、保险费在内价(CIF,亦称到岸价)等几种价格。它们的特点是:卖方按照约定的时间在装运港交货,只要卖方把合同规定的货物装船后提供货运单据便完成交货任务,可凭单据收回货

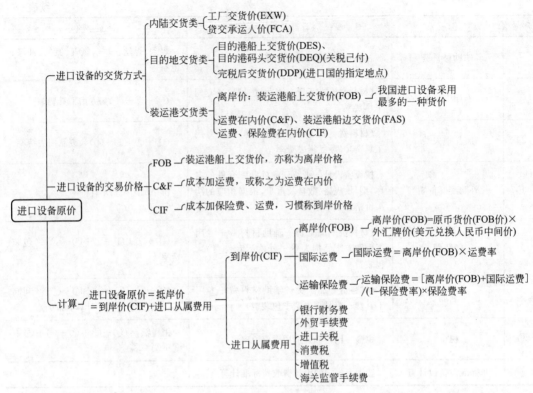

图 1-2-3　进口设备原价的构成和计算

款。这适用于海运或内陆水运。

装运港船上交货价（FOB）是我国进口设备采用最多的一种货价。采用船上交货价时卖方的责任是：在规定的限期内，负责在合同规定的装运港口将货物装上买方指定的船只，并及时通知买方；负责货物装船前的一切费用和风险；负责办理出口手续，提供出口国政府或有关方面签发的证件；负责提供有关装运单据。买方的责任是：负责租船或订舱，支付运费，并将船期、船名通知卖方；负担货物装船后的一切费用和风险；负责办理保险及支付保险费，办理在目的港的进口和收货手续；接受卖方提供的有关装运单据，并按合同规定支付货款。

（2）进口设备的交易价格

在国际贸易中，较为广泛使用的交易价格术语有 FOB、C&F 和 CIF，三者之间的区别见表 1-2-2。

进口设备交易术语区别　　　　　　　　　　　　　　表 1-2-2

价格术语	运输	保险	出口手续	进口手续	风险转移
FOB（离岸价）	买方	买方	卖方	买方	货物装上船只
C&F	卖方	买方	卖方	买方	货物装上船只，并将货物运至指定的目的港
CIF（到岸价）	卖方	卖方	卖方	买方	货物装上船只，并将货物运至指定的目的港，同时负责海运保险

FOB 即 free on board，意为装运港船上交货，亦称为离岸价格。风险转移，以在指定的装运港货物被装上指定船时为分界点。费用划分与风险转移的分界点相一致。

C&F 即 cost and freight，意为成本加运费，或称之为运费在内价。卖方须支付将货物运至指定的目的港所需的运费和费用，但交货后货物灭失或损坏的风险，以及由于各种事件造成的任何额外费用，即由卖方转移到买方。与 FOB 价格相比，C&F 的费用划分与风险转移的分界点是不一致的。

CIF 即 cost insurance and freight，意为成本加保险费、运费，习惯称到岸价格。卖方除承担与 C&F 相同的义务外，还应办理货物在运输途中最低险别的海运保险，并应支付保险费。除保险这项义务之外，买方的义务与 C&F 相同。

（3）进口设备原价的构成与计算

进口设备的原价即抵岸价，由进口设备到岸价（CIF）和进口从属费构成。

进口设备原价的计算公式为：

$$进口设备原价（抵岸价）＝到岸价（CIF）＋进口从属费用$$
$$＝离岸价（FOB）＋国际运费＋国外运输保险费＋银行财务费$$
$$＋外贸手续费＋进口关税＋消费税＋增值税＋海关监管手续费$$

$$(1-3)$$

1）进口设备到岸价（CIF）的构成和计算

进口设备的到岸价（CIF），即设备抵达买方边境港口或边境车站所形成的价格，在国际贸易中，交易双方所使用的交货类别不同，则交易价格的构成内容也有所差异。一般由进口设备离岸价（FOB）、国际运费、国外运输保险费组成。进口设备到岸价的构成关系见表 1-2-3。计算公式如下：

$$进口设备到岸价（CIF）＝离岸价（FOB）＋国际运费＋运输保险费$$
$$＝运费在内价（C\&F）＋运输保险费$$

$$(1-4)$$

进口设备到岸价（CIF）的构成关系　　　　　表 1-2-3

名称			计算公式
到岸价（CIF）	运费在内价（C&F）	离岸价（FOB）	人民币货价＝原币货价×外汇牌价（美元兑换人民币中间价）
		国际运费	离岸价（FOB）×运费率
	运输保险费		［离岸价（FOB）＋国际运费］/（1－保险费率）×保险费率

① 进口设备离岸价（FOB）

离岸价即进口设备货价，分为原币货价和人民币货价。原币货价一律折算为美元表示。人民币货价按原币货价乘以外汇市场美元兑换人民币汇率中间价确定。

$$人民币货价（FOB）＝原币货价×外汇牌价（美元兑换人民币中间价）$$

$$(1-5)$$

② 国际运费

国际运费是从装运港（站）到达我国目的港（站）的运费。我国进口设备大部分采用海洋运输，小部分采用铁路运输，个别采用航空运输。

$$国际运费（海、陆、空）（外币）＝离岸价（FOB）×运费率＝运费单价×运量$$
$$＝运费单价×货物运量净重×毛重系数（1.15～1.25）$$

$$(1-6)$$

以上公式中的运费率和运费单价可参照执行中国技术进出口总公司和中国机械进出口总公司规定，还可参照中国远洋运输公司、国家铁路局和中国民用航空局等的有关运价表计算。

③ 运输保险费

对外贸易货物运输保险是由保险人（保险公司）与被保险人（出口人或进口人）订立保险契约，在被保险人交付议定的保险费后，保险人根据保险契约的规定对货物在运输过程中发生的承保责任范围内的损失给予经济上的补偿，是一种财产保险。计算公式为：

$$运输保险费＝［离岸价（FOB）＋国际运费］／（1－保险费率）×保险费率 \qquad (1-7)$$

2）进口从属费的构成和计算

进口从属费是指进口设备在办理进口手续过程中发生的应计入设备原价的银行财务费、外贸手续费、进口关税、消费税、增值税及海关监管手续费等，见表1-2-4。计算公式为：

$$进口从属费用＝银行财务费＋外贸手续费＋进口关税＋消费税 \qquad (1-8)$$
$$＋增值税＋海关监管手续费$$

进口从属费的构成和计算 表 1-2-4

名称	具体内容	计算公式	备注
进口从属费	银行财务费	金融机构为进出口商提供金融结算服务所收取的费用，一般是指中国银行手续费。 银行财务费＝离岸价(FOB)×人民币外汇汇率×银行财务费率	计算基数：离岸价。银行财务费率一般为0.4%～0.5%
	外贸手续费	按对外经济贸易部门规定的外贸手续费率计取的费用。 外贸手续费＝到岸价(CIF)×人民币外汇汇率×外贸手续费率＝［离岸价(FOB)＋国际运费＋运输保险费］×人民币外汇汇率×外贸手续费率	计算基数：到岸价。外贸手续费率一般取1.5%
	进口关税	由海关对进出国境或境的货物和物品征收的一种税。 进口关税＝关税完税价格×进口关税税率 其中：关税完税价格(元)＝到岸价(CIF)×人民币外汇汇率＝［原币货价(外币)＋国际运费(外币)＋运输保险费(外币)］×人民币外汇汇率	计算基数：到岸价
	消费税	仅对进口时应纳消费税的货物(如轿车、摩托车等)征收。 消费税＝(关税完税价格＋关税)/(1－消费税税率)×消费税税率 ＝［到岸价(CIF)×人民币外汇汇率＋关税］/(1－消费税税率)×消费税税率	计算基数：到岸价＋关税＋消费税
	增值税	我国政府对从事进口贸易的单位和个人，在进口商品报关进口后征收的税种。 增值税＝(关税完税价格＋关税＋消费税)×增值税税率 ＝［到岸价(CIF)×人民币外汇汇率＋关税＋消费税］×增值税税率	目前进口设备适用增值税率一般为17%。对减免进口关税的货物，同时减免进口环节的增值税
	海关监管手续费	指海关对进口减税、免税、保税货物实施监督、管理、提供服务的手续费。对于全额征收进口关税的货物不计本项费用。 海关监管手续费＝到岸价(CIF)×人民币外汇汇率×海关监管手续费率	海关监管手续费率：进口免税、保税货物为3‰；进口减税货物为3‰×减税百分率

说明：① 进口关税税率分为优惠和普通两种。普通税率适用于与我国未签订有关税互惠条款的贸易条约或协定的国家与地区的进口设备，当进口货物来自与我国签订有关税互惠条款的贸易条约或协定的国家时，按优惠税率征收。进口关税税率按中华人民共和国海关总署发布的进口关税税率计算。以租赁（包括租借）方式进口的货物以货物的租金作为完税价格。

② 消费税税率根据规定的税率计算。若按量计取消费税，则：消费税（元）＝应税消费品的数量×消费税单位税额。

3. 设备运杂费的构成及计算

（1）设备运杂费的构成

设备运杂费是指国内采购设备自来源地、国外采购设备自到岸港运至工地仓库指定堆放地点，发生的采购、运输、运输保险、保管、装卸等费用，包括以下内容。

1）运费和装卸费：国产设备由设备制造厂交货地点起至工地仓库（或施工组织设计指定的需要安装设备的堆放地点）止所发生的运费和装卸费，进口设备由我国到岸港口边境车站起至工地仓库（或施工组织设计指定的需要安装设备的堆放地点）所发生的运费和装卸费。

2）包装费：在设备原价中没有包含的，为运输而进行的包装支出的各种费用。在设备出厂价或进口设备价格中如已包括了此项费用，则不应重新计算。

3）设备供销部门的手续费：按有关部门规定的统一费率计算。

4）采购与仓库保管费：指采购、验收、保管和收发设备所发生的各种费用，包括设备采购人员、保管人员和管理人员的工资、工资附加费、办公费、差旅交通费，设备供应部门办公和仓库所占固定资产使用费、工具用具使用费、劳动保护费、检验试验费等。这些费用可按主管部门规定的采购与保管费费率计算。

（2）设备运杂费的计算

设备运杂费计算公式为：

$$设备运杂费＝设备原价×设备运杂费率 \tag{1-9}$$

其中，设备运杂费率按各部门及省、市有关规定计取。

（二）工具、器具及生产家具购置费的计算

工具、器具及生产家具购置费是指新建项目或扩建项目初步设计规定，保证生产初期正常生产所必须购置的、没有达到固定资产标准的设备、仪器、工卡模具、器具、生产家具和备品备件等的购置费用，一般是以设备购置费为计算基数，按照行业或部门规定的工具、器具及生产家具定额费率计算。计算公式为：

$$工具、器具及生产家具购置费＝设备购置费×工具、器具及生产家具定额费率 \tag{1-10}$$

例题 1-4： 下列关于设备原价的说法，正确的是（　　）。

A. 进口设备的原价是指其到岸价

B. 设备原价通常包含备品备件费在内

C. 国产设备原价应通过查询相关交易价格或向生产厂家询价获得

D. 设备原价占设备购置费比重增大，意味着资本有机构成的提高

【答案】B

例题 1-5： 某应纳消费税的进口设备到岸价为 1800 万元，关税税率为 20%，消费税税率为 10%，增值税税率为 16%，则该台设备进口环节增值税额为（　　）万元。

A. 316.80　　　　　B. 345.60　　　　　C. 380.16　　　　　D. 384.00

【答案】D

三、建筑安装工程费用的组成和计算（★★★）

（一）建筑安装工程费用内容

建筑安装工程费用是指为完成工程项目建造、生产性设备及配套工程安装所需的费用。

1. 建筑工程费用

（1）各类房屋建筑工程和列入房屋建筑工程预算的供水、供暖、卫生、通风、煤气等设备费用及其安装、装饰工程的费用，列入建筑工程预算的各种管道、电力、电信和电缆导线敷设工程的费用。

（2）设备基础、支柱、工作台、烟囱、水塔、水池、灰塔等建筑工程，以及各种窑炉的砌筑工程和金属结构工程的费用。

（3）为施工而进行的场地平整，工程和水文地质勘查，原有建筑物和障碍物的拆除，以及施工临时用水、电、气、路和完工后的场地清理、环境绿化、美化等工作的费用。

（4）矿井开凿、井巷延伸、露天矿剥离，石油、天然气钻井，修建铁路、公路、桥梁、水库、堤坝、灌溉及防洪等工程的费用。

2. 安装工程费用

（1）生产、动力、起重、运输、医疗、实验等各种需要安装的机械设备的装配费用，与设备相连的工作台、梯子、栏杆等装设工程，附属于被安装设备的管线敷设工程费用，以及被安装设备的绝缘、防腐、保温、油漆等工作的材料费和安装费。

（2）为测定安装工程质量，对单台设备进行单机试运转、对系统设备进行系统联动无负荷试运转工作的调试费。

（二）建筑安装工程费用的组成

根据住房和城乡建设部、财政部颁布的《住房和城乡建设部 财政部关于印发〈建筑安装工程费用项目组成〉的通知》（建标〔2013〕44 号），我国现行建筑安装工程费用项目按两种不同的方式划分，即按费用构成要素划分和按造价形成划分（图 1-2-4）。

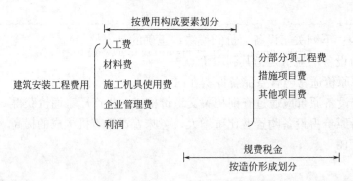

图 1-2-4 建筑安装工程费用项目构成

1. 按费用构成要素划分

建筑安装工程费按照费用构成要素划分：人工费、材料费（包含工程设备，下同）、施工机具使用费、企业管理费、利润、规费和税金（表 1-2-5）。

项目组成	内容	记忆口诀	备注
人工费	（5 项）计时或计件工资、奖金、津贴补贴、加班加点工资、特殊情况下支付的工资	"寄奖金家书"（计时、奖金、津贴、加班、特殊）	人工费指在一线作业的工人的人工费
材料费	（4 项）材料原价、运杂费、运输损耗、采购及保管费	"愿够好运"（原价、采购、损耗、运杂）	—
施工机具使用费	1. 施工机械使用费（7 项）：折旧费、大修理费、经常修理费、安拆费及场外运费（大型机械除外）、人工费、燃料动力费、税费。2. 仪器仪表使用费	"浙大人常安然睡"（折旧、大修、人工、常修、安拆、燃料、税费）	—
企业管理费	（14 项）管理人员工资、办公费、差旅交通费、固定资产使用费、工具用具使用费、劳动保险和职工福利费、劳动保护费、检验试验费、工会经费、职工教育经费、财产保险费、财务费、税金、其他		项目经理等管理者的工资、福利费等在企业管理费中
利润	是指施工企业完成所承包工程获得的盈利	—	—
规费	社会保险费（养老、失业、医疗、工伤、生育）、住房公积金	—	—
税金	增值税	—	—

《住房和城乡建设部 财政部关于印发〈建筑安装工程费用项目组成〉的通知》（建标〔2013〕44 号）附件 1 中，建筑安装工程费按费用构成要素划分的相关说明，见图 1-2-5。

2. 按造价形成划分

建筑安装工程费按照工程造价形成由分部分项工程费、措施项目费、其他项目费、规费、税金组成（表 1-2-6）。

《住房和城乡建设部 财政部关于印发〈建筑安装工程费用项目组成〉的通知》（建标〔2013〕44 号）附件 2 中，建筑安装工程费按造价形成划分的相关说明，见图 1-2-6。

（三）按费用构成要素划分建筑安装工程费用项目的计算

1. 人工费

人工费的基本计算公式为：

$$人工费 = \sum（工日消耗量 \times 日工资单价） \tag{1-11}$$

其中，人工工日消耗量，是指在正常施工生产条件下，完成规定计量单位的建筑安装产品所消耗的生产工人的工日数量。

2. 材料费

材料费指施工过程中耗费的原材料、辅助材料、构配件、零件、半成品或成品、工程设备的费用，以及周转材料等的摊销、租赁费用。

工程设备是指构成或计划构成永久工程一部分的机电设备、金属结构设备、仪器装置及其他类似的设备和装置。

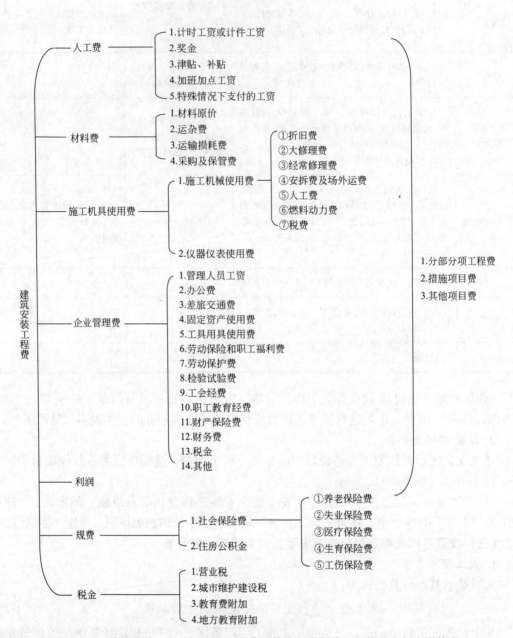

图 1-2-5　建筑安装工程费用组成（按费用构成要素划分，目前税金仅有增值税）

项目组成	内容	
分部分项工程费	房屋建筑与装饰工程、仿古建筑工程、安装工程、市政工程、园林绿化工程、矿山工程、构筑物工程、城市轨道交通工程、爆破工程等	
措施项目费	1. 施工组织措施项目：按不同计费基数×费率进行计算。 ①安全文明施工费(不可竞争费用)：安全施工费、文明施工费、环境保护费、临时设施费 ②夜间施工增加费 ③二次搬运费 ④冬雨季施工增加费 ⑤地上、地下设施，建筑物的临时保护设施费 ⑥已完工程及设备保护费 ⑦工程定位复测费 ⑧特殊地区施工增加费 ⑨室内环境污染检测费、检测试验费 …… 2. 施工技术措施项目：按实际发生内容及相应的计算规则分别计算，不是每项措施项目都会发生，发生几项算几项。 ①大型机械进出场及安拆费 ②脚手架工程费 ③混凝土模板及支架(撑)费 ④垂直运输费 ⑤超高施工增加费 ⑥施工排水、降水费 ……	包含人工费、材料费、施工机具使用费、企业管理费和利润
其他项目费	暂列金额、暂估价、计日工、总承包服务费	
规费	社会保险费(养老、失业、医疗、工伤、生育)、住房公积金	
税金	增值税	

说明：① 施工企业基于成本管理的需要，习惯于按照直接成本和间接成本的方式对建筑安装工程费用进行划分。为兼顾这一实际需求，本书中仍然保留直接费和间接费这两个概念。直接费包括人工费、材料费、施工机具使用费、措施项目费，是构成工程实体项目和非工程实体项目的直接费用；间接费包括企业管理费、规费，是施工企业在组织管理工程施工中为工程支出的间接费用；利润是指企业按一定比例收取的应得的利润；税金是指企业应缴纳的增值税税金。

② 工程设备费列入材料费，原材料费中的检验试验费列入企业管理费。

③ 原企业管理费中劳动保险费中的职工死亡丧葬补助费、抚恤费列入规费中的养老保险费，在企业管理费中的财务费和其他中增加担保费用、投标费、保险费。

材料消耗量，是指在正常施工生产条件下，完成规定计量单位的建筑安装产品所消耗的各类材料的净用量和不可避免的损耗量。材料费的基本计算公式为：

$$材料费 = \sum（材料消耗量 \times 材料单价）\tag{1-12}$$

$$材料单价 = （材料原价 + 运杂费） \times [1 + 运输损耗率（\%）] \times [1 + 采购保管费率（\%）]\tag{1-13}$$

$$工程设备费 = \sum（工程设备量 \times 工程设备单价）\tag{1-14}$$

$$工程设备单价 = （设备原价 + 运杂费） \times [1 + 采购保管费率（\%）]\tag{1-15}$$

3. 施工机具使用费

施工机具使用费指施工作业所发生的施工机械、仪器仪表使用费或其租赁费。

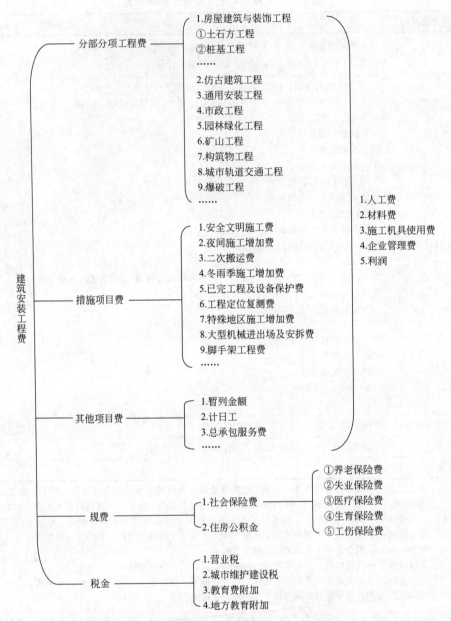

图 1-2-6　建筑安装工程费用组成（按造价形成划分，目前税金仅有增值税）

（1）施工机械使用费

施工机械台班消耗量是指在正常施工生产条件下，完成规定计量单位的建筑安装产品所消耗的施工机械台班的数量。施工机械使用费的基本计算公式为：

$$施工机械使用费 = \sum (施工机械台班消耗量 \times 机械台班单价) \tag{1-16}$$

$$
\begin{aligned}
机械台班单价 = &台班折旧费 + 台班大修费 + 台班经常修理费 \\
&+ 台班安拆费及场外运费 + 台班人工费 + 台班燃料动力费 \\
&+ 台班车船税费、保险费、年检费等
\end{aligned}
\tag{1-17}
$$

（2）仪器仪表使用费

仪器仪表使用费指工程施工所需使用的仪器仪表的摊销及维修费用。仪器仪表台班单价由折旧费、维护费、校验费和动力费组成。仪器仪表使用费的基本计算公式为：

$$仪器仪表使用费＝工程使用的仪器仪表摊销费＋维修费 \tag{1-18}$$

4. 企业管理费

企业管理费指建筑安装企业组织施工生产和经营管理所需的费用。

企业管理费一般采用取费基数乘以费率的方法计算，取费基数有三种，分别是以直接费为计算基础、以人工费和施工机具使用费合计为计算基础及以人工费为计算基础。施工企业管理费的费率由企业自主确定。计算公式为：

$$施工企业管理费＝施工企业管理费计算基础×施工企业管理费费率（\%） \tag{1-19}$$

5. 利润

利润是指施工企业从事建筑安装工程施工所获得的盈利，由施工企业根据企业自身需求并结合建筑市场实际自主确定。利润应列入分部分项工程费和措施项目费中。利润在税前建筑安装工程费用的比重可按不低于5%且不高于7%的费率计算。

6. 规费

规费指按国家法律、法规规定，由省级政府和省级有关权力部门规定必须缴纳或计取，应计入建筑安装工程造价的费用。

社会保险费和住房公积金以定额人工费为计算基础，根据工程所在地省、自治区、直辖市或行业建设主管部门规定费率计算。

其他应列而未列入的规费应按工程所在地有关部门规定的标准缴纳，按实计取列入。

7. 增值税

增值税指按国家税法规定应计入建筑安装工程造价内的增值税销项税额，按税前造价乘以增值税税率确定，是可以向下游企业进行转嫁的流转税。税前工程造价为人工费、材料费、施工机具使用费、企业管理费、利润和规费之和，各费用项目均以不包含增值税（可抵扣进项税额）的价格计算。

增值税计税方法采用销项税额与进项税额抵扣计算应纳税额的方法，不同计税方法的适用条件见表1-2-7。计算公式为：

$$增值税销项税金＝税前工程造价×税率（\%） \tag{1-20}$$

$$应纳税额＝当期销项税额－当期进项税额 \tag{1-21}$$

不同计税方法的适用条件　　　　　　　　　　表 1-2-7

计税方法	使用对象	使用条件	计算基数	税率
一般计税方法	一般纳税人	采用一般计税方法	以不包含增值税可抵扣进项税额的价格计算的税前造价	税前造价×9%
简易计税方法	小规模纳税人	适用简易计税	以包含增值税进项税额的含税价格计算的税前造价	税前造价×3%
	一般纳税人（以清包工方式提供的建筑服务）	可以选择简易计税		
	一般纳税人（为甲供工程提供的建筑服务）			

计税方法	使用对象	使用条件	计算基数	税率
简易计税方法	一般纳税人（为建筑工程老项目提供的建筑服务）	可以选择简易计税	以包含增值税进项税额的含税价格计算的税前造价	税前造价×3%

说明：① 小规模纳税人通常是指纳税人提供建筑服务的年应征增值税销售额未超过500万元，并且会计核算不健全，不能按规定报送有关税务资料的增值税纳税人。

② 以清包工方式提供建筑服务，是指施工方不采购建筑工程所需的材料或只采购辅助材料，并收取人工费、管理费或者其他费用的建筑服务。

③ 甲供工程是指全部或部分设备、材料由工程发包方自行采购的建筑工程。

④ 建筑工程老项目：建筑工程施工许可证注明的合同开工日期在2016年4月30日前的建筑工程项目；未取得建筑工程施工许可证的，建筑工程承包合同注明的开工日期在2016年4月30日前的建筑工程项目。

（四）按造价形成划分建筑安装工程费用项目的计算

1. 分部分项工程费

分部分项工程费是指各类专业工程的分部分项工程应予列支的各项费用。计算公式为：

$$分部分项工程费 = \sum(分部分项工程量 \times 综合单价) \tag{1-22}$$

其中综合单价包括人工费、材料费、施工机具使用费、企业管理费和利润以及一定范围的风险费用（下同），不包括规费和税金。

2. 措施项目费

措施项目费是指为完成建设工程施工，发生于该工程施工准备和施工过程中的技术、生活、安全、环境保护❶等方面的费用。措施项目费的计算方法如下。

（1）国家《计量规范》规定应予计量的措施项目，计算公式为：

$$应予计量的措施项目费 = \sum(措施项目工程量 \times 综合单价) \tag{1-23}$$

（2）国家《计量规范》规定不宜计量的措施项目，计算公式如下：

$$\sum 按"项"计价的措施项目费 = 计算基数 \times 费率(\%) \tag{1-24}$$

计算基数为人工费或人工费与机械费之和，费率由工程造价管理机构根据各专业工程特点和调查资料综合分析后确定。

3. 其他项目费

（1）暂列金额

暂列金额是指建设单位在工程量清单中暂定并包括在工程合同价款中的一笔款项，由建设单位根据工程特点，按有关计价规定估算，施工过程中由建设单位掌握使用、扣除合同价款调整后如有余额，归建设单位。

（2）暂估价

暂估价是指招标人在工程量清单中提供的用于支付必然发生但暂时不能确定价格的材料、工程设备的单价以及专业工程的金额。暂估价中的材料、工程设备暂估单价根据工程造价信息或参照市场价格估算，计入综合单价；专业工程暂估价分不同专业，按有关计价规定估算。暂估价在施工中按照合同约定再加以调整。

---

❶ 《计量规范》指国家有关部门制定的《房屋建筑与装饰工程工程量计算规范》GB 50854—2013等9本相关专业的工程量计算规范。

（3）计日工

计日工是指在施工过程中，施工单位完成建设单位提出的工程合同范围以外的零星项目或工作，按照合同中约定的单价计价形成的费用。计日工由建设单位和施工单位按施工过程中形成的有效签证来计价。

（4）总承包服务费

总承包服务费是指总承包人为配合、协调建设单位进行的专业工程发包，对建设单位自行采购的材料、工程设备等进行保管，以及施工现场管理、竣工资料汇总整理等服务所需的费用。总承包服务费由建设单位在招标控制价中根据总包范围和有关计价规定编制，施工单位投标时自主报价，施工过程中按签约合同价执行。

4. 规费及增值税

建设单位和施工企业均应按照省、自治区、直辖市或行业建设主管部门发布的标准计算规费和增值税，不得作为竞争性费用。

例题 1-6： 从事建筑安装工程施工生产的工人，工伤期间的工资属于人工费中的（　　）。

　　A. 特殊情况支付的工资　　　　　　B. 计时工资

　　C. 津贴补贴　　　　　　　　　　　D. 加班加点工资

【答案】A

例题 1-7： 为保障施工机械正常运转所需的随机配备工具附具的摊销和维护费用，属于施工机具使用费中的（　　）。

　　A. 折旧费　　　　　　　　　　　　B. 经常修理费

　　C. 施工仪器使用费　　　　　　　　D. 安拆费

【答案】B

四、工程建设其他费用的组成 （★）

工程建设其他费用是指从工程项目筹建起到工程竣工验收交付使用止的整个建设期间，除建筑安装工程费、设备及工器具购置费、预备费、建设期融资费用、流动资金以外，为保证工程建设顺利完成和交付使用后能够正常发挥效用而发生的各项费用的总和（图 1-2-7）。

工程建设其他费用由建设用地费、与项目建设有关的其他费用、与未来企业生产经营有关的其他费用三部分组成。

（一）建设用地费

建设用地费是指建设项目通过划拨或土地使用权出让方式取得土地使用权，所需土地征用及迁移的补偿费或土地使用权出让金，主要包括农用土地征用费和取得国有土地使用费。

1. 农用土地征用费

农用土地征用费由土地补偿费、安置补助费、土地投资补偿费、青苗补偿费、地上建筑物补偿费、耕地占用税、征地和土地管理费以及土地开发费等组成，按被征用土地的原

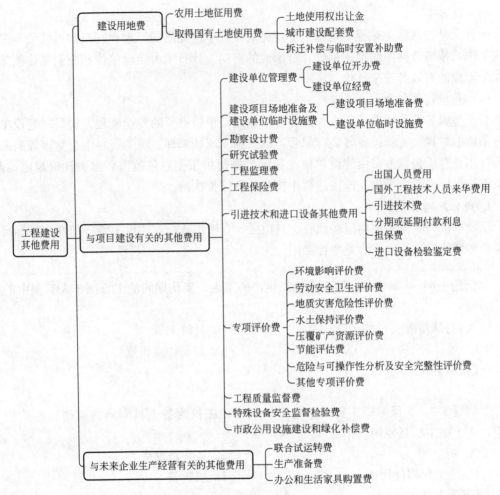

图 1-2-7　工程建设其他费用的组成

用途给予补偿，按工程所在地省、自治区、直辖市人民政府颁布的土地管理有关规定及费用标准计算。

2. 取得国有土地使用费

取得国有土地使用费包括土地使用权出让金、城市建设配套费、拆迁补偿与临时安置补助费等。

（1）土地使用权出让金：指建设项目通过土地使用权出让方式，取得有限期的土地使用权，依照规定支付的土地使用权出让金。城市土地的出让和转让可采用协议、招标、公开拍卖等方式。

（2）城市建设配套费：指建设单位向政府有关部门缴纳的用于城市基础设施和城市公用设施建设的专项费用。

（3）拆迁补偿与临时安置补助费：由拆迁补偿费、临时安置补助费（或搬迁补助费）两部分构成，有产权调换、货币补偿两种形式。产权调换的面积按照所拆迁房屋的建筑面积计算。在过渡期内，被拆迁人或者房屋承租人自行安排住处的，拆迁人应当支付临时安置补助费。

（二）与项目建设有关的其他费用

1. 项目建设管理费

项目建设管理费指项目建设单位从立项、筹建、建设、联合试运转、竣工验收、财务决算、交付使用及后评估等全过程建设管理所需的费用。内容如下。

（1）建设单位开办费。指新建项目为保证筹建和建设工作正常进行所需办公设备、生活家具、用具、交通工具等的购置费用。

（2）建设单位经费。包括建设单位工作人员的基本工资、工资性补贴、施工现场津贴、职工福利费、劳动保护费、住房基金、劳动保险费、办公费、差旅交通费、工会经费、职工教育经费、固定资产使用费、工具用具使用费、技术图书资料费、生产人员招募费、工程招标费、审计费、合同契约公证费、工程质量监督检测费、工程咨询费、法律顾问费、设计审查费、业务招待费、排污费、竣工交付使用清理及竣工验收费、后评估费用、印花税和其他管理性质开支等。不包括应计入设备、材料预算价格的建设单位采购及保管设备材料所需的费用。

建设单位管理费的计算公式为：

$$项目建设管理费 = \sum 单项工程费用 \times 建设单位管理费率 \qquad (1\text{-}25)$$
$$= (建安工程费 + 设备费) \times 费率$$

说明：①政府有关部门对建设项目管理监督所发生的，并由其部门财政支出的费用，不得列入相应建设项目的工程造价。

②如果建设管理采用工程总承包方式，其总包管理费由建设单位与总包单位根据总包工作范围在合同中商定，并从建设管理费中支出。

③实行代建制管理的项目，建设单位委托代建机构开展工程代建工作会发生代建管理费。建设项目一般不得同时列支代建管理费和项目建设管理费，确需同时发生的，两项费用之和不得高于项目建设管理费限额。

④建设单位委托咨询机构行使部分管理职能的，相应费用列入工程咨询服务费项下。

2. 建设项目场地准备及建设单位临时设施费

（1）建设项目场地准备费。是指为使工程项目的建设场地达到开工条件，由建设单位组织进行的场地平整和地上余留设施拆除清理等准备工作而发生的费用。

（2）建设单位临时设施费。是指建设期间建设单位所需生产、生活用临时设施、临时仓库等建（构）筑物的搭设、维修、拆除、摊销费用或租赁费用。

计算公式为：

$$临时设施费 = 建筑安装工程费 \times 费率 \qquad (1\text{-}26)$$
$$场地准备和临时设施费 = 建筑安装工程费 \times 费率 + 拆除清理费 \qquad (1\text{-}27)$$

说明：①场地准备及临时设施应尽量与永久性工程统一考虑，根据实际工程量估算，或按工程费用的比例计算。改扩建项目一般只计拆除清理费。

②建设场地的大型土石方工程应计入工程费用中的总图运输费用中。

③发生拆除清理费时可按新建同类工程造价或主材费、设备费的比例计算。凡可回收材料的拆除工程采用以料抵工方式冲抵拆除清理费。

④此项费用不包括已列入建筑安装工程费用中的施工单位临时设施费用。

3. 勘察设计费

勘察费是指勘察人根据发包人的委托，收集已有资料、现场踏勘、制定勘察纲要，执行勘察作业，以及编制工程勘察文件和岩土工程设计文件等收取的费用。设计费是指设计人根据发包人的委托，提供编制项目建议书、可行性研究报告、初步设计文件、施工图设计文件、非标准设备设计文件等服务所收取的费用。勘察设计内容如下。

（1）编制项目建议书、可行性研究报告及投资估算、工程咨询、评价以及为编制上述文件所进行的工程勘察、设计、研究试验等所需费用。

（2）委托勘察、设计单位进行初步设计、技术设计、施工图设计、概预算编制以及设计模型制作等所需的费用。

（3）在规定的范围内由建设单位自行完成的勘察、设计工作所需的费用。

此项费用应依据委托合同计划或国家规定计算。

4. 研究试验费

研究试验费是指为本建设项目提供或验证设计参数、数据、资料等进行必要的研究试验，以及按照设计规定在施工中必须进行的试验、验证所需费用。包括自行或委托其他部门研究试验所需的人工费、材料费、试验设备及仪器使用费，支付的科技成果、先进技术的一次性技术转让费。此研究试验费应与建筑安装工程费中的检验试验费区分。

这项费用按照设计单位根据本工程项目的需要提出的研究试验内容和要求计算。在计算时要注意不应包括以下项目。

（1）应由科技三项费用（即新产品试制费、中间试验费和重要科学研究补助费）开支的项目。

（2）应在建筑安装费用中列支的施工企业对建筑材料、构件和建筑物进行一般鉴定检查所发生的费用及技术革新的研究试验费。

（3）应由勘察设计费或工程费用中开支的项目。

5. 工程监理费

工程监理费是指委托工程监理单位对工程实施工程建设监理工作或设备监造服务所需的费用。监理费应根据委托的监理工作范围和监理深度在监理合同中商定。具体收费标准按国家发展改革委、建设部发布的《建设工程监理与相关服务收费管理规定》等文件规定计算。

6. 工程保险费

工程保险费是指建设项目在建设期间根据需要实施工程保险所需的费用。它包括以各种建筑工程及其在施工过程中的物料、机器设备为保险标的的建筑工程一切险，以安装工程中的各种机器、机械设备为保险标的的安装工程一切险，以及工程质量潜在缺陷险、进口设备财产险、机器损坏保险等。工程保险费是为转移工程项目建设的意外风险而发生的费用。

工程保险费根据不同的工程类别，分别以其建筑安装工程费乘以建筑安装工程保险费率计算。民用建筑（住宅楼、综合性大楼、商场、旅馆、医院、学校）占建筑工程费的2‰～4‰；其他建筑（工业厂房、仓库、道路、码头、水坝、隧道、桥梁、管道等）占建筑工程费的3‰～6‰；安装工程（农业、工业、机械、电子、电器、纺织、矿山、石油、化学及钢铁工业、钢结构桥梁）占建筑工程费的3‰～6‰。

7. 引进技术和进口设备其他费用

引进技术和进口设备其他费用，包括出国人员费用、国外工程技术人员来华费用、技术引进费用、分期或延期付款利息、担保费以及进口设备检验鉴定费。

（1）出国人员费用。指为引进技术和进口设备，派出人员到国外培训和进行设计联络、设备检验等的差旅费、制装费、生活费等。这项费用根据设计规定的出国培训和工作人数、时间及派往国家，按财政部、外交部规定的临时出国人员费用开支标准以及中国民用航空公司现行国际航线票价等进行计算，其中使用外汇部分应计算银行财务费用。

（2）国外工程技术人员来华费用。指为安装进口设备、引进国外技术等聘用外国工程技术人员进行技术指导工作所发生的费用。包括技术服务费、外国技术人员的在华工资、生活补贴、差旅费、医药费、住宿费、交通费、宴请费、参观游览等招待费用。这项费用按每人每月费用指标计算。

（3）引进技术费。指为引进国外先进技术而支付的费用。包括专利费、专有技术费（技术保密费）、国外设计及技术资料费、计算机软件费等。这项费用根据合同或协议的价格计算。

（4）分期或延期付款利息。指利用出口信贷引进技术或进口设备，采取分期或延期付款的办法所支付的利息。

（5）担保费。指国内金融机构为买方出具保函的担保费。这项费用按有关金融机构规定的担保费率计算一般可按承保金额的 5‰ 计算。

（6）进口设备检验鉴定费。是指进口设备按规定付给商品检验部门的进口设备检验鉴定费。这项费用按进口设备货价的 3‰～5‰ 计算。

8. 专项评价费

专项评价费是指建设单位按照国家规定委托相关单位开展专项评价及有关验收工作发生的费用。

（1）环境影响评价费。指按照《中华人民共和国环境影响评价法》的规定，在工程项目投资决策过程中，为全面、详细评价工程建设项目对环境可能产生的污染或造成的重大影响所需的费用。包括编制环境影响报告书（含大纲）与环境影响报告表和评估等所需的费用，以及建设项目竣工验收阶段环境保护验收调查和环境监测、编制环境保护验收报告的费用。此项费用可依据环境影响评价委托合同计列，或按照国家有关部门规定计算。

（2）劳动安全卫生评价费。指按照劳动部门有关规定，预测和分析建设工程项目存在的职业危险、危害因素的种类和程度，并提出先进、科学、合理可行的劳动安全、卫生技术和管理对策所需的费用。包括编制建设工程项目劳动安全卫生预评价大纲和劳动安全卫生预评价报告，以及为编制上述文件所进行的工程分析和环境现状调查等工作所需费用。此评价费应依据劳动安全卫生预评价委托合同计列，或按工程项目所在省（自治区、直辖市）劳动行政部门规定的标准计算。

（3）地质灾害危险性评价费。指在灾害易发区对建设项目可能诱发的地质灾害和建设项目本身可能遭受的地质灾害危险程度的预测评价，编制评价报告书和评估所需的费用。

（4）水土保持评价费。指对建设项目在生产建设过程中可能造成的水土流失进行预测，编制水土保持方案和评估所需的费用。

（5）压覆矿产资源评价费。指对需要压覆重要矿产资源的建设项目，编制压覆重要矿床评价和评估所需的费用。

（6）节能评估费。指对建设项目的能源利用是否科学合理进行分析评估，并编制节能评估报告以及评估所发生的费用。

（7）危险与可操作性分析及安全完整性评价费。指对应用于生产具有流程性工艺特征的新建、改建、扩建项目进行工艺危害分析和对安全仪表系统的设置水平及可靠性进行定量评估所发生的费用。

（8）其他专项评价费。指根据国家法律法规，建设项目所在省、自治区、直辖市人民政府的有关规定，以及行业规定需进行的其他专项评价、评估、咨询所需的费用，如重大投资项目社会稳定风险评估、防洪评价、交通影响评价费等。

9. 工程质量监督费

工程质量监督费是指工程质量监督检验部门检验工程质量而收取的费用，应由建设单位管理部门按照国家有关部门规定的费用标准进行计算支出。

10. 特殊设备安全监督检验费

特殊设备安全监督检验费是指在施工现场组装的锅炉及压力容器、压力管道、消防设备、燃气设备、起重设备、电梯、安全阀等列入国家特种设备范围内的特殊设备和设施，由安全监察部门按照有关安全监察条例和实施细则以及设计技术要求进行安全检验检测和监督检查，应由建设工程项目支付而向安全监察部门缴纳的费用。此项费用应按项目所在省（自治区、直辖市）安全监察部门的规定标准计算。

11. 市政公用设施建设和绿化补偿费

市政公用设施建设和绿化补偿费是指使用市政公用设施的工程项目，按照项目所在省一级人民政府有关规定建设或缴纳的市政公用设施建设配套费用，以及绿化工程补偿费用，按工程所在地人民政府规定标准计列，如不发生或按规定免征的项目则不计取。

（三）与未来企业生产经营有关的其他费用

与未来企业生产经营有关的其他费用包括联合试运转费、生产准备费、办公和生活家具购置费。

1. 联合试运转费

联合试运转费是指新建或新增生产能力的工程项目，在交付生产前按照批准的设计文件规定的工程质量标准和技术要求，对整个生产线或装置进行负荷联合试运转所发生的费用净支出（试运转支出大于收入的差额部分费用）。试运转收入包括试运转产品销售和其他收入。

包括：试运转所需原材料、燃料及动力消耗、低值易耗品、其他物料消耗、机械使用费、联合试运转人员工资、施工单位参加试运转人工费、专家指导费，以及必要的工业炉烘炉费。

不包括：应由设备安装工程费用开支的调试及试车费用，以及在试运转中暴露出来的因施工原因或设备缺陷等发生的处理费用。

联合试运转费用一般根据不同性质的项目，按需要试运转车间的工艺设备购置费的百分比计算。计算公式为：

$$联合试运转费＝联合试运转费用支出－联合试运转收入 \qquad (1-28)$$

2. 生产准备费

生产准备费是指新建企业或新增生产能力的企业，为保证竣工交付使用进行必要的生产准备所发生的费用。费用内容包括以下两部分。

（1）生产人员培训费。自行培训、委托其他单位培训人员的工资、工资性补贴、职工福利费、差旅交通费、学习资料费、学习费、劳动保护费。

（2）生产单位提前进厂参加施工、设备安装、调试以及熟悉工艺流程与设备性能等人员的工资、工资性补贴、职工福利费、差旅交通费、劳动保护费等。

这项费用一般根据需要培训和提前进厂人员的人数及培训时间，按工程项目设计定员、生产准备费指标进行估算。计算公式为：

$$生产准备费＝设计定员×生产准备费指标（元/人） \quad (1-29)$$

3. 办公和生活家具购置费

办公和生活家具购置费是指为保证新建、改建、扩建项目初期正常生产、使用和管理需购置的办公和生活家具、用具的费用。改、扩建项目所需的办公和生活用具购置费，应低于新建项目。其范围包括办公室、会议室、资料档案室、阅览室、文娱室、食堂、浴室、理发室、单身宿舍和设计规定必须建设的托儿所、卫生所、招待所、中小学校等的家具、用具购置费。应本着勤俭节约的精神，严格控制购置范围。

此项费用不包括微机、复印机及医疗设备等购置费。

新建项目可按设计定员人数乘以综合指标计算，改扩建项目按新增设计定员人数乘以综合指标计算。一般按600～800元/人。

> **实务提示**：设备及工器具购置费中包含的是生产家具购置费，此处是生活家具购置费，要进行区分。

> **例题1-8**：建设单位对设计方案进行评审而发生的费用应计入工程建设其他费用中的（　　）。
> A. 专项评价费　　　　　　　　B. 勘察设计费
> C. 工程管理费　　　　　　　　D. 建设管理费
> 【答案】D

五、预备费（★★）

预备费是指在建设期内因各种不可预见因素的变化而预留的可能增加的费用，包括基本预备费和价差（涨价）预备费。

（一）基本预备费

基本预备费是指投资估算或工程概算阶段预留的，工程实施中不可预见的工程变更及洽商、一般自然灾害处理、地下障碍物处理、超规超限设备运输等而可能增加的费用，亦可称为工程建设不可预见费。主要包括以下内容。

（1）工程变更及洽商。指在批准的初步设计范围内，技术设计、施工图设计及施工过程中所增加的工程费用；设计变更、工程变更、材料代用、局部地基处理等增加的费用。

（2）一般自然灾害处理。指一般自然灾害造成的损失和预防自然灾害所采取的措施费用。实行工程保险的工程项目，该费用应适当降低。

（3）竣工验收时为鉴定工程质量，对隐蔽工程进行必要的挖掘和修复费用。

（4）不可预见的地下障碍物处理的费用。

（5）超规超限设备运输增加的费用。

基本预备费费率的取值应执行国家及部门的有关规定，约为8%～15%。计算公式为：

$$基本预备费 = （工程费用 + 工程建设其他费）× 基本预备费费率 \qquad (1-30)$$

（二）价差（涨价）预备费

价差（涨价）预备费是指建设项目在建设期间内，由于人工、设备、材料、施工机械价格及费率、利率、汇率等变化，引起工程造价变化而需要增加的预留费用。内容包括：人工、设备、材料、施工机械价差费，建筑安装工程费及工程建设其他费用调整，利率、汇率、税率的调整等增加的费用。价差（涨价）预备费一般根据国家规定的投资综合价格指数，以估算年份价格水平的投资额为基数，采用复利方法计算，计算公式为：

$$P = \sum_{t=1}^{n} I_t \left[(1+f)^m (1+f)^{0.5} (1+f)^{t-1} - 1 \right] \qquad (1-31)$$

式中：P——价差（涨价）预备费（元）；

　　　n——建设期年份数（年）；

　　　I_t——建设期中第 t 年的静态投资计划额（元），包括工程费用、工程建设其他费用及基本预备费；

　　　f——年涨价率（%），政府部门有规定的按规定执行，没有规定的由可行性研究人员预测；

　　　m——建设前期年限（年），从编制估算到开工建设。

例题 1-9： 下列费用中，属于基本预备费支出范围的是（　　）。

A. 超规超限设备运输增加费　　　　　B. 人工、材料、施工机具的价差费

C. 建设期内利率调整增加费　　　　　D. 未明确项目的准备金

【答案】 A

六、建设期利息 （★）

建设期利息是指建设项目建设投资中有偿使用部分（即借贷资金）在建设期内应偿还的借款利息及承诺费。建设期利息的计算，根据建设期资金用款计划，在总贷款分年均衡发放前提下，可按当年借款在年中支用考虑，即当年借款按半年计息，上年借款按全年计息（计算方法详见第三节第五部分）。

七、经营性项目铺底流动资金 （★）

经营性项目铺底流动资金是指经营性项目为保证生产和经营正常运行，按规定应列入建设项目总资金的铺底流动资金。它是在项目建成投产初期，为保证正常生产所必需的周转资金（计算方法详见本章第三节第五部分）。

第三节　建设项目投资估算阶段的造价控制

一、项目决策阶段的投资控制（★★）

工程项目策划是指将建设意图转换为定义明确、系统清晰、目标具体且具有策略性运作思路的高智力系统活动，工程项目策划可按项目阶段划分为建设前期项目系统构思策划、建设期间项目管理策划和项目建成后运营策划。

项目决策阶段项目策划的作用、主要内容以及项目决策与工程造价的关系，详见图1-3-1。

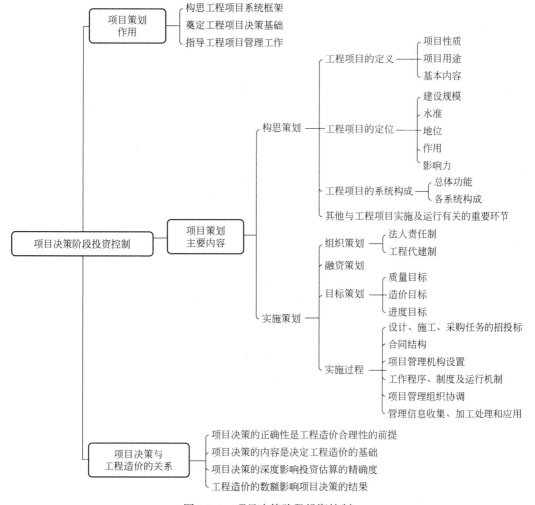

图1-3-1　项目决策阶段投资控制

项目策划决策阶段影响工程造价的主要因素，详见图1-3-2。

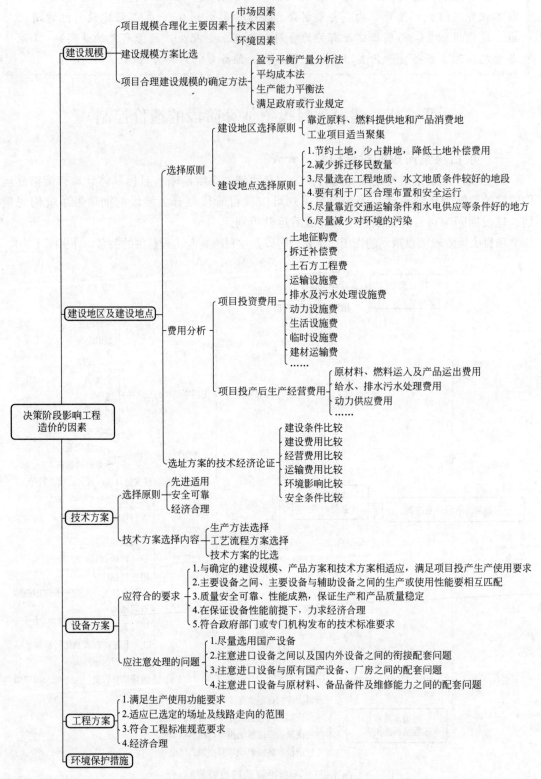

图 1-3-2　项目策划决策阶段影响工程造价的主要因素

二、投资估算的阶段划分 (★)

投资估算是指在建设项目整个投资决策阶段，参考相关工程造价管理部门发布的投资估算指标及类似工程造价资料，并结合项目所在地市场价格水平及工程实际情况，运用一定的方法，预先测算工程造价而编制的文件。

投资估算是进行建设项目技术经济评价和投资决策的基础，是整个建设项目投资控制的重要环节，是项目决策的重要依据之一，关系到可行性研究工作的质量、经济评价结果以及设计概算和施工图预算的编制。

投资决策过程可分为规划阶段、项目建议书阶段、可行性研究阶段和评审阶段，因此投资估算的编制工作也对应地分为四个阶段。各个阶段编制投资估算的精度要求见表 1-3-1。

各阶段编制投资估算的精度要求　　　　　　　　　　表 1-3-1

投资估算阶段划分		误差率
投资估算	规划(机会研究)阶段	±30%以内
	项目建议书(初步可行性研究)阶段	±20%以内
	可行性研究阶段	±10%以内
	评审阶段(含项目评估)	±10%以内

可行性研究阶段的投资估算经审查批准后，即作为工程设计任务书中规定的项目投资限额，对工程设计概算起着控制作用。

根据《建设项目投资估算编审规程》CECA/GC 1—2015 的规定，有时在方案设计（包括概念方案设计和报批方案设计）以及项目申请报告中也可能需要编制投资估算。

三、投资估算的作用、编制依据及要求 (★)

(一) 投资估算的作用

投资估算是建设项目技术经济评价、投资决策、筹措资金计划、申请贷款及工程造价控制的重要依据，投资估算控制初步设计概算及整个项目工程造价的目标限额，在建设工程的投资决策、造价控制、筹集资金等方面都起到了重要的作用。

(1) 项目建议书阶段的投资估算，是项目主管部门审批项目建议书的依据之一，也是编制项目规划、确定建设规模的参考依据。

(2) 可行性研究阶段的投资估算，是项目投资决策的重要依据，即主管部门审批建设项目的主要依据，也是银行评估拟建项目投资贷款的依据。

(3) 投资估算是设计阶段造价控制的依据。投资估算总额一经确定，即成为限额设计的依据，同时也是政府投资项目的投资最高限额，不得随意突破。

(4) 投资估算是建设单位进行项目资金筹措、银行贷款的依据。

(5) 投资估算是建设期造价管理及投资控制的重要依据。

(6) 投资估算是工程设计投标文件的重要组成部分，是建设单位设计招标、优选设计单位和设计方案的重要依据。

(7) 投资估算是核算建设项目固定资产投资需要额和编制固定资产投资计划的重要

依据。

（8）在工程项目初步设计阶段，可通过多方案比选优化设计，实行按专业切块进行投资控制，为施工图设计打下坚实的基础，使项目总投资最高限额不被突破。

（9）投资估算影响到项目生产期所需的流动资金和生产成本的估算、项目的经济效益和偿还贷款能力以及项目能否持续生存发展的能力，可以说投资估算影响到项目投资决策的命运。

（二）投资估算的编制依据及要求

投资估算应依据规定的计量规则、费用标准、市场价格及工程计价有关参数、率值等基础资料进行编制，具体编制依据及要求详见图1-3-3。

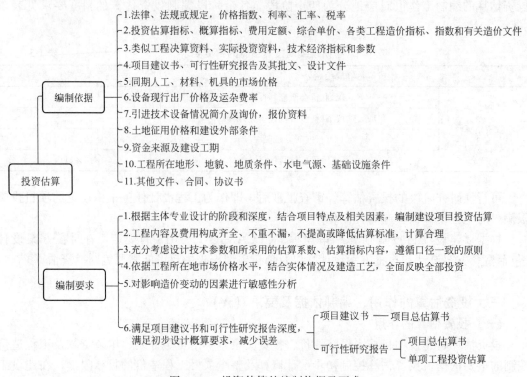

图 1-3-3　投资估算的编制依据及要求

例题1-10：下列可作为主管部门审批建设项目的主要依据的是（　　　）。

A. 投资估算　　　　　　　　　　B. 设计概算

C. 施工图预算　　　　　　　　　D. 施工预算

【答案】A

例题1-11：建设项目投资估算的作用之一是（　　　）。

A. 作为向银行借款的依据　　　　B. 作为招投标的依据

C. 作为编制施工图预算的依据　　D. 作为工程结算的依据

【答案】A

四、投资估算的编制内容及步骤（★）

投资估算按照编制估算的工程对象划分，包括建设项目投资估算、单项工程投资估算和单位工程投资估算等；按照建设项目的阶段划分，包括建设投资前期、建设实施期和竣工验收交付使用期三个阶段的费用支出估算。

（一）投资估算的编制内容

投资估算文件一般由封面、签署页、目录、编制说明、投资估算分析、总投资估算表等有关附表、主要技术经济指标等内容组成，详见图1-3-4、图1-3-5。

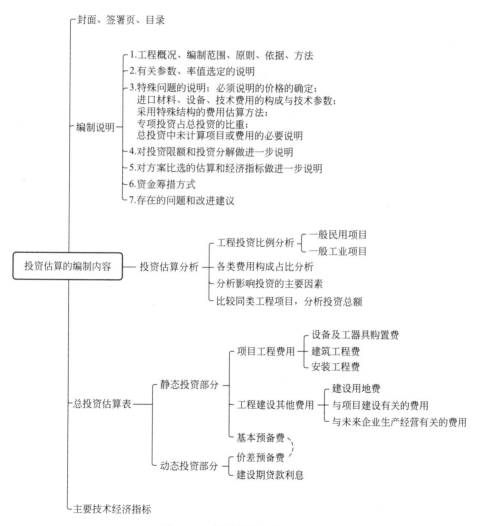

图1-3-4　投资估算的编制内容

（二）投资估算的编制步骤

根据投资估算的不同阶段，主要包括项目建议书阶段及可行性研究阶段的投资估算。

可行性研究阶段投资估算的编制一般包含静态投资部分、动态投资部分与流动资金估算三部分，一般可按图1-3-6所示的编制步骤进行。

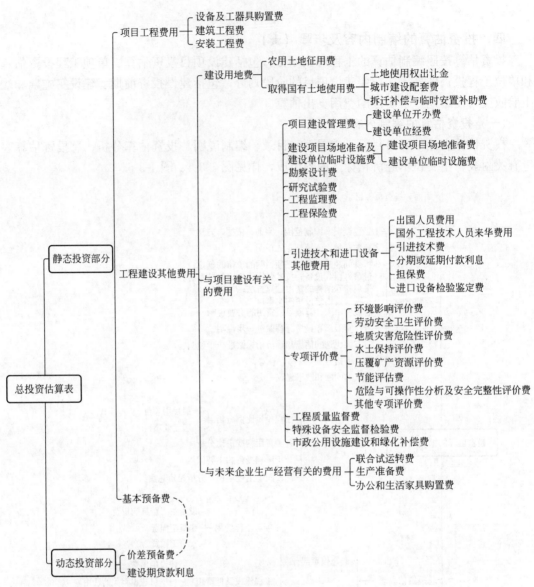

图 1-3-5 总投资估算表的内容

五、投资估算的编制方法 (★)

建设项目总投资须反映完成一个建设项目预计所需投资的总和,是一个完整的动态投资,包括建设项目静态投资部分、动态部分、铺底流动资金(图 1-3-7)。

(一)静态投资估算的编制方法

在项目建议书阶段,投资估算的精度要求较低,可采取简单的匡算法,如:生产能力指数法、系数估算法、比例估算法或混合法、资金周转率法等,在条件允许时,也可采用指标估算法。

在可行性研究阶段,投资估算精度要求高,须采用相对详细的投资估算方法,如指标估算法。

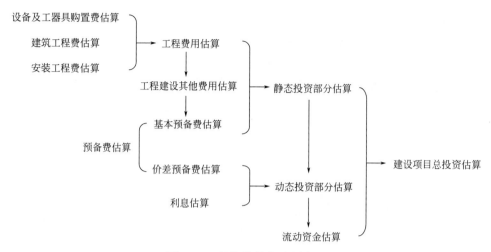

图 1-3-6 投资估算的编制步骤

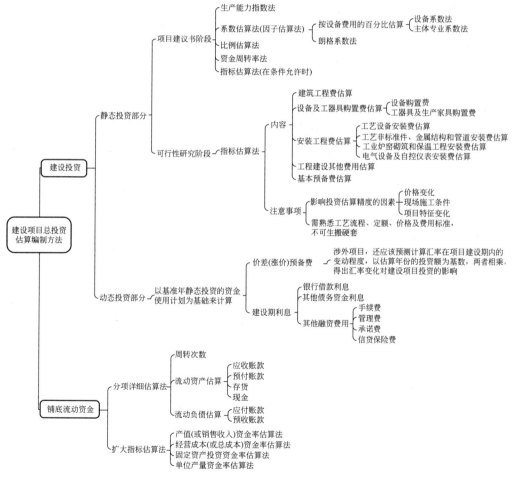

图 1-3-7 投资估算的编制方法

1. 项目建议书阶段

（1）生产能力指数法

生产能力指数法，又称为指数估算法，是根据已建成的类似项目生产能力和投资额来估算同类但不同生产能力的拟建项目静态投资额的方法。生产能力指数法的关键是生产能力指数的确定，一般要结合行业特点确定，并应有可靠的例证。其计算公式为：

$$C_2 = C_1 \left(\frac{Q_2}{Q_1} \right)^x \cdot f \tag{1-32}$$

式中：C_1——已建成类似项目的静态投资额；

　　　C_2——拟建项目的静态投资额；

　　　Q_1——已建类似项目的生产能力；

　　　Q_2——拟建项目的生产能力；

　　　f——不同时期、不同地点的定额、单价、费用和其他差异的综合调整系数；

　　　x——生产能力指数（$0 \leqslant x \leqslant 1$）。

若拟建项目规模和已建成类似项目规模相差不大，生产规模的比值在 0.5～2 之间，则 x 的取值近似为 1。

若拟建项目规模和已建成类似项目规模相差不大于 50 倍，生产规模的比值在 0.02～50 之间，拟建项目仅靠改变设备规模来改变项目生产规模，则 x 的取值为 0.6～0.7 之间；若拟建项目靠改变相同规模设备的数量来改变项目生产规模，则 x 的取值为 0.8～0.9 之间。

生产能力指数法主要应用于设计深度不足，拟建建设项目与类似建设项目的规模不同，设计定型并系列化，行业内相关指数和系数等基础资料完备的情况。

采用这种方法计算简单、速度快，但要求类似工程的资料可靠，条件基本相同，不需要详细的工程设计资料，只需要知道工艺流程及规模就可以。一般拟建项目与已建类似项目生产能力比值不宜大于 50，以在 10 以内效果较好，否则误差就会增大。

（2）系数估算法

系数估算法，也称为因子估算法，是以拟建项目的主体工程费或主要设备购置费为基数，以其他辅助配套工程费与主体工程费或设备购置费的百分比为系数，依此估算拟建项目静态投资的方法。

系数估算法主要应用于设计深度不足，拟建建设项目与类似建设项目的主体工程费或主要设备购置费比重较大，行业内相关系数等基础资料完备的情况。

其中，我国国内常用的方法有设备系数法、主体专业系数法，国际上较为广泛采用的方法是朗格系数法。

1）设备系数法

设备系数法，是以拟建项目的设备购置费为基数，根据已建成的同类项目的建筑安装工程费和其他工程费等与设备价值的百分比，求出拟建项目建筑安装工程费和其他工程费，进而求出项目的静态投资的估算方法。计算公式为：

$$C = E (1 + f_1 P_1 + f_2 P_2 + f_3 P_3 + \cdots) + I \tag{1-33}$$

式中：　　C——拟建项目的静态投资额；

　　　　　E——根据拟建项目的设备清单按当时当地价格计算的设备购置费（包括

运杂费）的总和；

P_1，P_2，P_3，…——已建成类似项目建筑安装及其他工程费用占设备购置费的百分比；

f_1，f_2，f_3，…——不同时期、地点的定额、单价、费用和其他差异的综合调整系数；

I——拟建项目的其他费用。

2）主体专业系数法

主体专业系数法，是指以拟建项目中投资比重较大，并与生产能力直接相关的工艺设备投资（包括运杂费及安装费）为基数，根据已建同类项目的有关统计资料，计算出拟建项目各专业工程（总图、土建、供暖、给排水、管道、电气、自控等）与工艺设备投资的百分比，据以求出拟建项目各专业投资，然后加总即为拟建项目的静态投资的估算方法。计算公式为：

$$C = E (1 + f_1 P_1' + f_2 P_2' + f_3 P_3' + \cdots) + I \tag{1-34}$$

式中：　　E——与生产能力直接相关的工艺设备投资（包括运杂费及安装费）；

P_1'，P_2'，P_3'，…——已建项目中各专业工程费用与工艺设备投资的比重。

其他符号同设备系数法计算公式。

3）朗格系数法

国际上估算工程项目或装置费用广泛采用的方法为朗格系数法，该方法以设备购置费为基数，乘以适当系数来推算项目的静态投资，其基本原理是将项目建设总成本费用中的直接成本和间接成本分别计算，再合为项目的静态投资。计算公式为：

$$C = E(1 + \sum K_i) K_C \tag{1-35}$$

式中：K_i——管线、仪表、建筑物等各项费用的估算系数；

K_C——管理费、合同费、应急费等间接费用在内的总估算系数。

其他符号同设备系数法计算公式。

静态投资与设备购置费之比为朗格系数 K_L：

$$K_L = \frac{C}{E} = (1 + \sum K_i) K_C \tag{1-36}$$

朗格系数法比较简单，但是精度不是很高，主要影响因素有：装置规模大小不同，主要设备的材质差异以及不同地区的自然、经济、地理、气候条件差异等。

由于朗格系数法是以设备购置费为计算基础，对于石油、石化、化工等设备费用所占比重较大的工程而言，工程中每台设备所含有的管道、电气、自控仪表、绝热、油漆、建筑等都有一定的规律，因此只要对各种不同类型工程的朗格系数掌握得准确，估算精度仍可较高。

（3）比例估算法

比例估算法，是根据已知的同类建设项目主要设备购置费占整个建设项目静态投资的比例，先逐项估算出拟建项目主要设备购置费，再按比例估算拟建项目的静态投资的方法。

比例估算法主要应用于设计深度不足，拟建建设项目与类似建设项目的主要设备购置费比重较大，行业内相关系数等基础资料完备的情况，计算公式为：

$$I = \frac{1}{K} \sum_{i=1}^{n} Q_i P_i \tag{1-37}$$

式中：I——拟建项目的静态投资；

K——已建成项目主要设备购置费占已建成项目静态投资的比例；

n——主要设备种类数；

Q_i——第 i 种主要设备的数量；

P_i——第 i 种主要设备的购置单价（到厂价格）。

（4）资金周转率法

资金周转率法是一种用资金周转率来推测投资额的简便方法。计算公式为：

$$资金周转率=\frac{年销售总额}{总投资}=\frac{产品的年产量×产品单价}{总投资} \tag{1-38}$$

$$投资额=\frac{产品的年产量×产品单价}{资金周转率} \tag{1-39}$$

拟建项目的资金周转率可以根据已建相似项目的有关数据进行估计，然后再根据拟建项目的预计产品的年产量及单价，对拟建项目的投资额进行估算。

资金周转率法比较简便，计算速度快，但精确度较低，可用于投资机会研究及项目建议书阶段的投资估算。

2. 可行性研究阶段

（1）指标估算法的概念

指标估算法是指依据投资估算指标、取费标准以及设备材料价格，对各单位工程或单项工程费用进行估算，进而估算建设项目总投资的方法。投资估算指标的形式较多，例如元/m²、元/m³ 等。指标估算法的估算精确度相对较高。可行性研究阶段投资估算原则上应采用指标估算法。预可行性研究阶段、方案设计阶段项目建设投资估算视设计深度，宜参照可行性研究阶段的编制办法进行。

（2）指标估算法的内容

1）建筑工程费估算

建筑工程费是指为建造永久性建筑物和构筑物所需要的费用。主要采用单位实物工程量投资估算法，是以单位实物工程量的建筑工程费乘以实物工程总量来估算建筑工程费的方法。通常应根据不同的专业工程选择不同的实物工程量计算方法。

2）设备及工器具购置费估算

设备购置费根据项目主要设备表及价格、费用资料编制，工器具及生产家具购置费按设备费的一定比例计取。

3）安装工程费估算

安装工程费包括安装主材费和安装费。其中，安装主材费可以根据行业和地方相关部门定期发布的价格信息或市场询价进行估算；安装费根据设备专业属性，可按以下方法估算。

① 工艺设备安装费估算。以单项工程为单元，根据单项工程的专业特点和各种具体的投资估算指标，按设备费百分比估算指标进行估算；或根据单项工程设备总重，采用以 t 为单位的综合单价指标进行估算，即：

$$安装工程费=设备原价×设备安装费率 \tag{1-40}$$

$$安装工程费=设备吨重×单位重量（t）安装费指标 \tag{1-41}$$

② 工艺非标准件、金属结构和管道安装费估算。以单项工程为单元，根据设计选用的材质、规格，以 t 为单位，套用技术标准、材质和规格、施工方法相适应的投资估算指标或类似工程造价资料进行估算，即：

$$安装工程费＝重量总量×单位重量安装费指标 \qquad (1\text{-}42)$$

③ 工业炉窑砌筑和保温工程安装费估算。以单项工程为单元，以 t、m^3 或 m^2 为单位，套用技术标准、材质和规格、施工方法相适应的投资估算指标或类似工程造价资料进行估算。

$$安装工程费＝重量（体积、面积）总量×单位重量（m^3、m^2）安装费指标 \quad (1\text{-}43)$$

④ 电气设备及自控仪表安装费估算。以单项工程为单元，根据该专业设计的具体内容，采用相适应的投资估算指标或类似工程造价资料进行估算，或根据设备台套数、变配电容量、装机容量、桥架重量、电缆长度等工程量，采用相应综合单价指标进行估算，即：

$$安装工程费＝设备工程量×单位工程量安装费指标 \qquad (1\text{-}44)$$

4）工程建设其他费用估算

工程建设其他费用的估算应结合拟建项目的具体情况，有合同或协议明确的费用按合同或协议列入；无合同或协议明确的费用，根据国家和各行业部门、工程所在地地方政府的有关工程建设其他费用定额（规定）和计算办法估算，没有定额或计算办法的，参照市场价格标准计算。

5）基本预备费估算

基本预备费的估算一般是以建设项目的工程费用和工程建设其他费用之和为基础，乘以基本预备费率进行计算。基本预备费率的大小，应根据建设项目的设计阶段和具体的设计深度，以及在估算中所采用的各项估算指标与设计内容的贴近度、项目所属行业主管部门的具体规定确定。

$$基本预备费＝（工程费用＋工程建设其他费用）×基本预备费率 \qquad (1\text{-}45)$$

（3）指标估算法注意事项

在应用指标估算法时，人工、材料与设备的价格会因地区、年代的不同而产生差异，须根据实际情况等进行必要的局部换算或调整。调整方法：①以人工、主要材料消耗量或工程量为计算依据进行调整；②以不同的工程项目的"万元工料消耗定额"确定不同的系数进行调整；③依据有关部门颁布的定额或人工、材料价差系数（物价指数）以及其他各类工程造价指数进行调整。

使用指标估算法进行投资估算，须对工艺流程、定额、价格及费用标准进行分析，密切结合每个单位工程的特点，正确反映其设计参数，实事求是地进行调整与换算，从而提高投资估算的精确度，确保投资估算的编制质量，切不可生搬硬套。

静态投资具有一定的时间性，应按某一确定的时间来计算，特别是对于编制时间距开工时间较远的项目，应以开工前一年为基准年，以基准年的价格为依据进行计算，按照近年的价格指数将编制年的静态投资进行适当地调整。

（二）动态投资估算的编制方法

动态投资部分包括价差（涨价）预备费和建设期利息两部分。动态部分的估算应以基准年静态投资的资金使用计划为基础来计算，而不是以编制年的静态投资为基础计算。

1. 价差（涨价）预备费的估算

价差（涨价）预备费的计算详见第二节第四部分。

若为涉外项目，需计算汇率的影响。汇率是两种不同货币之间的兑换比率，汇率的变化意味着一种货币相对于另一种货币的升值或贬值。由于涉外项目的投资中包含人民币以外的币种，需要按照相应的汇率把外币投资额换算为人民币投资额，所以汇率变化就会对涉外项目的投资额产生影响。

（1）外币对人民币升值。项目从国外市场购买设备材料所支付的外币金额不变，但换算成人民币的金额增加；从国外借款，本息所支付的外币金额不变，但换算成人民币的金额增加。

（2）外币对人民币贬值。项目从国外市场购买设备材料所支付的外币金额不变，但换算成人民币的金额减少；从国外借款，本息所支付的外币金额不变，但换算成人民币的金额减少。

估计汇率变化对建设项目投资的影响，通过预测汇率在项目建设期内的变动程度，以估算年份的投资额为基数，两者相乘，即可预测得出汇率变化对建设项目投资的影响。

2. 建设期贷款利息估算

建设期利息包括银行借款和其他债务资金的利息，以及其他融资费用。其他融资费用是指某些债务融资中发生的手续费、管理费、承诺费、信贷保险费等融资费用，一般情况下应将其单独计算并计入建设期利息；在项目前期研究的初期阶段，也可作粗略估算并计入建设投资。对于不涉及国外贷款的项目，在可行性研究阶段，也可作粗略估算并计入建设投资。

计算公式为：

本年应计利息＝（本年年初贷款本利和累计金额＋当年贷款额/2）×年有效利率

$$(1-46)$$

建设期利息实行复利计算，当总贷款是分年均衡发放时，其复利利息计算公式为：

$$q_j = \left(P_{j-1} + \frac{1}{2}A_j\right) \cdot i \qquad (1-47)$$

式中：q_j——建设期第 j 年应计利息；

P_{j-1}——建设期第（$j-1$）年年末累计贷款本金与利息之和；

A_j——建设期第 j 年贷款金额；

i——年利率。

利用国外贷款的利息计算中，年利率应综合考虑贷款协议中向贷款方加收的手续费、承诺费、管理费以及国内代理机构向贷款方收取的转贷费、担保费和管理费等。

（三）铺底流动资金的编制方法

流动资金是指项目运营需要的流动资产投资，指生产经营性项目投产后，为进行正常生产运营，用于购买原材料、燃料，支付工资及其他经营费用等所需的周转资金。流动资金的显著特点是在生产过程中不断周转，其周转额的大小与生产规模及周转速度直接相关，属于长期性（永久性）流动资产。

流动资金的筹措可通过长期负债和资本金（一般占30%）的方式解决。流动资金一般要求在投产前一年开始筹措，为简化计算，可规定在投产的第一年开始按生产负荷安排流动资金需用量。其借款部分按全年计算利息，流动资金利息应计入生产期间财务费用，项目计算期末收回全部流动资金（不含利息）。在不同生产负荷下的流动资金，应按不同生产负荷所需的各项费用金额分别估算，不能直接按100％生产负荷下的流动资金乘以生产负荷百分比求得。

铺底流动资金是保证项目投产初期，能正常生产经营所需要的最基本的周转资金数额。

铺底流动资金计算公式为：

$$铺底流动资金 = 流动资金 \times 30\% \tag{1-48}$$

流动资金估算一般采用分项详细估算法，个别情况或小型项目可采用扩大指标估算法。

1. 分项详细估算法

分项详细估算法，也称分项定额估算法，是根据项目的流动资产和流动负债，估算项目所占用流动资金的方法，是国际上通行的流动资金估算方法。流动资金等于流动资产和流动负债的差额，流动资产包括应收账款、预付账款、存货和现金，流动负债包括应付账款和预收账款。计算公式为：

$$流动资金 = 流动资产 - 流动负债 \tag{1-49}$$
$$流动资产 = 应收账款 + 预付账款 + 存货 + 现金 \tag{1-50}$$
$$流动负债 = 应付账款 + 预收账款 \tag{1-51}$$
$$流动资金本年增加额 = 本年流动资金 - 上年流动资金 \tag{1-52}$$

进行流动资金估算时，首先计算各类流动资产和流动负债的年周转次数，然后再分项估算占用资金额。

（1）周转次数

周转次数是指流动资金的各个构成项目在一年内完成多少个生产过程，可用一年天数（通常按360天计算）除以流动资金的最低周转天数计算，则各项流动资金年平均占用额度为流动资金的年周转额度除以流动资金的年周转次数。周转次数的计算公式为：

$$周转次数 = \frac{360}{流动资金最低周转天数} \tag{1-53}$$

各类流动资产和流动负债的最低周转天数，可参照同类企业的平均周转天数并结合项目特点确定，或按部门（行业）的规定。另外，在确定最低周转天数时应考虑储存天数、在途天数，并考虑适当的保险系数。

（2）流动资产估算

流动资产为应收账款、预付账款、存货及现金的总和。

1）应收账款

应收账款是指企业对外赊销商品、提供劳务尚未收回的资金，计算公式为：

$$应收账款 = \frac{年经营成本}{应收账款周转次数} \tag{1-54}$$

2）预付账款

预付账款是指企业为购买各类材料、半成品或服务所预先支付的款项，计算公式为：

$$预付账款 = \frac{外购商品或服务年费用金额}{预付账款周转次数} \tag{1-55}$$

3）存货

存货是指企业为销售或者生产耗用而储备的各种物资，主要有原材料、辅助材料、燃料、低值易耗品、维修备件、包装物、商品、在产品、自制半成品和产成品等。为简化计算，仅考虑外购原材料和燃料、其他材料、在产品、产成品，并分项进行计算。计算公式为：

$$存货＝外购原材料、燃料＋其他材料＋在产品＋产成品 \tag{1-56}$$

$$外购原材料、燃料＝\frac{年外购原材料、燃料费用}{分项周转次数} \tag{1-57}$$

$$其他材料＝\frac{年其他材料费用}{其他材料周转次数} \tag{1-58}$$

$$在产品＝\frac{年外购原材料、燃料费用＋年工资及福利费＋年修理费＋年其他制造费用}{在产品周转次数}$$
$$\tag{1-59}$$

$$产成品＝\frac{年经营成本－年其他营业费用}{产成品周转次数} \tag{1-60}$$

外购原材料和燃料须综合考虑不同品种、来源、运输方式、运输距离以及占用流动资金的比重大小等因素。

4）现金

项目流动资金中的现金是指货币资金，即企业生产运营活动中停留于货币形态的那部分资金，包括企业库存现金和银行存款，计算公式为：

$$现金＝\frac{年工资及福利费＋年其他费用}{现金周转次数} \tag{1-61}$$

$$年其他费用＝制造费用＋管理费用＋营业费用－（以上三项费用中所含的 \atop 工资及福利费、折旧费、摊销费、修理费） \tag{1-62}$$

（3）流动负债估算

流动负债是指在一年或者超过一年的一个营业周期内，需要偿还的各种债务，包括短期借款、应付票据、应付账款、预收账款、应付工资、应付福利费、应付股利、应交税金、其他暂收应付款、预提费用和一年内到期的长期借款等。在可行性研究中，流动负债的估算可以只考虑应付账款和预收账款两项，计算公式为：

$$应付账款＝\frac{外购原材料、燃料动力费及其他材料年费用}{应付账款周转次数} \tag{1-63}$$

$$预收账款＝\frac{预收的营业收入年金额}{预收账款周转次数} \tag{1-64}$$

2. 扩大指标估算法

扩大指标估算法是根据现有同类企业的实际资料，求得各种流动资金率指标，亦可依据行业或部门给定的参考值或经验确定比率，将各类流动资金率乘以相对应的费用基数来估算流动资金。一般常用的基数有营业收入、经营成本、总成本费用和建设投资等，究竟采用何种基数依行业习惯而定。由于扩大指标估算法计算流动资金，需要以经营成本及其中的某些科目为基数，因此实际上流动资金估算应在经营成本估算之后进行。

计算公式为：

$$年流动资金额＝年费用基数×各类流动资金率 \qquad (1\text{-}65)$$

扩大指标估算法简便易行，但准确度不高，适用于项目建议书阶段的估算。

（1）产值（或销售收入）资金率估算法

$$流动资金额＝年产值（年销售收入额）×产值（销售收入）资金率 \qquad (1\text{-}66)$$

例如，某项目投产后的年产值为 1.5 亿元，其同类企业的百元产值流动资金占用额为 17.5 元，则该项目的流动资金估算额为：15000×17.5/100＝2625（万元）

（2）经营成本（或总成本）资金率估算法

经营成本是一项反映物质、劳动消耗和技术水平、生产管理水平的综合指标。一些工业项目，尤其是采掘工业项目常用此方法估算流动资金。

$$流动资金额＝年经营成本（年总成本）×经营成本资金率（总成本资金率）(1\text{-}67)$$

（3）固定资产投资资金率估算法

固定资产投资资金率是流动资金占固定资产投资的百分比。如化工项目流动资金约占固定资产投资的 15％～20％，一般工业项目流动资金占固定资产投资的 5％～12％。

$$流动资金额＝固定资产投资×固定资产投资资金率 \qquad (1\text{-}68)$$

（4）单位产量资金率估算法

单位产量资金率，即单位产量占用流动资金的数额，例如每吨原煤 4.5 元。

$$流动资金额＝年生产能力×单位产量资金率 \qquad (1\text{-}69)$$

> **例题 1-12：**可用于投资机会研究及项目建议书阶段的投资估算编制的是（　　）。
>
> A. 按设备费用百分比估算法　　　　B. 生产能力指数法
>
> C. 资金周转率法　　　　　　　　　D. 朗格系数法
>
> 【答案】C

六、建设工程技术经济分析（★★）

（一）工程技术经济分析

在工程建设过程中，不同阶段需要制定各种不同的技术方案，广义的技术方案包括策划决策阶段的项目建设方案、设计阶段的工程设计方案、施工阶段的施工方案等。

技术经济分析就是在某一建设阶段，根据国民经济和社会发展及行业、地区发展规划的要求，在工程项目初步方案的基础上，运用科学的方法，通过对多个技术方案的分析、对比和论证，选出技术先进适用、经济效益最佳的方案，即对技术方案的经济效果进行计算、分析与评价（图 1-3-8）。

1. 技术经济分析的作用

（1）通过技术经济分析完善相应的技术方案，实现方案优化。

（2）选择出技术先进、适用、具有一定前瞻性、经济效益最佳的技术方案。

（3）技术经济分析的结论是选择合理技术方案的依据，提高投资决策科学化水平。

（4）为下一步的工程建设工作提供基础资料和依据。

（5）引导和促进各类资源合理配置。

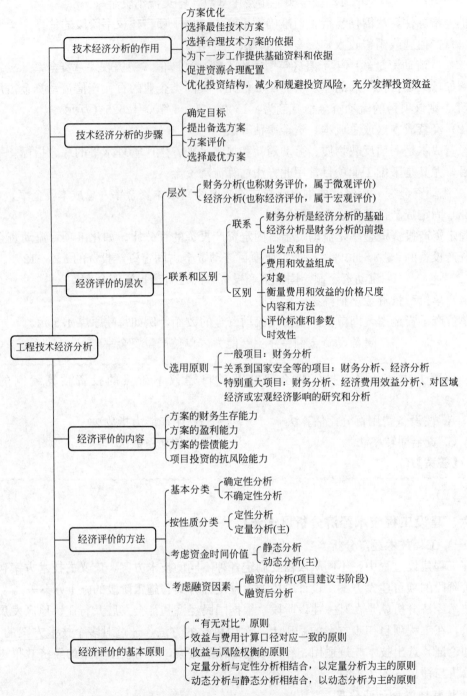

图 1-3-8　工程技术经济分析

（6）优化投资结构，减少和规避投资风险，充分发挥投资效益。

2. 技术经济分析的步骤

（1）确定目标。首先确定技术方案要达到的目标和要求。

（2）提出备选方案。收集整理有关技术经济分析的相关基础数据和参数，列出各种可能的技术方案作为备选方案。

（3）方案评价。选择评价方案的技术经济指标，计算、评价各方案的经济效果，选出可行方案。

（4）选择最优方案。通过对不同方案的衡量和比较，对方案进行综合评价，选择最优方案并完善。

3. 工程项目经济评价的层次

经济评价就是在对技术方案的财务效益和费用估算的基础上，运用科学的方法，计算、分析、评价技术方案的经济效果。

工程项目经济评价包括财务分析（也称财务评价）和经济分析（也称经济评价）。

（1）财务分析

财务分析是在国家现行财税制度和市场价格的前提下，根据国民经济与社会发展以及行业、地区发展规划的要求，在拟定的工程建设方案、财务效益与费用估算的基础上，采用科学的分析方法，计算项目范围内的财务效益和费用，测算项目的盈利能力、偿债能力、生存能力和抗风险能力，分析项目在财务上的可行性和经济的合理性，属于微观评价。

（2）经济分析

经济分析是在合理配置社会资源的前提下，从国家经济整体利益的角度出发，采用货物影子价格、影子汇率、影子工资率和社会折现率等国民经济评价参数，计算项目所耗费的社会资源（即经济费用）和对国民经济与社会的净贡献（即经济效益），测算项目的经济效率、效果和对社会的影响，分析项目在宏观经济上的合理性，主要适用于交通运输项目、大型水利水电项目、国家战略性资源开发项目等建设项目。

（3）财务分析与经济分析的联系和区别

1）财务分析与经济分析的联系

在进行项目投资决策时，既要考虑项目的财务分析结果，更要遵循使国家与社会获益的项目经济分析原则。

① 财务分析是经济分析的基础。大多数经济分析是在项目财务分析的基础上进行的，任何一个项目财务分析的数据资料都是项目经济分析的基础。

② 经济分析是财务分析的前提。对大型工程项目而言，国民经济效益的可行性与否决定了项目的最终可行性，它是决定大型项目决策的先决条件和主要依据之一。

2）财务分析与经济分析的区别

财务分析与经济分析的区别详见表1-3-2。

财务分析与经济分析的区别　　　　　　　　　　　　　　　　　表 1-3-2

序号	比较项目	财务分析	经济分析
1	出发点和目的	站在企业或投资人立场(从其利益角度分析评价项目的财务收益和成本)	从国家或地区的角度(分析评价项目对整个国民经济乃至整个社会所产生的收益和成本)
2	费用和效益组成	流入或流出的项目货币收支	能够给国民经济带来贡献时才被当作项目的费用或效益

序号	比较项目	财务分析	经济分析
3	对象	企业或投资人的财务收益和成本	由项目带来的国民收入增值情况
4	衡量费用和效益的价格尺度	关注项目的实际货币效果,根据预测的市场交易价格	关注对国民经济的贡献,采用体现资源合理有效配置的影子价格
5	内容和方法	企业成本和效益的分析方法	费用和效益分析、成本和效益分析、多目标综合分析等方法
6	评价标准和参数	净利润、财务净现值、市场利率	净收益、经济净现值、社会折现率
7	时效性	随着国家财务制度的变更而变化	按照经济原则进行评价

（4）工程项目选用经济评价的原则

不同工程项目的类型、性质、目标和行业特点等都会影响项目经济评价的方法、内容和参数。

1）一般项目。财务分析结果对一般项目的决策、实施和运营，可以产生重大影响。由于这类项目产出品的市场价格基本上能够反映其真实价值，财务分析的结果能够满足决策需要，因此可以只进行财务分析，不进行经济分析。

2）关系到国家安全、国土开发、市场不能有效配置资源的项目。这类项目一般为政府审批或核准项目，需要从国家经济整体利益角度来考察项目，并以能反映资源真实价值的影子价格来计算项目的经济效益和费用，通过经济评价指标的计算和分析，得出项目是否对整个社会经济有益的结论。因此，需要从财务分析、经济分析两方面进行分析。

3）特别重大的工程项目。除进行财务分析与经济费用效益分析外，还应专门进行项目对区域经济或宏观经济影响的研究和分析。

4. 工程项目经济评价的内容

经济评价的基本目标是考察技术方案的财务生存能力、盈利能力、偿债能力和抗风险能力，主要包括下列内容。

（1）方案的财务生存能力

方案的财务生存能力是指项目（企业）在生产运营期间，为确保从各项经济活动中能得到足够的净现金流量（净收益），以维持项目（企业）持续生存条件的能力。为此，在项目财务评价中应根据项目财务计划现金流量表，通过考察项目计算期内各年的投资活动、融资活动和经营活动所产生的各项现金流入和流出，计算净现金流量和累计盈余资金，分析项目是否有足够的净现金流量维持正常运营，以实现财务可持续性。各年累计盈余资金不应出现负值，出现负值时，应进行短期融资借款，还应分析短期借款的可靠性。短期借款应体现在财务计划现金流量表中，其利息应计入财务费用。

（2）方案的盈利能力

方案的盈利能力是指项目投资方案在计算期的盈利水平。主要评价指标包括方案的财务净现值、财务内部收益率、资本金财务内部收益率等动态评价指标和静态投资回收期、总投资收益率、项目资本金净利润率等静态指标。

（3）方案的偿债能力

方案的偿债能力是指项目投资方案按期偿还到期债务的能力。主要评价指标包括利息备付率、偿债备付率和资产负债率等指标。

（4）项目投资的抗风险能力

通过不确定性分析（如盈亏平衡分析、敏感性分析）和风险分析，预测分析客观因素变动对项目盈利能力的影响，检验不确定性因素的变动对项目收益、收益率和投资借款偿还期等评价指标的影响程度，考察建设项目投资承受各种投资风险的能力，提高项目投资的可靠性和盈利性。

5. 工程项目经济评价的方法

经济评价的基本方法包括确定性分析和不确定性分析两大类。

（1）按评价方法的性质不同分为定性分析、定量分析。

（2）按评价方法是否考虑资金时间价值因素，分为静态分析、动态分析。

（3）按是否考虑融资因素，分为融资前分析、融资后分析（项目决策可分为投资决策和融资决策两个层次。一般情况下，投资决策在先，融资决策在后。在融资前财务分析结论满足要求的情况下，初步设定融资方案，再进行融资后的财务分析。在项目建议书阶段，可只进行融资前财务分析）。

6. 工程项目经济评价的基本原则

（1）"有无对比"原则

"有无对比"是指"有项目"相对于"无项目"的对比分析。

"无项目"状态是指不对该项目进行投资时，在计算期内，与项目有关的资产、费用与收益的预计发展情况；"有项目"状态是指对该项目进行投资后，在计算期内，资产、费用与收益的预计情况。"有无对比"求出项目的增量效益，排除了项目实施以前各种条件的影响，突出项目活动的效果。"有项目"与"无项目"两种情况下，效益和费用的计算范围、计算期应保持一致，具有可比性。

（2）效益与费用计算口径对应一致的原则

将效益与费用限定在同一个范围内，才有可能进行比较，计算的净效益才是项目投入的真实回报。

（3）收益与风险权衡的原则

投资者在进行投资决策时，不仅要看到效益，也要关注风险，权衡得失利弊后再决策。

（4）定量分析与定性分析相结合，以定量分析为主的原则

一般来说，项目经济评价要求尽量采用定量指标，但对一些不能量化的经济因素，不能直接进行数量分析，为此，需要进行定性分析，并与定量分析结合起来进行评价。

（5）动态分析与静态分析相结合，以动态分析为主的原则

动态分析是指考虑资金的时间价值对现金流量进行分析。静态分析是指不考虑资金的时间价值对现金流量进行分析。项目经济评价的核心是动态分析，静态指标与一般的财务和经济指标内涵基本相同，比较直观，但只能作为辅助指标。

7. 财务分析参数

财务分析参数包括计算、衡量项目的财务费用效益的各类计算参数和判定项目财务合理性的判据参数（图1-3-9）。

（1）财务基准收益率

财务基准收益率也称基准折现率，是指工程项目财务评价中对可货币化的项目费用和

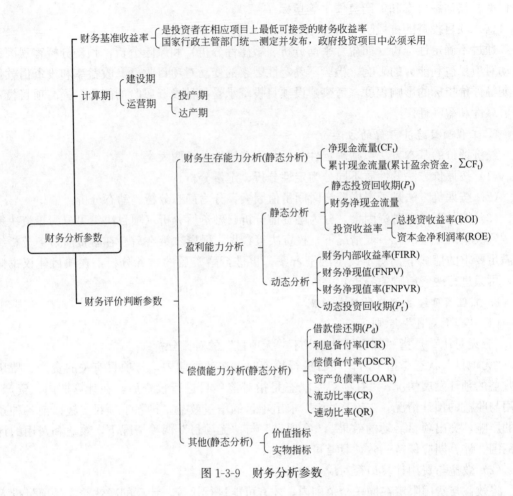

图 1-3-9　财务分析参数

效益采用折现方法计算财务净现值的基准折现率，是衡量项目财务内部收益率的基准值，是项目财务可行性和方案比选的主要判据。财务基准收益率反映投资者对相应项目占用资金的时间价值的判断。财务基准收益率是投资者以动态的观点所确定的、可接受的投资项目最低标准的收益水平。

（2）计算期

一个建设项目要经历若干个不同阶段，项目计算期是指经济评价中为进行动态分析所设定的期限，包括建设期和运营期。

建设期是指项目资金正式投入开始到项目建成投产为止所需要的时间，一般按合理工期或预定的建设进度确定；运营期根据项目特点参照项目的合理经济寿命确定，又分为投产期和达产期两个阶段：投产期是指项目投入生产但生产能力尚未达到设计能力时的过渡阶段，达产期是指生产运营达到设计预期水平后的阶段。

计算现金流的时间单位，一般采用年，也可采用其他常用的时间单位。

（3）财务评价判断参数

进行经济效果评价，需要根据不同财务报表中的数据，计算一系列评价指标，分析项目的财务生存能力、盈利能力、偿债能力等，对方案进行经济性评价。

项目财务盈利能力分析主要考察项目投资的盈利水平，是项目财务评价的主要内容之一。

项目偿债能力分析是在财务盈利能力分析的基础上，根据借款还本付息计划表和资产负债表等债务报表，计算借款偿还期、利息备付率、偿债备付率，以及资产负债率、流动比率和速动比率等评价指标，评价项目的借款偿债能力。

项目财务评价的基本报表有：财务计划现金流量表、项目投资现金流量表、项目资本金财务现金流量表、投资各方财务现金流量表、利润与利润分配表、借款还本付息计划表和资产负债表等。财务报表与财务评价判断参数关系见表1-3-3。

财务报表与财务评价判断参数关系表　　　　表1-3-3

序号	评价内容	财务基本报表	财务评价判断参数	
			静态指标	动态指标
1	财务生存能力分析	财务计划现金流量表	净现金流量（CF_t）、累计现金流量（累计盈余资金）（$\sum CF_t$）	—
2	盈利能力分析	项目投资现金流量表	静态投资回收期（P_t）、财务净现金流量	财务内部收益率（FIRR）、财务净现值（FNPV）、财务净现值率（FNPVR）、动态投资回收期（P_t'）
		项目资本金现金流量表	—	项目资本金财务内部收益率
		投资各方财务现金流量表	—	项目投资各方财务内部收益率
		利润与利润分配表	总投资收益率（ROI）、资本金净利润率（ROE）	—
3	偿债能力分析	借款还本付息计划表	借款偿还期（P_d）、利息备付率（ICR）、偿债备付率（DSCR）	—
		资产负债表	资产负债率（LOAR）、流动比率（CR）、速动比率（QR）	—
4	其他	—	价值指标、实物指标	

财务可持续性，首先体现在有足够大的经营活动净现金流量，其次，各年累计盈余资金不应出现负值。若出现负值，应进行短期借款，短期借款应体现在财务计划现金流量表中，其利息应计入财务费用。

对于单一方案，可以用财务内部收益率、财务净现值等反映项目盈利能力的动态评价指标和静态投资回收期、总投资收益率、资本金净利润率等静态评价指标，评价方案的经济效果，作出方案经济上是否可行的判断。

1）项目盈利能力分析

① 财务内部收益率（FIRR）

财务内部收益率是指在项目整个计算期内，各年净现金流量现值累计等于零时的折现率。它反映项目整个寿命期内（即计算期内）总投资支出所能获得的实际最大投资收益率，即项目内部潜在的最大盈利能力，是评价项目盈利能力的主要动态指标。内部收益率是项目投资占用的尚未回收资金的获利能力，与项目的投资额、各年的净收益以及被占用资金的增值率等内部因素有关。

财务内部收益率可根据财务现金流量表中的净现金流量，用计算机求解，手算可用试差法和图解法计算。

采用财务内部收益率（FIRR）评价项目方案时，判别准则是项目财务内部收益率应大于或等于部门（行业）发布规定或者由评价人员设定的财务基准收益率（i_c），即 FIRR $\geqslant i_c$，此时方案在经济效果上可以接受，反之则不能接受。

采用财务内部收益率指标的好处是不需要事先给定财务基准收益率（基准折现率），财务内部收益率可以反映投资过程的收益程度，不受外部参数的影响。

对于独立方案或单一方案，采用财务内部收益率指标和财务净现值指标的评价结论是相同的。

② 财务净现值（FNPV）

财务净现值是反映项目在整个计算期内总的盈利能力的动态评价指标。财务净现值是指按行业的基准收益率或设定的折现率，将项目计算期内各年的净现金流量折现到建设期初的现值之和。

当财务净现值（FNPV）大于或等于零，即 FNPV $\geqslant 0$，表示项目的投资方案在财务上可以接受，反之方案在财务上不可接受。

③ 静态投资回收期（P_t）

静态投资回收期指在不考虑资金时间价值的条件下，以项目的净收益（包括利润和折旧）回收全部投资所需要的时间。投资回收期通常以年为单位，一般从建设年开始计算。

计算出静态投资回收期（P_t）后，应与部门或行业的基准投资回收期 P_c 进行比较，当静态投资回收期 P_t 小于或等于基准投资回收期 P_c 时，即 $P_t \leqslant P_c$ 时，表明项目投资在规定的时间内可以回收，该项目在投资回收能力上是可以接受的。

④ 总投资收益率（ROI）

总投资收益率表示总投资的盈利水平，是指项目达到设计能力后，正常年份的年息税前利润或运营期内年平均息税前利润（EBIT）与项目总投资（TI）的比率。总投资收益率是考察单位投资盈利能力的静态指标，表示总投资的盈利水平。

当总投资收益率大于或等于同行业的平均投资收益率参考值（或基准投资收益率）时，说明用总投资收益率表示的盈利能力满足要求，在财务上可以接受。

⑤ 资本金净利润率（ROE）

项目资本金净利润率是用来表示项目资本金的盈利能力的静态评价指标，是指项目达到设计能力后，正常年份的年净利润或运营期内年平均净利润与项目资本金的比率。

如果项目资本金净利润率高于同行业的资本金净利润率参考值，说明用项目资本金净利润率表示的盈利能力满足要求。

2）偿债能力分析

① 借款偿还期（P_d）

借款偿还期是指在国家财政及项目具体财务条件下，以项目投产后获得的可用于还本付息的资金（包括：利润＋折旧费＋摊销费＋其他项目收益）来偿还借款本息所需要花费的时间（以年为单位），它是反映工程项目偿还借款能力和经济效益好坏的一个综合性评价指标。

借款偿还期旨在计算最大偿还能力，适用于尽快还款的项目，不适用于已约定借款偿还期限的项目。对于已约定借款偿还期限的项目，应采用利息备付率和偿债备付率指标分析项目的偿债能力。

② 利息备付率（ICR）

利息备付率是指项目在借款偿还期内，各年可用于支付利息的息税前利润（EBIT）与当期应付利息费用（PI）的比值。该指标从付息资金来源的充裕性角度，反映偿付债务利息的保障程度和支付能力。

利息备付率应分年计算。利息备付率表示项目息税前利润偿付利息的保障程度，利息备付率越高，利息偿付的保障程度越高。利息备付率应大于1，一般不宜低于2，并结合债权人的要求确定。

③ 偿债备付率（DSCR）

偿债备付率是指在借款偿还期内，各年可用于还本付息的资金与当期应还本付息金额之比。该指标从还本付息资金来源的充裕性角度，反映偿付债务本息的保障程度和支付能力。

偿债备付率应分年计算。偿债备付率越高，可用于还本付息的资金保障程度越高。偿债备付率应大于1，一般不宜低于1.3，并结合债权人的要求确定。

④ 资产负债率（LOAR）

资产负债率是指各期末负债总额（TL）与资产总额（TA）的比率，它反映了总资产中有多大比例是通过借债来筹集的。

从债权人的角度看，资产负债率越低，企业偿债能力越强，回收借款的保障越大。从企业所有者和经营者的角度看，通常希望资产负债率指标高些，可利用财务杠杆增加企业获利能力。适度的资产负债率，表明企业经营安全、有较强筹资能力，企业和债权人的风险较小。

⑤ 流动比率（CR）

流动比率是流动资产与流动负债的比值，是反映项目偿还流动负债能力的评价指标。

流动比率显示出每一单位货币的流动负债（即短期借款）需要有多少企业流动资产来作偿债担保，由于流动资金为流动资产与流动负债的差值，若流动比率小于1，说明流动资金不足以偿还流动负债。一般流动比率可取1.2～2.0较为适宜。

⑥ 速动比率（QR）

速动比率是指速动资产与流动负债的比率，是反映项目快速偿付流动负债能力的指标。

速动资产是指可以快速变现的流动资产。速动比率最好在1.0～1.2之间较为合适，低于1则说明企业偿债能力不强。

速动比率和流动比率都是反映企业偿还短期债务能力的指标。

（二）不确定性分析

不确定性分析是对影响项目的不确定性因素进行分析，推测不确定性因素变化对经济评价指标的影响程度，从而判断项目可能承担的风险，可为投资决策提供依据。不确定性分析方法有盈亏平衡分析、敏感性分析等。

1. 盈亏平衡分析

盈亏平衡分析就是通过分析产品的产量、成本和盈利之间的关系，计算项目达产年的盈亏平衡点，分析项目收入与成本费用的平衡关系，判断不确定因素对方案经济效果的影响程度以及项目对产品数量变化的适应能力和抗风险能力。盈亏平衡分析只用于财务分析。

盈亏平衡点是企业盈利与亏损的转折点，在该点上销售收入正好等于总成本费用，达到盈亏平衡。

盈亏平衡分析可分为线性盈亏平衡分析和非线性盈亏平衡分析。对建设项目评价仅进行线性盈亏平衡分析。线性盈亏平衡分析的基本假定有：

① 产量等于销售量；

② 产量变化，单位可变成本不变，总成本费用是产量的线性函数；

③ 产量变化，产品售价不变，销售收入是销售量的线性函数；

④ 按单一产品计算，生产多种产品的应换算成单一产品，不同产品的生产负荷率变化保持一致。

若营业收入、成本费用都均为含税价格，应减去增值税。

线性盈亏平衡分析可以通过盈亏平衡分析图在同一坐标图上表示出来。盈亏平衡点越低，项目盈利可能性越大、抗风险能力越强。

2. 敏感性分析

敏感性分析是通过测定不确定因素的变化所导致财务或经济评价指标的变化幅度，了解各种因素变化对实现预期目标的影响程度，对投资方案的承受能力作出判断。

单因素敏感性分析是指假定只有一个因素变动，其他因素不变，进行分析。通常只进行单因素敏感性分析。分析步骤如下。

（1）选择不确定因素，并设定这些因素的变动范围

常见的不确定因素有：①投资额（包括固定资产投资和流动资金占用）；②项目建设期限、投产期限、投产时产出能力及达到设计能力所需时间；③产品产量及销售量；④产品价格；⑤经营成本（特别是其中的变动成本）；⑥项目寿命期；⑦项目寿命期的资产残值；⑧折现率；⑨外汇汇率。

不确定性因素变化的百分率常选用±5％、±10％、±15％、±20％等。

（2）确定分析指标

敏感性分析可选用前述各种评价指标，一般进行敏感性分析的指标应与确定性分析采用的指标一致。通常必选的敏感性分析指标是项目投资财务内部收益率。

（3）计算不确定性因素变化所导致的评价指标变动结果

建立一一对应关系，一般用图或表的形式表示。

（4）确定敏感因素，对方案的风险情况作出判断

敏感因素是指其数值变动能显著影响方案经济效果的因素。通过计算敏感度系数和临界点，找出敏感因素，粗略预测项目可能承担的风险。

七、价值工程（★）

（一）价值工程的定义

价值工程（价值分析）是指以产品或作业的功能分析为核心，以提高产品或作业的价值为目的，力求以最低寿命周期成本实现产品或作业使用所要求的必要功能的一项有组织的创造性活动，是一种以提高产品和作业价值为目标的管理技术。

价值工程的主要特点有：①着眼于寿命周期成本，研究重点为对产品功能的研究，核心是功能分析；②综合考虑保证产品功能、降低成本两个要求；③强调创新；④功能定量化；⑤有计划、有组织。价值的计算公式如下：

$$价值（V）= \frac{功能（F）}{成本（C）} \tag{1-70}$$

这里的成本是指实现产品或作业的寿命周期成本。

（二）提高价值的方法

根据价值的计算公式，可以得出提高价值的五种方法（图1-3-10）。

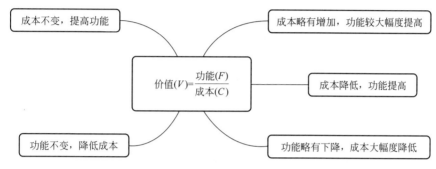

图 1-3-10　提高价值的方法

（三）价值工程的实施步骤

价值工程包括准备阶段、功能分析阶段、方案创造阶段和方案实施阶段（图1-3-11）。

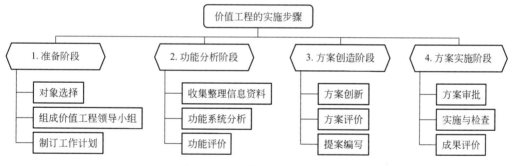

图 1-3-11　价值工程的实施步骤

（四）价值工程研究对象的选择

价值工程研究对象的选择可从设计、施工、成本三个方面考虑。常用的选择方法有ABC分析法、强制确定法、价值指数法、因素分析法、百分比法、最合适区域法等。其中ABC分析法、强制确定法较为常用（图1-3-12）。

（五）功能分析

功能分析是价值工程的核心，功能是某个产品或零件在整体中所担负的职能或所起的作用。功能分析的目的是用最小的成本实现同一功能。功能分析一般有功能定义、功能整理、功能评价三个步骤（图1-3-13）。

（六）方案创新及实施

通过采用适当的方法，如头脑风暴法、专家意见法（德尔菲法）、哥顿法等提出创新

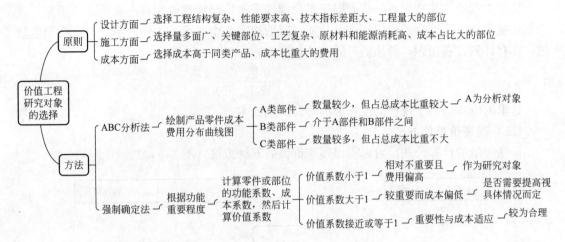

图 1-3-12　价值工程研究对象的选择

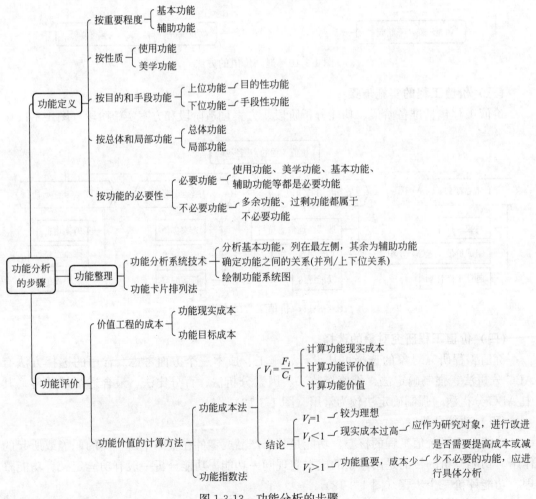

图 1-3-13　功能分析的步骤

方案，经过综合评价选出最佳方案。确定方案后，经批准即可实施，实施过程中应检查方案实施情况，方案实施完成后，对成果进行评定验收。

本节重点：①项目策划的作用及主要内容；②投资估算的阶段划分；③投资估算的作用、编制依据；④投资估算的编制内容、步骤、编制方法；⑤工程技术经济分析的作用和基本内容，多方案比选的方法；⑥提高价值的方法，功能分析的步骤。

第四节　建设项目设计阶段的造价控制

工程设计阶段是分析处理工程技术与经济关系的关键环节，也是有效控制工程造价的重要阶段，而设计阶段中，方案设计、初步设计阶段对工程造价的影响程度最大。在工程设计阶段，工程造价管理人员需要密切配合设计人员，通过多方案技术经济分析、限额设计、标准化设计的方法，有效控制工程造价。

一、限额设计（★★★）

工程设计阶段是控制工程造价的关键环节，限额设计是控制设计阶段工程造价、保证投资资金有效使用的重要手段和有力措施，也是促进设计单位改善管理、优化结构、提高设计水平的有效途径，限额设计主要内容见图 1-4-1。

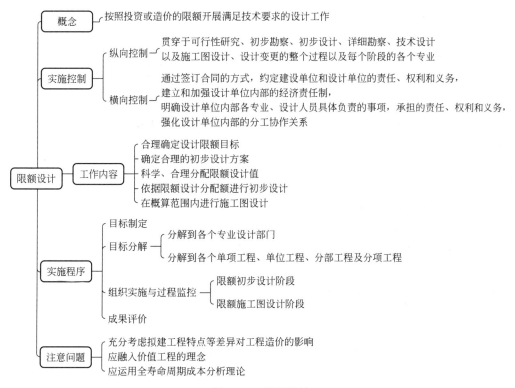

图 1-4-1　限额设计

控制工程造价的目的不仅在于控制项目投资不超过批准的造价限额，更积极的意义在于合理使用人力、物力、财力，以取得最大的投资效益，在投资额度不变的情况下，实现使用功能、技术标准和建设规模的最大化。

（一）限额设计的概念

限额设计是指按照投资或造价的限额开展满足技术要求的设计工作。即按照可行性研究报告批准的投资限额进行初步设计，按照批准的初步设计概算进行施工图设计，按照施工图预算对施工图设计中各专业设计文件作出决策的设计工作程序。

采用限额设计，应保证设计的技术标准、使用功能符合国家和行业标准以及合同要求，建设规模应满足可行性研究和合同的要求。

可行性研究报告中的投资估算是确定总投资额的重要依据，经过批准的投资估算应作为限额设计总值。

（二）限额设计的工作内容

在实施限额设计的过程中，应从纵向和横向两方面实施和加以控制。

限额设计的纵向控制，是指限额设计应贯穿于可行性研究、初步勘察、初步设计、详细勘察、技术设计以及施工图设计、设计变更的整个过程以及每个阶段的各个专业。

限额设计的横向控制，是指通过签订合同的方式，约定建设单位和设计单位的责任、权利和义务，建立和加强设计单位内部的经济责任制，明确设计单位内部各专业、各参与项目的设计人员具体负责的事项，承担的责任、权利和义务，强化设计单位内部的分工协作关系，做到技术经济的统一。

限额设计主要包括以下工作内容。

（1）合理确定设计限额目标

投资决策阶段是限额设计的关键，投资决策阶段的可行性研究报告是政府部门核准投资总额的主要依据，经批准的投资估算应作为工程造价的最高限额。

初步设计阶段限额设计应以批准的投资估算作为设计的总限额，不得任意突破。

施工图设计阶段限额设计应按照批准的初步设计及总概算确定的工程造价控制施工图设计及预算。

提高可行性研究中投资估算的编制质量和准确性，是保证合理确定设计限额目标值的重要前提。

（2）确定合理的初步设计方案

初步设计阶段需要依据已确定的可行性研究方案和投资估算，通过多方案技术经济比选，确定技术经济合理的初步设计方案，将设计概算控制在批准的投资估算内。

（3）科学、合理分配限额设计值

限额设计一方面要按专业将上一阶段确定的投资额分解到各个专业设计部门，另一方面要将投资限额分配到各个单项工程、单位工程、分部分项工程。

首先要对影响投资的因素按照专业进行分解，在充分掌握类似工程的技术经济资料的基础上，利用价值工程等方法对传统配额分配方法进行改进。在合理确定限额总值后，利用价值工程原理进行限额的分配。

（4）依据限额设计分配额进行初步设计

确定初步设计方案和分配限额设计值后，各专业依据设计限额进行初步设计并编制设计概算，设计概算确定的各专业和单项工程、单位工程造价应满足限额设计的要求。

（5）在概算范围内进行施工图设计

施工图是设计单位的最终成果文件。初步设计完成后，应按批准的初步设计方案和设计概算进行施工图的限额设计，并编制施工图预算。施工图预算应控制在批准的设计概算范围内。

（三）限额设计的实施程序

限额设计强调技术与经济的统一，需要工程设计人员和工程造价管理专业人员密切合作。工程设计人员进行设计时，应基于建设工程全寿命期，充分考虑工程造价的影响因素，对方案进行比较，优化设计；工程造价管理专业人员要及时进行投资估算，在设计过程中协助工程设计人员进行技术经济分析和论证，从而达到有效控制工程造价的目的。

限额设计的实施是建设工程造价目标的动态反馈和管理过程，根据目标管理的原理，可以确定限额设计的步骤，可分为目标制定、目标分解、组织实施与过程监控和成果评价四个阶段。

（1）目标制定

初步设计阶段限额设计应以批准的投资估算作为设计的总限额；施工图设计阶段应以批准的设计概算作为限额设计的总限额。限额设计的目标包括：造价目标、质量目标、进度目标、安全目标及环保目标。各个目标之间既相互关联又相互制约。因此，在分析论证限额设计目标时，应统筹兼顾，全面考虑，在综合考虑设计方案满足工程项目的功能要求、技术标准、工程质量、进度、安全等的基础上，确定技术经济合理的最佳限额设计目标。

（2）目标分解

分解工程造价目标是实行限额设计的一个有效途径和主要方法。首先，将上一阶段确定的投资额分解到建筑、结构、电气、给水排水和暖通等各个专业设计部门，作为专业设计部门、设计人员的具体目标。其次，将投资限额再分解到各个单项工程、单位工程、分部工程及分项工程，作为相应局部工程的限额设计控制目标。

在目标分解过程中，要对设计方案进行综合分析与评价并制定明确的限额设计方案。通过层层目标分解和限额设计，实现对投资限额的有效控制。

（3）组织实施与过程监控

通过目标确定和分解，有了具体的限额设计目标，各专业设计部门、设计人员按设定的目标进行设计工作。目标推进通常包括限额初步设计和限额施工图设计两个阶段。

1）限额初步设计阶段

初步设计阶段应严格按照分配的工程造价控制目标进行方案的规划和初步设计。在初步设计方案完成后，由工程造价管理人员及时编制初步设计概算，并进行初步设计方案的技术经济分析，直至满足限额要求。初步设计只有在满足各项功能要求并符合限额设计目标的情况下，才能作为下一阶段的限额目标给予批准。

对于政府投资项目，初步设计提出的投资概算超过经批准的可行性研究报告提出的投资估算10%的，项目单位应当向投资主管部门或者其他有关部门报告，投资主管部门或者其他有关部门可以要求项目单位重新报送可行性研究报告。

2）限额施工图设计阶段

施工图设计阶段按经批准的初步设计和概算进行施工图设计、编制施工图预算。施工图设计阶段应遵循各目标协调并进的原则，做到各目标之间的有机结合和统一。在施工图设计完成后，进行施工图设计的技术经济论证，分析施工图预算是否满足设计限额要求。

在以上设计工作的开展过程中，应进行有效的监控措施，及时发现问题。对于没有达到限额目标要求的，应及时修改设计，严格控制设计变更，保证施工图预算不超过设计概算的限额。

（4）成果评价

成果评价是目标管理的总结阶段。通过对设计成果的评价，总结经验和教训，作为指导和开展后续工作的重要依据，及时调整并进行下一阶段的工作。

（四）限额设计应注意的问题

限额设计在实际应用中应注意以下问题。

（1）科学合理地分配限额值，应在参考类似工程投资比例等资料的基础上，充分考虑拟建工程特点、时间、地点、技术条件等差异对工程造价的影响。

（2）限额设计应融入价值工程的理念，重视工程功能水平与成本的匹配性以及新材料、新技术的应用，力求在投资限额内使工程达到最佳功能水平。

（3）限额设计应运用全寿命期成本分析理论，综合考虑建筑工程的建造成本以及项目工程的运营维护成本。通过全寿命期成本分析，可突破原有限额，重新选择具有最佳经济性的设计方案。

例题 1-13： 限额设计需要在投资额度不变的情况下，实现（　　　）的目标。
A. 设计方案和施工组织最优化　　　　　B. 总体布局和设计方案最优化
C. 建设规模和投资效益最大化　　　　　D. 使用功能和建设规模最大化
【答案】 D

二、设计方案经济比选（★★★）

（一）设计方案经济比选概述

建筑工程设计方案的技术经济比选，就是采用科学的方法，按照技术经济分析的原则和方法，用一个或一组评价指标对设计方案的项目功能、造价、工期、人工、材料、设备消耗等方面进行定量与定性分析相结合的综合评价，从而择优确定技术上先进可行、经济效果好的设计方案。设计方案经济比选的基本准则、要求、原则、指标体系、评价步骤等，详见图 1-4-2。

（二）设计方案经济比选的方法

设计方案评价的基本方法有定性评价法、定量评价法以及将两种方法结合的综合评价法。定量评价法主要有多指标法、单指标法以及多因素评分法。详见图 1-4-3。

1. 定性评价法

定性评价法有专家意见法、用户意见法等。

2. 定量评价方法

（1）多指标法

多指标法就是采用多项指标，将各个对比方案的相应指标值逐一进行分析比较，按照

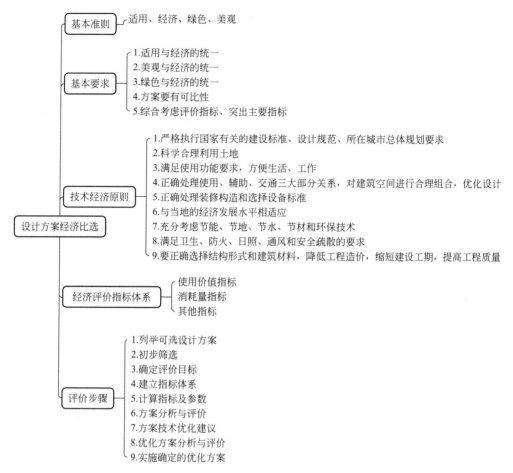

图 1-4-2　设计方案经济比选概述

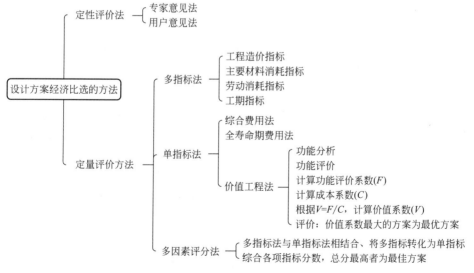

图 1-4-3　设计方案经济比选的方法

各种指标数值的高低对其作出评价。其评价指标如下。

1）工程造价指标。是指反映建设工程一次性投资的综合货币指标，根据分析和评价工程项目所处的时间段，依据设计概（预）算予以确定。例如：每平方米建筑造价、给水排水工程造价、供暖工程造价、通风工程造价、设备安装工程造价等。

2）主要材料消耗指标。如钢材消耗量指标、水泥消耗量指标、木材消耗量指标等。

3）劳动消耗指标。该指标反映的劳动消耗量，包括现场施工和预制加工厂的劳动消耗。

4）工期指标。建设工程从开工到竣工所耗费的时间，用来评价不同方案对工期的影响。

除以上四个指标外，还应综合考虑建设工程全寿命期成本、工期成本、质量成本、安全成本及环保成本等因素。

在大多数情况下，不同方案之间往往是各有所长，而且各种指标对方案经济效果的影响也不相同，各指标的权重很难确定，无法采用加权求和的方法，此时可采用单指标法。

（2）单指标法

单指标法是以单一指标为基础对建设工程技术方案进行综合分析与评价的方法。单指标法有很多种类，各种方法的适用条件也不尽相同，较常用的有以下几种。

1）综合费用法

综合费用包括方案投产后的年度使用费、方案的建设投资以及由于工期提前或延误而产生的收益或亏损等，以综合费用最小为最佳方案。综合费用法是一种静态评价方法，没有考虑资金的时间价值，只适用于方案的功能及建设标准等条件相同或基本相同、建设周期较短的工程。

2）全寿命期费用法

建设工程全寿命期费用包括筹建、征地拆迁、咨询、勘察、设计、施工、设备购置以及贷款支付利息等与工程建设有关的一次性投资费用，以及工程交付使用后发生的维修费、设施更新费、供暖费、电梯费、空调费、保险费等费用。这些费用统称为使用费，按年计算时称为年度使用费。

全寿命期费用法考虑了资金的时间价值，是一种动态评价方法。由于不同技术方案的寿命期不同，因此，应用全寿命期费用评价法计算费用时，不用净现值法，而用年度等值法。而用年度等值法，以年度费用最小的为最优方案。

3）价值工程法

价值工程法是指在设计中应用价值工程的原理和方法，在保证建设工程功能不变或功能改善的情况下，力求节约成本，使建设工程的功能与成本合理匹配，即用最低的全寿命期成本实现产品的必要功能，提高产品价值。

在工程设计阶段，应用价值工程法对设计方案进行评价的步骤如下。

① 功能分析：分析工程项目满足社会和生产需要的各种主要功能。

② 功能评价：比较各项功能的重要程度，确定各项功能的重要性系数。

③ 计算功能评价系数（F）、成本系数（C），根据 $V=F/C$ 计算价值系数（V）。

④ 根据价值系数对方案进行评价，价值系数最大的方案为最优方案。

工程设计人员要以提高价值为目标，以功能分析为核心，以经济效益为出发点，真正实现对设计方案的优化。

（3）多因素评分法

多因素评分法是多指标法与单指标法相结合、将多指标转化为单指标的一种方法。对需要进行分析评价的设计方案设定若干个评价指标，按其重要程度分配权重，然后按照评价标准给各指标打分，将各项指标所得分数与其权重采用综合方法整合，得出各设计方案的评价总分，以总分最高者为最佳方案。多因素评分法综合了定量分析评价与定性分析评价的优点，应用广泛。

例题 1-14： 采用全寿命期费用法进行设计方案评价时，宜选用的费用指标是（　　）。

A. 正常生产年份总成本费用　　　　　　B. 项目累计净现金流量

C. 年度等值费用　　　　　　　　　　　D. 运营期费用现值

【答案】C

例题 1-15： 应用价值工程法对设计方案进行评价时包括下列工作内容：①功能评价；②功能分析；③计算价值系数。仅就此三项工作而言，正确的顺序是（　　）。

A. ①②③　　　　　B. ②①③　　　　　C. ③②①　　　　　D. ②③①

【答案】B

三、工程项目设计概算的概念及作用（★★）

（一）设计概算的概念

设计概算是设计文件的重要组成部分，是在投资估算的控制下由设计单位根据初步设计图纸及说明、概算定额、概算指标、预算定额、各项费用定额或取费标准、各类工程造价指标指数、设备、材料价格信息和建设地区自然、技术经济条件等资料，用科学的方法计算、编制和确定的建设项目从筹建至竣工验收交付使用所需的全部费用的文件。

设计概算的成果文件称作设计概算书，也简称设计概算。

政府投资项目的设计概算经批准后，一般不得调整。初步设计提出的投资概算超过经批准的可行性研究报告提出的投资估算10%的，项目单位应当向投资主管部门或者其他有关部门报告，投资主管部门或者其他有关部门可以要求项目单位重新报送可行性研究报告。

政府投资项目建设投资原则上不得超过经核定的投资概算。因国家政策调整、价格上涨、地质条件发生重大变化等原因确需增加投资概算的，项目单位应当提出调整方案及资金来源，按照规定的程序报原初步设计审批部门或者投资概算核定部门核定。

概算调整幅度超过原批复概算10%的，概算核定部门原则上先商请审计机关进行审计，并依据审计结论进行概算调整。一个工程只允许调整一次概算。

采用两阶段设计的建设项目，初步设计阶段必须编制设计概算；采用三阶段设计的，技术设计阶段必须编制修正概算。

（二）设计概算的作用

设计概算的主要作用可归纳为如下几点。

1. 控制建设投资的依据

对于政府投资的建设项目，经批准的设计总概算的投资额，是该工程建设项目投资的最高限额，不得任意突破，如有突破须报原审批部门批准。

在工程建设中，年度固定资产投资计划安排、银行拨款或贷款、施工图设计及其预算、竣工决算等，未经规定的程序批准，都不能突破这一限额，以确保国家固定资产投资计划的严格执行和有效控制。

2. 编制固定资产投资计划的依据

对于政府投资项目，国家规定编制年度固定资产投资计划，确定计划投资总额及其构成数额，要以批准的初步设计概算为依据，没有批准的初步设计及其概算的建设工程不能列入年度固定资产投资计划。政府投资项目设计概算一经批准，将作为控制建设项目投资的最高限额。

3. 银行贷款的依据

设计概算是银行拨款或签订合同的最高限额，建设项目的全部拨款或贷款依据各单项工程的拨款或贷款的累计总额，不能超过设计概算。银行根据批准的设计概算和年度投资计划进行贷款，并进行监督。如果项目投资计划所列投资额或拨款与贷款突破设计概算时，必须查明原因后由建设单位报请上级主管部门调整或追加设计概算总投资额，未批准之前，银行对其超支部分拒不拨付。

4. 编制招标控制价（招标标底）和投标报价的依据

设计总概算一经批准，即作为工程造价管理的最高限额，并据此对工程造价进行严格的控制。进行招投标的工程，招标人以设计概算作为依据编制招标控制价，编制的招标控制价也是评标的依据之一。

5. 签订工程总承包合同的依据

对于采用工程总承包方式建设的大中型建设工程项目，可根据批准的建设计划、初步设计和总概算文件确定工程项目的总承包价，签订工程总承包合同（不是施工总承包合同）。

6. 考核设计方案的经济合理性的依据

设计概算是设计方案技术经济合理性的综合反映，据此可以用来对不同的设计方案进行技术与经济的合理性比较，以便选择最佳的设计方案。

7. 施工图设计和控制施工图预算的依据

经批准的设计概算是政府投资建设工程项目的最高投资限额。设计单位必须按批准的初步设计和总概算进行施工图设计，施工图预算不得突破设计概算。设计概算批准后不得任意修改和调整；如需修改或调整时，须经原批准部门重新审批。竣工结算不能突破施工图预算，施工图预算不能突破设计概算。

8. 项目实施全过程造价控制管理、评价建设工程项目成本和投资效果的依据

通过设计概算与竣工决算的对比，可以分析和考核建设工程项目成本和投资效果，同时还可以验证设计概算的准确性，有利于加强设计概算管理和建设项目的造价管理工作。

四、设计概算的编制原则及依据（★★）

（一）设计概算的编制原则

为提高建设项目设计概算的编制质量，科学合理地确定建设项目投资，设计概算编制应坚持以下原则。

（1）严格执行国家的建设方针和经济政策的原则

设计概算是一项重要的技术经济工作，要严格按照党和国家的方针、政策办事，坚决执行勤俭节约的方针，严格执行规定的设计标准。

（2）要完整、准确地反映设计内容的原则

编制设计概算时，要认真了解设计意图，根据设计文件、图纸准确计算工程量，避免重算和漏算。设计修改后，要及时修正概算。

（3）要坚持结合拟建工程的实际、反映工程所在地当时价格水平的原则

为提高设计概算的准确性，要求实事求是地对工程所在地的建设条件、可能影响造价的各种因素进行认真的调查研究。在此基础上正确使用定额、指标、费率和价格等各项编制依据，按照现行工程造价的构成，根据有关部门发布的价格信息及价格调整指数，考虑建设期的价格变化因素，使概算尽可能地反映设计内容、施工条件和实际价格。

（二）设计概算的编制依据

设计概算的编制依据应包括编制期价格、费率、利率、汇率等确定的静态投资和编制期到竣工验收前的工程和价格变化等多种因素的动态投资两部分。静态投资作为考核工程设计和施工图预算的依据；动态投资作为筹措、供应和控制资金使用的限额。

设计概算的编制依据包括：

① 国家、行业和地方政府颁布的有关法律、法规或规定；

② 批准的可行性研究报告；

③ 工程勘察与设计文件或设计工程量；

④ 项目涉及的概算指标或定额、费用定额；

⑤ 工程所在地编制同期的人工、材料、机械台班市场价格，以及设备供应方式及供应价格信息；

⑥ 政府有关部门、金融机构等发布的价格指数、利率、汇率、税率，工程建设其他费用，以及各类工程造价指数等；

⑦ 资金筹措方案；

⑧ 常规或拟定的施工组织设计和施工方案；

⑨ 项目涉及的设备材料供应方式及价格；

⑩ 项目的管理（含监理）、施工条件；

⑪ 项目所在地区的气候、水文、地质地貌等自然条件；

⑫ 项目所在地区的经济、人文等社会条件；

⑬ 项目的技术复杂程度以及新技术、专利使用情况等；

⑭ 项目批准的相关文件、合同、协议等；

⑮ 委托单位提供的其他技术经济资料。

五、设计概算的编制内容（★★）

按照《建设项目设计概算编审规程》CECA/GC2—2015 的相关规定，设计概算文件的编制应采用单位工程概算、单项工程综合概算、建设项目总概算三级概算编制形式。当建设项目为一个单项工程时，可采用单位工程概算、总概算两级概算编制形式。

设计概算的编制，从单位工程概算开始，逐级汇总而成。三级概算之间的相互关系和费用构成见表 1-4-1。

三级概算之间的相互关系和费用构成 表 1-4-1

内容	一级	二级	三级
直接费	单位工程概算 （各单位建筑工程概算、各单位 设备及安装工程概算）	单项工程综合概算	建设项目总概算
企业管理费			
利润			
规费、税金			
设备及工器具购置费			
工程建设其他费用			
预备费			
建设期利息			
生产或经营性项目铺底流动资金			

（一）单位工程概算

单位工程概算是确定各单位工程建设费用的文件，是编制单项工程综合概算的依据，是单项工程综合概算的组成部分。

单位工程概算根据工程性质分为单位建筑工程概算和单位设备及安装工程概算两类。

1. 建筑工程概算

包括土建工程概算，给水排水、供暖工程概算，通风、空调工程概算，电气照明工程概算，弱电工程概算，特殊构筑物工程概算和工业管道工程概算等。

2. 设备及安装工程概算

包括机械设备及安装工程概算，电气设备及安装工程概算，热力设备及安装工程概算，以及工具、器具及生产家具购置费概算等。

（二）单项工程综合概算

单项工程综合概算是确定一个单项工程所需建设费用的文件，是根据单项工程内各个单位工程概算汇总编制而成的，是建设项目总概算的组成部分。对于一般工业民用建筑工程单项工程综合概算的组成内容见表 1-4-2。

单项工程综合概算的组成内容 表 1-4-2

土建工程概算	单位建筑工程概算	单项工程综合概算
给水排水、供暖工程概算		
通风、空调工程概算		
电气照明工程概算		
弱电工程概算		
特殊构筑物工程概算		
工业管道工程概算		
机械设备及安装工程概算	单位设备及安装工程概算	
电气设备及安装工程概算		
热力设备及安装工程概算		
工具、器具及生产家具购置费用概算		
	工程建设其他费用概算 （不编项目总概算时列入）	

（三）建设项目总概算

建设项目总概算是确定整个建设项目从筹建到竣工验收所需全部费用的文件，它是由各单项工程综合概算、工程建设其他费用概算、预备费概算、建设期贷款利息概算和生产或经营性项目铺底流动资金概算等汇总编制而成的，详见表 1-4-3。

建设项目总概算的组成内容

表 1-4-3

	主要生产性单项工程综合概算	工程费用概算	建设项目总概算
辅助工程项目综合概算	辅助和服务性单项工程综合概算		
公用系统工程项目综合概算			
行政福利设施综合概算			
住宅与生活设施综合概算			
室外单项工程(红线以内)综合概算	场外单项工程综合概算		
场外单项工程(红线以外)综合概算			
土地使用权出让金	建设用地费	工程建设其他费用概算	
城市建设配套费			
拆迁补偿与临时安置补助费			
项目建设管理费	与项目建设有关费用		
建设项目场地准备及建设单位临时设施费			
勘察设计和研究试验费			
工程监理费			
工程保险费			
引进技术和进口设备项目其他费用			
专项评价费			
工程质量监督费			
特殊设备安全监督检验费			
联合试运转费和生产准备费	与未来企业生产经营有关费用		
办公和生产家具购置费			
基本预备费概算		预备费概算	
价差预备费概算			
建设期贷款利息概算			
生产或经营性项目铺底流动资金概算			

例题 1-16： 设计三级概算是指（　　　）。

A. 项目建议书概算、初步可行性研究概算、详细可行性研究概算

B. 投资概算、设计概算、施工图概算

C. 总概算、单项工程综合概算、单位工程概算

D. 建筑工程概算、安装工程概算、装饰装修工程概算

【答案】C

六、设计概算的编制方法（★）

（一）单位工程概算的编制方法

单位工程概算包括单位建筑工程概算和单位设备及安装工程概算两类。其中，单位建筑工程概算常用的编制方法有概算定额法、概算指标法、类似工程预算法等；单位设备及安装工程概算常用的编制方法有预算单价法、扩大单价法、设备价值百分比法和综合吨位指标法等。

1. 单位建筑工程概算编制

单位建筑工程概算编制方法有概算定额法、概算指标法、类似工程预算法，见表1-4-4。

单位建筑工程概算编制方法 表1-4-4

方法	内容	适用情况		备注
概算定额法	又叫扩大单价法或扩大结构定额法，利用概算定额编制单位建筑工程概算	初步设计达到一定深度，建筑结构比较明确，基本上能按初步设计图纸计算出楼面、地面、墙体、门窗和屋面等分部工程的工程量		计算精确度比较高，但计算比较繁琐
概算指标法	用拟建的厂房、住宅的建筑面积或体积乘以技术条件相同或基本相同的概算指标而得出人材机费，然后按规定计算出企业管理费、利润、规费和税金等，得出单位工程概算。首先要计算建筑面积❶和建筑体积，再根据拟建工程的性质、规模、结构和层数等基本条件，选定相应概算指标	1. 初步设计深度不够，设计无详图而只有概念性设计，不能准确地计算出工程量，但工程设计采用的技术比较成熟的情况	适用于附属、辅助和服务类工程项目，住宅文化项目，投资小、简单的项目	计算精度要求低，编制速度快
		2. 设计方案急需造价概算，同时有类似工程概算指标可以利用的情况		
		3. 图样设计间隔很久后再来实施，概算造价不适用于当前情况而又急需确定造价的情况		
		4. 通用设计图设计可组织编制通用图设计概算指标，来确定造价		
类似工程预算法	利用技术条件与设计对象相类似的已完工程或在建工程的工程造价资料来编制拟建单位工程概算	当建设工程对象尚无完整的初步设计方案，而建设单位又急需上报设计概算时，以及拟建工程初步设计与已完成工程或在建工程的设计相类似且没有可用的概算指标的情况		精度最低

（1）概算定额法

概算定额法编制步骤如下。

1）收集基础资料、熟悉设计图纸，了解有关施工条件和施工方法。

2）按照概算定额子目，列出单位工程中分部分项工程项目名称并计算工程量。有些无法直接计算工程量的零星工程，如散水、台阶、厕所蹲台等，可根据概算定额的规定，按主要工程费用的百分比（一般为$5\%\sim8\%$）计算。

---

❶ 建筑面积的计算依据为《建筑工程建筑面积计算规范》GB/T 50353—2013，以及《民用建筑通用规范》GB 55031—2022（以下简称《新规范》）中关于建筑面积计算的原则性规定。2023年3月1日起实施的《新规范》为住房和城乡建设部批准的国家标准，是强制性工程建设规范。关于建筑面积的规定，主要规定依据为《建筑工程建筑面积计算规范》GB/T 50353—2013，与《新规范》不同的，以《新规范》的规定为准。

3）确定各分部分项工程费。建模完成工程量计算后，通过套用定额各子目的综合单价，形成合价。各子目的综合单价包括人工费、材料费、施工机具使用费、管理费、利润、规费和税金。之后便可生成综合单价表和单位工程概算表。如遇设计图中的分项工程项目名称、内容与采用的概算定额手册中相应的项目有某些不相符时，则按规定对定额进行换算后方可套用。

4）计算措施项目费。措施项目费的计算分两部分进行。

① 可以计量的措施项目费与分部分项工程费的计算方法相同。

② 综合计取的措施项目费应以该单位工程的分部分项工程费和可以计量的措施项目费之和为基数乘以相应费率计算。费率标准可在计价软件中设定。

5）根据有关取费标准计算企业管理费、利润、规费和税金，再将上述各项汇总加在一起，其和为建筑工程概算造价。

$$单位建筑工程概算造价＝人、料、机费用＋措施费＋企业管理费＋利润＋规费＋税金$$

$$(1-71)$$

6）将概算造价除以建筑面积可以求出单位建筑工程单方造价等有关技术经济指标。

$$单位建筑工程单方造价＝单位建筑工程概算造价/建筑面积 \qquad (1-72)$$

7）编写概算编制说明。单位建筑工程概算按照规定的表格形式进行编制。

采用概算定额法编制建筑工程概算比较准确，但计算比较繁琐。只有具备一定的设计基本知识，熟悉概算定额，才能弄清分部分项的综合内容，正确地计算工程量。

（2）概算指标法

1）拟建工程结构特征与概算指标相同时的计算

如果拟建工程的建设地点、工程特征、结构特征、地质及自然条件、建筑面积等方面与概算指标相同或相近，如基础埋深及形式、层高、墙体、楼板等主要承重构件相同，就可直接套用概算指标编制概算，计算公式如下：

$$单位工程概算造价＝概算指标每平方米/每立方米综合单价×拟建工程建筑面积/体积$$

$$(1-73)$$

2）拟建工程结构特征与概算指标有局部差异时的调整

在实际工作中，经常会遇到拟建对象的结构特征与概算指标中规定的结构特征有局部不同的情况，因此，必须对概算指标进行调整后方可套用。调整方法如下。

① 修正概算指标中的单位造价

这种调整方法是将原概算指标中的综合单价进行调整，扣除每平方米/每立方米原概算指标中与拟建工程结构不同部分的造价，增加每平方米/每立方米拟建工程与概算指标结构不同部分的造价，使其成为与拟建工程结构相同的综合单价。

若概算指标中的单价为工料单价，则应根据管理费、利润、规费、税金的费（税）率确定该子目的全费用综合单价，再计算拟建工程造价。

② 修正概算指标中的人材机数量

此法是从原指标的工料数量中减去与设计对象不同部分结构的人工、材料数量和机械使用费，再加上所需的结构件的人工、材料数量和机械使用费。换入和换出的结构构件的人工、材料数量和机械使用费，是根据换入和换出的结构构件的工程量，乘以相应的定额中的人工、材料数量和机械使用台班计算出来的。这种方法不是从概算着手修正，而是直接修正指标中的工料数量。

以上两种方法，前者是直接修正概算指标单价，后者是修正概算指标人材机数量。修正之后，方可按上述方法分别套用。

（3）类似工程预算法

1）类似工程的差异调整

类似工程预算法对条件有所要求，即拟建工程项目的建筑面积、结构构造特征应与已建工程基本一致，如层数相同、面积相似、结构相似、工程地点相似等。采用类似工程预算法必须对建筑结构差异和价差进行调整。

① 建筑结构差异调整

建筑结构差异的调整方法与概算指标法的调整方法相同。

② 价差调整

类似工程造价资料有具体的人工、材料、机械台班的用量时，可按类似工程造价资料中的主要材料用量、工日数量、机械台班用量乘以拟建工程所在地的主要材料预算价格、人工单价、机械台班单价，计算出直接工程费和措施费，再乘以当地的综合费率，即可得出所需的造价指标。

类似工程造价资料只有人工、材料、施工机具使用费和企业管理费或费率时，可按综合系数法、价格（费用）变动系数法、地区价差系数法或结构、材质差异换算法进行调整。在此重点介绍综合系数法。综合系数法是运用类似工程预（决）算编制概算时，经常因拟建工程与已建在建工程的建设地点不同，而引起人工费、材料费和施工机械台班费以及间接费、利润、税金等项的费用差别，此时可采用综合系数法调整类似工程预（决）算。

2）类似工程预算应考虑的因素

① 设计对象与类似预算的设计在结构上的差异；

② 设计对象与类似预算的设计在建筑上的差异；

③ 地区工资的差异；

④ 材料预算价格的差异；

⑤ 施工机械使用费的差异；

⑥ 间接费用的差异。

其中第①、②两项差异可参考修正概算指标的方法加以修正，第③～⑥项则须编制修正系数。计算修正系数时，先求类似工程预算的人工工资、材料费、机械使用费、间接费在全部预算造价中所占比重；然后分别求其修正系数；最后求出总的修正系数；再用总修正系数乘以类似工程预算的造价，就可以得到概算价值。

2. 单位设备及安装工程概算编制

单位设备及安装工程概算可分为设备及工器具购置费概算和设备安装工程概算。

（1）设备及工器具购置费概算的概念、编制依据及计算

根据初步设计的设备清单计算出设备原价，并汇总求出设备总原价，然后按有关规定的设备运杂费率乘以设备总原价，两项相加，再考虑工器具及生产家具购置费，即为设备及工器具购置费概算。

设备及工器具购置费概算的编制依据包括：设备清单、工艺流程图，各部、省、自治区、直辖市规定的现行设备价格和运费标准、费用标准。

设备及工器具购置费是由设备购置费和工器具及生产家具购置费组成的。

1）设备购置费，是指为工程建设项目购置或自制的达到固定资产标准的设备、工器具及生产家具所需的费用。

设备购置费由设备原价和设备运杂费两项组成。可按下式计算：

$$设备购置概算价值＝设备原价＋设备运杂费$$
$$＝设备原价（1＋设备运杂费率） \tag{1-74}$$
$$设备运杂费＝设备原价×设备运杂费率 \tag{1-75}$$

2）工器具及生产家具购置费，是指新建或扩建项目初步设计规定的，保证初期正常生产必须购置的没有达到固定资产标准的设备、仪器、工卡模具、器具、生产家具和备品备件等的购置费用。计算公式为：

$$工器具及生产家具购置费＝设备购置费×定额费率 \tag{1-76}$$

（2）设备安装工程概算的编制方法

设备安装工程概算的编制方法有预算单价法、扩大单价法、概算指标法，详见表1-4-5。

设备安装工程概算编制方法 表1-4-5

方法		适用情况	计算方法	备注
预算单价法		初步设计较深，有详细的设备清单	工程量乘以综合单价来计算各设备安装费，然后进行汇总	计算比较具体，精确度较高
扩大单价法		初步设计深度不够，设备清单不完备，只有主体设备或仅有成套设备的数量	用综合扩大安装单价计算	精确度降低
概算指标法	设备价值百分比法	初步设计深度不够，只有设备出厂价而无详细规格、重量。常用于价格波动不大的定型产品和通用设备产品	按安装费占设备费的百分比计算。设备安装费＝设备原价×安装费率（%）	精确度最低
	综合吨位指标法	初步设计提供的设备清单有规格和设备重量。常用于设备价格波动较大的非标准设备和引进设备的安装工程概算	设备安装费＝设备吨重×每吨设备安装费指标（元/t）	
	按座、台、套、组、根、功率等单位	初步设计的设备清单不完备，或安装预算单价及扩大综合单价不全，无法采用预算单价法和扩大单价法	如工业炉，按每台安装费指标计算；冷水箱，按每组安装费指标计算	
	按每平方米建筑面积造价	有些设备安装工程按不同的专业内容，如：通风、动力、照明、管道	用每平方米建筑面积的安装费用概算指标计算	

（二）单项工程综合概算的编制方法

单项工程综合概算是以初步设计文件为依据，在单位工程概算的基础上汇总确定单项工程费用的成果文件，是建设项目总概算的组成部分。单项工程综合概算是以建筑工程概算表和设备安装概算表为基础汇总编制的。

单项工程综合概算包括建筑工程费、安装工程费、设备及工器具购置费。

当建设项目只有一个单项工程时，单项工程综合概算（实为总概算）还应包括工程建设其他费用、建设期贷款利息、预备费和固定资产投资方向调节税的概算。

1. 综合概算书的内容

单项工程综合概算文件一般包括编制说明（不编制总概算时列入）和综合概算表。

1）编制说明：包括编制依据、编制方法、主要设备和材料的数量、其他有关问题说明。

2）综合概算表：根据单项工程所辖范围内的各单位工程概算等基本资料，按照国家或部委所规定的统一表格进行编制。

2. 编制步骤和方法

综合概算书的编制，一般从单位工程概算书开始编制，然后统一汇编而成。其编制顺序为：

① 建筑工程；

② 给水与排水工程；

③ 供暖、通风和煤气工程；

④ 电气照明工程；

⑤ 工业管道工程；

⑥ 设备购置；

⑦ 设备安装工程；

⑧ 工器具及生产家具购置；

⑨ 其他工程和费用（当不编总概算时列此项费用）；

⑩ 不可预见的工程和费用；

⑪ 回收金额。

按上述顺序汇总的各项费用总价值，即为该单项工程全部建设费用，并以适当的计量单位求出技术经济指标，填制综合概算表，最后求出单项工程综合概算总价值。

(三) 建设项目总概算的编制方法

建设项目总概算是以初步设计文件为依据，在单项工程综合概算的基础上计算建设项目概算总投资的成果文件。建设项目总概算是设计文件的重要组成部分，是确定整个建设项目从筹建立项到建成竣工交付使用整个过程预计花费的全部费用的总文件。它是由各单项工程综合概算、工程建设其他费用、建设期贷款利息、预备费、固定资产投资方向调节税和经营性项目的铺底流动资金，按照主管部门规定的统一表格进行编制而成的。

建筑工程项目设计概算文件（总概算书）一般应包括封面、签署页及目录、编制说明、总概算表、单项工程综合概算表和建筑安装单位工程概算表、工程建设其他费用概算表、工程量计算表、分年度投资汇总表、分年度资金流量汇总表、主要材料汇总表与工日数量表等。下文对部分内容加以说明。

1. 编制说明

（1）工程概况。简述建设项目性质、特点、建设规模、建设周期、建设地点、建设条件、主要工程量、工艺设备、生产能力、厂外工程等情况。引进项目要说明引进内容以及与国内配套工程等主要情况。

（2）资金来源及投资方式。

（3）编制依据及编制原则。包括国家和有关部门的规定、设计文件、现行概算定额或概算指标、设备材料的概算价格以及各种费用标准、费用指标等。

（4）编制方法。说明设计概算是采用概算定额法，还是采用概算指标法或其他方法。

（5）主要设备、材料的数量。说明建筑安装主要材料（钢材、木材、水泥等）和主要机械设备、电气设备的数量。

（6）主要技术经济指标。主要分析各项投资的比例、各专业投资的比重等经济指标，包括项目概算总投资（有引进的给出所需外汇额度）及主要分项投资、主要技术经济指标（主要单位投资指标）等，编制投资比例分析表，对工程建设投资分配、构成等情况进行分析比较，列入总概算书中。

（7）工程费用计算表。主要包括建筑工程费计算表、工艺安装工程费计算表、配套工程费计算表、其他涉及的工程费用计算表。

（8）引进设备材料有关费率取定及依据。主要是国际运输费、国际运输保险费、关税、增值税、国内运杂费、其他有关税费等。

（9）引进设备材料从属费用计算表。

（10）其他必要的说明。

2. 总概算表

（1）总概算表应反映静态投资和动态投资两个部分。静态投资是按设计概算编制期价格、费率、利率、汇率等确定的投资；动态投资是指概算编制期到竣工验收前的工程和价格变化等多种因素所需的投资。

（2）回收金额的计算。回收金额是指在整个基本建设过程中所获得的各种收入。如临时房屋及构筑物、原有房屋、金属结构及设备拆除所回收的变现收入，临时供水、供气、供电的配电线、试车收入大于支出部分的价值等。回收金额应按地区主管部门的规定进行计算。

3. 工程建设其他费用概算表

工程建设其他费用概算按国家、地区或部委所规定的项目和标准确定，并按统一格式编制，应按具体发生的工程建设其他费用项目填写，需要说明和具体计算的费用项目依次相应在说明及计算式栏内填写或具体计算。填写时注意以下事项。

（1）土地征用及拆迁补偿费应填写土地补偿单价、数量和安置补助费标准、数量等，列式计算所需费用，填入金额栏。

（2）项目建设管理费按"工程费用×费率"或有关定额列式计算。

（3）研究试验费应将根据设计需要进行研究试验的项目分别填写项目名称及金额或列式计算、进行说明。

（4）主要建筑安装材料汇总表应针对每一个单项工程列出钢筋、型钢、水泥、木材等主要建筑安装材料的消耗量。

例题 1-17： 当设备清单不完备时，编制设备安装工程概算采用的方法有（　　）。

A. 生产能力指数法　　　　　　　　B. 扩大单价法

C. 预算单价法　　　　　　　　　　D. 类似工程预算法

【答案】B

例题 1-18： 采用概算指标法计算设备安装工程费时，可采用的概算指标不包括（　　）。

A. 按占设备价值百分比的概算指标   B. 按每吨设备安装费的概算指标

C. 按设备台、套等单位计量的概算指标   D. 按占总投资百分比的概算指标

【答案】 D

例题 1-19： 某单位建筑工程初步设计深度不够，不能准确地计算工程量，但工程采用的技术比较成熟而有类似指标可以利用时，编制该工程设计概算宜采用的方法是（　　）。

A. 扩大单价法   B. 类似工程换算法

C. 生产能力指数法   D. 概算指标法

【答案】 D

本节重点： ①限额设计的方法；②设计方案经济比选的要求、步骤及方法；③设计概算的作用、编制依据、编制内容、编制方法。

第五节　建设项目施工图预算

一、施工图预算的作用、编制依据及原则（★）

施工图预算是施工图设计预算的简称，是以施工图设计文件为依据，按照规定的程序、方法和依据，在工程施工前对工程项目的投资进行的预测和计算。它是在施工图设计完成后，根据施工图设计图纸，按照主管部门制定的现行预算定额、费用定额和其他取费文件以及地区设备、材料、人工、施工机械台班等预算价格编制和确定的单位工程、单项工程预算价格和建筑安装工程造价的文件（图 1-5-1）。

施工图预算的成果文件称为施工图预算书，简称施工图预算。

施工图预算既可以是工程招标投标前或招标投标时，基于施工图纸，按照预算定额、取费标准、各类工程计价信息等计算得到的计划或预期价格，也可以是工程中标后施工企业根据自身的企业定额、资源市场价格以及市场供求及竞争状况计算得到的实际预算价格。

（一）施工图预算的作用

（1）施工图预算是设计阶段控制工程造价的重要环节，是控制施工图设计不突破设计概算的重要措施。

（2）施工图预算是编制或调整固定资产投资计划的依据。由于施工图预算比设计概算更具体、更切合实际，因此，可据以落实或调整年度投资计划。

（3）在委托承包时，施工图预算是签订工程承包合同的依据。建设单位和施工单位双方以施工图预算为基础，签订承包工程经济合同，明确甲、乙双方的经济责任。若采用总价合同，可在施工图预算的基础上，考虑设计或施工变更后可能发生的费用与其他风险因素，增加一定系数作为工程造价一次性包干价。

（4）在委托承包时，施工图预算是办理财务拨款、工程贷款和工程结算的依据。建设银行在施工期间按施工图预算和工程进度办理工程款预支和结算。单项工程或建设项目竣工后，也以施工图预算为主要依据办理竣工结算。

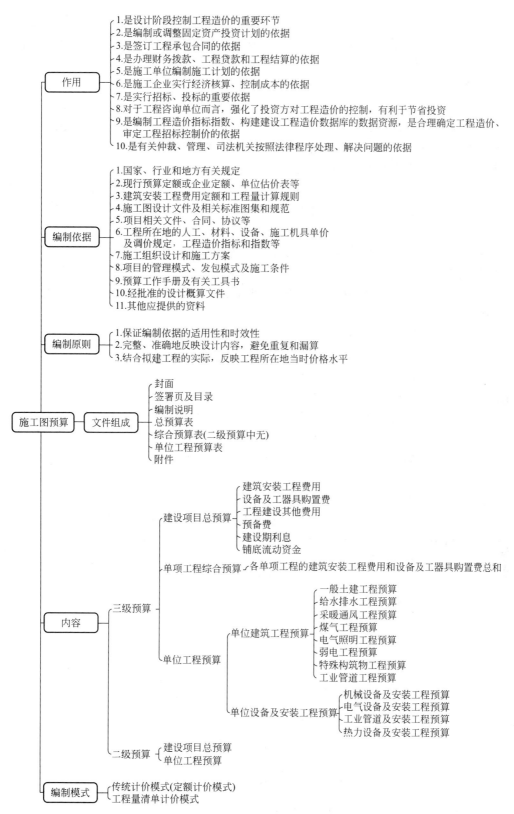

图 1-5-1　施工图预算的内容

（5）施工图预算是施工单位编制施工计划的依据。施工单位以施工图预算工料统计表为依据，编制施工计划，组织安排施工劳动力、材料、机具设备的供应，并编制进度计划，进行施工准备活动。

（6）施工图预算是施工企业实行经济核算、控制成本的依据。依据施工图预算所确定的中标价格，是建筑安装企业收取工程款的依据。建筑安装企业应合理利用各类资源，采用先进的管理方法和施工技术，加强经济核算，降低成本，获得良好的经济收益。

（7）施工图预算是实行招标、投标的重要依据。施工图预算是建设单位在实行工程招标时确定招标控制价或标底的依据，也是施工单位参加投标时报价的依据。

（8）对于工程咨询单位而言，客观、准确地为委托方做出施工图预算，体现出其业务水平、素质和信誉，强化了投资方对工程造价的控制，有利于节省投资，提高建设项目的投资效益。

（9）对于工程造价管理部门而言，施工图预算是编制工程造价指标指数、构建建设工程造价数据库的数据资源，也是合理确定工程造价、审定工程招标控制价的依据。

（10）在履行合同的过程中发生经济纠纷时，施工图预算是有关仲裁、管理、司法机关按照法律程序处理、解决问题的依据。

（二）施工图预算的编制依据

（1）国家、行业和地方有关规定。

（2）现行预算定额或企业定额、单位估价表等。

（3）建筑安装工程费用定额和工程量计算规则。

（4）施工图设计文件及相关标准图集和规范。

（5）项目相关文件、合同、协议等。

（6）工程所在地的人工、材料、设备、施工机具单价及调价规定，工程造价指标和指数等。

（7）施工组织设计和施工方案。

（8）项目的管理模式、发包模式及施工条件。

（9）预算工作手册及有关工具书，比如计算各种结构件面积和体积的公式，钢材、木材等各种材料规格、型号及用量数据，各种单位换算比例，特殊断面、结构件的工程量的速算方法，金属材料重量表等。

（10）经批准的设计概算文件。

（11）其他应提供的资料。

（三）施工图预算的编制原则

（1）保证编制依据的适用性和时效性。

（2）完整、准确地反映设计内容，避免重复和漏算。

（3）结合拟建工程的实际，反映工程所在地当时价格水平。

例题 1-20： 下列关于施工图预算的作用说法不正确的是（　　　）。

A. 是控制施工图设计不突破设计概算的重要措施

B. 是实行招标、投标的重要依据

C. 经批准的施工图预算是建设项目投资的最高限额

D. 是施工单位编制施工计划的依据

【答案】C

例题 1-21：下列可作为施工招标、投标重要依据的是（　　）。

A. 投资估算　　　　　　　　　B. 设计概算

C. 施工预算　　　　　　　　　D. 施工图预算

【答案】D

例题 1-22：建筑工程预算编制的主要依据不包括（　　）。

A. 施工图纸　　　　　　　　　B. 预算定额

C. 项目建议书　　　　　　　　D. 人材机市场价格

【答案】C

二、施工图预算的内容及编制模式（★）

（一）施工图预算的文件组成

施工图预算根据建设项目实际情况可采用三级预算编制或二级预算编制形式。

当建设项目有多个单项工程时，应采用三级预算编制形式，三级预算编制形式由建设项目总预算、单项工程综合预算、单位工程预算组成。采用三级预算编制形式的工程预算文件包括：封面、签署页及目录、编制说明、总预算表、综合预算表、单位工程预算表、附件等内容。

当建设项目只有一个单项工程时，应采用二级预算编制形式，二级预算编制形式由建设项目总预算和单位工程预算组成。采用二级预算编制形式的工程预算文件包括：封面、签署页及目录、编制说明，总预算表、单位工程预算表、附件等内容。

（二）施工图预算的内容

施工图预算由建设项目总预算、单项工程综合预算、单位工程预算逐级汇总组成，见图 1-5-1。

1. 建设项目总预算

是反映施工图设计阶段建设项目投资总额的造价文件，是施工图预算文件的主要组成部分。由组成该建设项目的各个单项工程综合预算和相关费用组成，包括建筑安装工程费用、设备及工器具购置费、工程建设其他费用、预备费、建设期利息及铺底流动资金。

施工图总预算应控制在已批准的设计总概算投资范围以内。

2. 单项工程综合预算

是反映施工图设计阶段一个单项工程造价的文件，是总预算的组成部分，由构成该单项工程的各个单位工程施工图预算组成。其编制的费用项目是各单项工程的建筑安装工程费用和设备及工器具购置费总和。

3. 单位工程预算

是依据单位工程施工图设计文件、现行预算定额以及人工、材料和施工机具台班价格等，按照规定的计价方法编制的工程造价文件。

（三）施工图预算的编制模式

按照预算造价的计算方式和管理方式的不同，施工图预算可以分为两种计价模式。

1. 传统计价模式

就是采用国家、部门或地区统一规定的定额和取费标准进行工程造价计价的模式，亦为定额计价模式。它是我国长期使用的一种施工图预算编制方法。传统计价模式采用的计价方式是工料单价法。

2. 工程量清单计价模式

这种计价模式是按照工程量清单规范规定的全国统一工程量计算规则，由招标人提供工程量清单和有关技术说明，投标人根据企业自身的定额水平和市场价格进行计价。工程量清单计价的计价方式是综合单价法。

三、施工图预算的编制方法 （★）

施工图预算的编制方法按构成分为单位工程施工图预算的编制、单项工程综合预算的编制、建设项目总预算的编制三部分（图 1-5-2）。

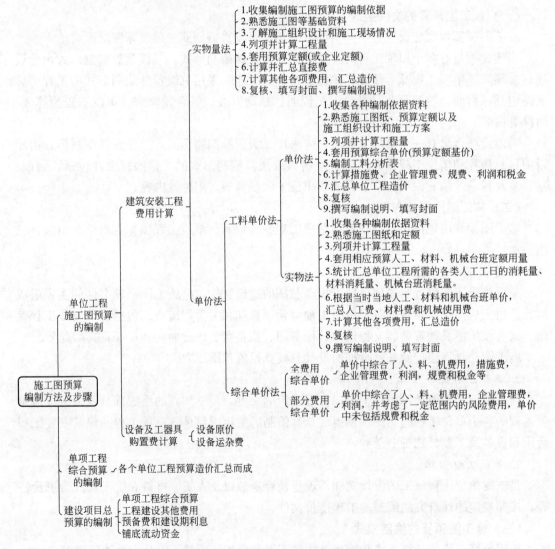

图 1-5-2　施工图预算的编制方法

（一）单位工程施工图预算的编制

1. 建筑安装工程费用计算

建筑安装工程费用常用计算方法有实物量法和单价法，其中单价法分为工料单价法和综合单价法。

（1）实物量法

实物量法是依据施工图纸和预算定额的项目划分及工程量计算规则，先计算出分项工程量，然后套用预算定额（或企业定额）来编制施工图预算的方法。就是根据施工图计算的各分项工程量分别乘以预算定额（或企业定额）中人工、材料、施工机具台班的定额消耗量，分类汇总得出该单位工程所需的全部人工、材料、施工机具台班消耗数量，然后乘以当时当地人工工日单价、各种材料单价、施工机械台班单价、施工仪器仪表台班单价，求出相应的直接费。在此基础上，通过取费的方式计算企业管理费、利润、规费和税金等费用。计算公式如下：

$$单位工程直接费＝综合工日消耗量×综合工日单价＋\sum(各种材料消耗量×相应$$
$$材料单价)＋\sum(各种施工机械消耗量×相应施工机械台班单价)$$
$$＋\sum(各施工仪器仪表消耗量×相应施工仪器仪表台班单价)$$

$$(1-77)$$

$$单位工程预算造价＝单位工程直接费＋企业管理费＋利润＋规费＋税金 \qquad (1-78)$$

实物量法预算编制步骤如下。

1）收集编制施工图预算的编制依据

包括预算定额或企业定额，取费标准，当时当地人工、材料、施工机具市场价格等。

2）熟悉施工图等基础资料

熟悉施工图纸、有关的通用标准图、图纸会审记录、设计变更通知等资料，并检查施工图纸是否齐全、尺寸是否清楚，了解设计意图，掌握工程全貌。

3）了解施工组织设计和施工现场情况。

充分了解施工组织设计和施工方案，如工程进度、施工方法、人员使用、材料消耗、施工机械、技术措施等内容，注意影响费用的关键因素；核实工程所在地实地情况、当地气象资料、当地材料供应地点及运距等情况；了解工程布置、地形条件、施工条件、料场开采条件、场内外交通运输条件等。

4）列项并计算工程量

按照预算定额（或企业定额）子目将单位工程划分为若干分项工程，按照施工图纸尺寸和定额规定的工程量计算规则进行工程量计算。一般借助工程计价软件，通过建模的方式由软件系统自动计算工程量，点选适合的定额，以确保软件系统对工程的计量是按预算定额中规定的工程量计算规则进行；计量单位应与定额中相应的分项工程计量单位保持一致；输入系统的原始数据应以施工图纸上的设计尺寸及有关数据为准，注意分项子目不要重复、漏项。

5）套用预算定额（或企业定额）

根据预算定额（或企业定额）所列单位分项工程人工工日、材料、施工机具台班的消耗数量，分别乘以各分项工程的工程量，统计汇总出完成各分项工程所需消耗的各类人工工日、各类材料和各类施工机具台班数量。此步骤也通过计价软件进行统计计算。

6）计算并汇总直接费

选用当时当地人工工资单价、材料预算单价、施工机械台班单价、施工仪器仪表台班单价，分别乘以人工、材料、机具台班消耗量，汇总即得到单位工程直接费。

7）计算其他各项费用并汇总造价

根据规定的税率、费率和相应的计取基础，分别计算企业管理费、利润、规费和税金。将上述所有费用汇总即可得到单位工程预算造价。与此同时，计算工程的技术经济指标，如单方造价等。费率标准可在计价软件中设定，上述计算过程由系统自动完成。

8）复核、填写封面、撰写编制说明

检查人工、材料、机具台班的消耗量计算是否准确，有无漏算、重算或多算；检查采用的人工、材料、机具台班实际价格是否合理。封面应写明工程编号、工程名称、预算总造价和单方造价等，撰写编制说明，将封面、编制说明、预算费用汇总表、人材机实物量汇总表、工程预算分析表等按顺序编排并装订成册，便完成了单位施工图预算的编制工作。

（2）工料单价法

工料单价法是用事先编制好的分项工程的单位估价表来编制施工图预算的方法。分部分项工程单价为直接工程费单价，此分部分项工程量乘以相对应的分部分项工程单价后的合计为单位工程直接工程费，直接工程费汇总后另加措施费、间接费、利润、税金形成工程承发包价。按照分部分项工程单价产生方法的不同，工料单价法可分为预算单价法（简称单价法）和实物法。

1）单价法

单价法编制施工图预算，就是将各分项工程综合单价，乘以相应的各分项工程的工程量并汇总相加，得到单位工程的人工费、材料费和机械使用费用之和；再加上措施费、企业管理费、利润、规费和税金，即可得到单位工程的施工图预算。单价法编制施工图预算的步骤如下。

① 收集各种编制依据资料。包括施工图纸，施工组织设计或施工方案，现行建筑安装工程预算定额，取费标准，统一的工程量计算规则，预算工作手册和工程所在地区的材料、人工、机械台班预算价格与调价规定等。

② 熟悉施工图纸、预算定额以及施工组织设计和施工方案。

③ 列项并计算工程量。工程量是预算的主要数据，它的准确与否直接影响预算的准确性。

④ 套用预算综合单价（预算定额基价）。工程量计算完毕并核对无误后，用所得到的各分部分项工程量与单位估价表中的对应分项工程的综合单价相乘，并把各相乘的结果相加，求得单位工程的人工费、材料费和机械使用费之和。

⑤ 编制工料分析表。根据各分部分项工程项目的工程量和相应预算定额中的项目所列的用工工日及材料数量，计算出各分部分项工程所需的人工及材料数量，进行汇总计算后，得出该单位工程所需的各类人工和各类材料的数量。

⑥ 计算措施费、企业管理费、规费、利润和税金。根据规定的费用项目、费率和相应的计费基础，分别计算。

⑦ 汇总单位工程造价。把上述费用相加，并与前面套用综合单价算出的人工费、材料费和机械使用费进行汇总，从而求得单位工程的预算总价。

⑧ 复核。单位工程预算编制后，应对工程量计算公式和结果、套用定额计价、各项费用的取费费率及计算基础和计算结果、材料和人工预算价格及其价格调整等方面是否正确进行全面复核，及时发现差错，提高预算质量。

⑨ 撰写编制说明、填写封面。编制说明包括编制依据、工程性质、内容范围、设计图纸编号、所用预算定额编制年份、承包单位（企业）的等级和承包方式、有关部门现行的调价文件号、套用单价或补充单位估价表方面的情况及其他需要说明的问题。封面内容包括工程名称、工程编号、工程量（建筑面积）、预算总造价及单方造价、编制单位名称及负责人和编制日期、审查单位名称及负责人和审核日期等。

单价法是目前国内编制施工图预算的主要方法。若市场价格波动较大，应进行调价。

2）实物法

实物法是首先根据施工图纸分别计算出各分项工程的实物工程量，然后套用相应预算人工、材料、机械台班的定额用量、消耗指标，求得人工、材料、机械台班等的总消耗量；再分别乘以工程所在地当时的人工、材料、机械台班的实际单价，求出单位工程的人工费、材料费和施工机械使用费，并汇总求和，进而求得直接工程费；最后根据当时当地建筑市场的供求情况，按规定计取措施费、企业管理费、利润、规费和税金，汇总就可得出单位工程施工图预算造价。实物法编制施工图预算的步骤如下。

① 收集各种编制依据资料。针对实物法的特点，在此阶段中需要全面地收集各种人工、材料、机械当时当地的实际价格，包括不同品种、不同规格的材料预算价格，不同工种的人工单价，不同种类、不同型号的机械台班单价等。获得的各种实际价格要全面、系统、真实、可靠。

② 熟悉施工图纸和定额。可参考单价法相应的内容。

③ 列项并计算工程量。本步骤的内容与单价法相同。

④ 套用相应预算人工、材料、机械台班定额用量。预算定额反映一定时期施工工艺水平的分项工程计价所需的人工、材料、施工机械的消耗量的标准。这个消耗量标准，在建材产品、标准、设计、施工技术及其相关规范和工艺水平等没有大的突破性变化之前，是定额的"量"，是相对稳定不变的，因此，它是合理确定和有效控制造价的依据。这个定额消耗量标准由工程造价主管部门按照定额管理分工进行统一制定，并根据技术发展适时地补充修改。

⑤ 统计汇总单位工程所需的各类人工工日的消耗量、材料消耗量、机械台班消耗量。根据预算人工定额所列的各类人工工日的数量，乘以各分项工程的工程量，算出各分项工程所需的各类人工工日的数量，然后统计汇总，获得单位工程所需的各类人工工日消耗量。同样，根据预算材料定额所列的各种材料数量，乘以各分项工程的工程量，并按类相加求出单位工程各材料的消耗量。根据预算机械台班定额所列的各种施工机械台班数量，乘以各分项工程的工程量，并按类相加，从而求出单位工程各施工机械台班的消耗量。

⑥ 根据当时当地人工、材料和机械台班单价，汇总人工费、材料费和机械使用费。企业可依据工程造价主管部门定期发布的价格、造价信息或者根据自己的情况自行确定人工单价、材料价格、施工机械台班单价。

⑦ 计算其他各项费用，汇总造价。这里的各项费用包括措施费、企业管理费、利润、规费和税金等。一般措施费和税金相对比较稳定，而间接费、利润则要根据建筑市场供求状况予以确定。

⑧ 复核。要求认真检查人工、材料、机械台班的消耗量计算得是否合理准确等，有无漏算或多算，套取的定额是否准确，采用的价格是否合理。其他的内容，可参考单价法相应步骤的介绍。

⑨ 撰写编制说明、填写封面。本步骤的内容与单价法相同。

实物法编制施工图预算的首尾步骤与单价法相似，最大的区别在于计算人工费、材料费和施工机械使用费及汇总三者费用之和的方法不同。实物法套用的是预算定额（或企业定额）人工工日、材料、施工机具台班消耗量，单价法套用的是单位估价表工料单价或定额基价；实物法采用的是当时当地的各类人工工日、材料、施工机具台班的实际单价，工料单价法采用的是单位估价表或定额编制时期的各类人工工日、材料、施工机具台班单价，需要用调价系数或指数进行调整。

总之，采用实物法编制施工图预算，由于所用的人工、材料和机械台班的单价都是当时当地的实际价格，所以编制出的预算能比较准确地反映实际水平，误差较小，这种方法适合于市场经济条件下价格波动较大的情况。但是，采用实物法编制施工图预算需要统计人工、材料、机械台班消耗量，还需要搜集相应的实际价格，因而工作量较大，计算过程繁琐。

（3）综合单价法

综合单价法是指根据招标人按照国家统一的工程量计算规则提供的工程数量，采用全费用综合单价的形式计算工程造价的方法。综合单价是指分部分项工程单价综合了除直接工程费以外的多项费用内容。按照单价综合内容的不同，综合单价可分为全费用综合单价和部分费用综合单价。

1）全费用综合单价

全费用综合单价即单价中综合了人、料、机费用，措施费，企业管理费，利润，规费和税金等。以各分项工程量乘以综合单价的合价计总形成工程承发包价。

2）部分费用综合单价

我国目前实行的工程量清单计价采用的综合单价是部分费用综合单价，分部分项工程、措施项目、其他项目单价中综合了人、料、机费用，企业管理费，利润，并考虑了一定范围内的风险费用，单价中未包括规费和税金，是不完全费用综合单价，以各分项工程量乘以部分费用综合单价的合价汇总，再加上措施项目费、其他项目费、规费和税金后，形成工程承发包价。

2. 设备及工器具购置费计算

设备购置费由设备原价和设备运杂费构成，未到达固定资产标准的工器具购置费一般以设备购置费为计算基数，按照规定的费率计算。设备及工器具购置费编制方法及内容可参照设计概算相关内容。

3. 单位工程施工图预算书编制

单位工程施工图预算由建筑安装工程费用和设备及工器具购置费组成，将计算好的建筑安装工程费用和设备及工器具购置费相加，即得到单位工程施工图预算，计算公式为：

单位工程施工图预算＝建筑安装工程预算＋设备及工器具购置费　　　（1-79）

单位工程施工图预算由单位建筑工程预算书和单位设备及安装工程预算书组成。单位建筑工程预算书主要由建筑工程预算表和建筑工程取费表构成，单位设备及安装工程预算书则主要由设备及安装工程预算表和设备及安装工程取费表构成。

（二）单项工程综合预算的编制

单项工程综合预算造价由组成该单项工程的各个单位工程预算造价汇总而成。单项工程综合预算书主要由综合预算表构成。

（三）建设项目总预算的编制

建设项目总预算由组成该建设项目的各个单项工程综合预算、工程建设其他费用、预备费、建设期利息、铺底流动资金汇总而成。

工程建设其他费用、预备费、建设期利息及铺底流动资金具体编制方法见前文相关内容，以建设项目施工图预算编制的时间分界，若上述费用已经发生，按合理发生金额列计，如果还未发生，按照原概算内容和本阶段的计费原则计算列入。

例题 1-23： 下列单价法编制施工图预算的具体步骤中，套用定额预算单价之前应进行的工作是（　　）。

A. 工料分析　　　　　　　　　　B. 计算分部分项工程的工程量

C. 计算企业管理费　　　　　　　D. 编制说明，封面

【答案】B

例题 1-24： 在施工图预算编制时，先计算各分部分项工程的工程量，然后再乘以对应的定额预算单价，求出单位工程预算价；再按规定计算企业管理费等其他费用，汇总得出单位工程预算总造价的方法是（　　）。

A. 综合单价法　　　　　　　　　B. 单价法

C. 实物法　　　　　　　　　　　D. 市场法

【答案】B

本节重点内容： ①施工图预算的内容及编制模式；②施工图预算的作用、编制依据、编制原则、内容、编制模式、编制方法。

第六节　建设项目招投标阶段的造价控制

一、招标工程量清单的编制（★★★）

为适应我国建设投资体制和管理体制改革的需要，规范建设工程施工发承包行为，统一建设工程工程量清单的编制和计价方法，我国自 2003 年 7 月 1 日开始实施国家标准《建设工程工程量清单计价规范》GB 50500—2003，后又经两次修订，现行国家标准为《建设工程工程量清单计价规范》GB 50500—2013（以下简称《计价规范》）。2024 年 11 月 26 日住房城乡建设部批准发布《建设工程工程量清单计价标准》GB/T 50500—2024，自 2025 年 9 月 1 日起实施，届时《计价规范》将同时废止。

(一) 工程量清单的概念

工程量清单是建设工程的分部分项工程项目、措施项目、其他项目、规费项目和税金项目的名称和相应数量的明细清单。

工程量清单可分为招标工程量清单和已标价工程量清单。

招标工程量清单是招标人依据国家标准、招标文件、设计文件以及施工现场实际情况编制的，随招标文件发布、供投标报价的工程量清单，包括说明和表格。

招标工程量清单是工程量清单计价的基础，是编制招标控制价、投标报价、计算或调整工程量、索赔等的依据之一。

已标价工程量清单是构成合同文件组成部分的投标文件中已标明价格，经算术性错误修正（如有）且承包人已确认的工程量清单，包括说明和表格。

招标工程量清单必须作为招标文件的组成部分，其准确性和完整性应由招标人负责。采用工程量清单方式招标发包，招标人必须将工程量清单作为招标文件的组成部分，连同招标文件一并发（或卖）给投标人。招标工程量清单反映了拟建工程应完成的全部工程内容和相应工作，招标人对编制的招标工程量清单的准确性和完整性负责，投标人依据招标工程量清单进行投标报价。

工程量清单计价是建设工程招标投标活动中，招标人按照国家统一的工程量计算规则提供工程量清单，由投标人依据招标工程量清单并结合建筑企业自身情况进行自主报价的工程造价计价方式。

(二) 工程量清单的作用

工程量清单的作用详见表 1-6-1。

工程量清单的作用　　　　　　　　　　　　　　　　　　表 1-6-1

序号	作用
1	为投标人的投标竞争提供了公开、公正和公平的共同基础，招标工程量清单提供了要求投标人完成的拟建工程的基本内容、实体数量和质量要求等基础信息，为投标人提供了统一的工程内容、工程量，在招标投标中，投标人的竞争有了一个共同基础
2	是建设工程计价的依据。招标投标过程中，招标人根据工程量清单编制招标工程的招标控制价；投标人根据工程量清单的内容，依据企业定额计算投标报价，自主填报工程量清单所列项目的单价、合价
3	工程量清单是工程付款和结算的依据。发包人以承包人在施工阶段是否完成工程量清单规定的内容和投标所报的综合单价，作为支付工程进度款和工程结算的依据
4	工程量清单是调整工程价款、处理索赔等的依据。当发生工程变更、索赔、工程量偏差等情况时，可参照已标价工程量清单中的合同单价确定相应项目的单价及相关费用

(三) 工程量清单的编制依据及准备工作

编制招标工程量清单的依据详见表 1-6-2。

工程量清单的编制依据　　　　　　　　　　　　　　　　　表 1-6-2

序号	编制依据
1	《计价规范》和相关工程的《计量规范》
2	国家或省级、行业建设主管部门颁发的计价定额和办法

序号	编制依据
3	建设工程设计文件及相关资料
4	与建设工程有关的标准、规范、技术资料
5	拟定的招标文件
6	施工现场情况、地勘水文资料、工程特点及常规施工方案
7	其他相关资料

工程量清单的编制准备工作详见表 1-6-3。

工程量清单的编制准备工作 表 1-6-3

序号	工作内容		说明	
1	初步研究		确定工程量清单编审的范围及需要设定的暂估价,并收集相关市场价格信息,为暂估价的确定提供依据	
2	现场踏勘		包括自然地理条件踏勘和施工条件踏勘	
3	拟定常规施工组织设计	估算整体工程量	根据概算指标或类似工程进行估算,且仅对主要项目加以估算即可(如:土石方、混凝土等)	根据项目的具体情况编制施工组织设计,拟定工程的施工方案、施工顺序、施工方法等,便于工程量清单的编制及准确计算。特别是工程量清单中的措施项目
		拟定施工总方案	只需对重大问题和关键工艺作原则性的规定,不需考虑施工步骤	

（四）工程量清单的编制

工程量清单的编制由发包人负责，包括分部分项工程量清单、措施项目清单、其他项目清单、规费项目清单和税金项目清单（表 1-6-4）。

工程量清单的编制 表 1-6-4

序号	内容		说明	备注
1	分部分项工程量清单	项目编码	1. 分部分项工程量清单项目编码以五级编码设置,用 12 位阿拉伯数字表示,前 9 位应按《计价规范》统一编码,后 3 位由编制人根据设置的清单项目编制。 2. 同一招标工程的项目编码不得有重码	1. 不可调整闭口清单。投标人必须按照招标工程量清单填报价格。项目编码、项目名称、项目特征、计量单位、工程量必须与招标工程量清单一致。 2. 如果投标人认为清单内容不妥或有遗漏,只能通过质疑方式由招标人统一修改更正。 3. 招标人必须按照《计价规范》和《计量规范》规定的项目编码、项目名称、项目特征、计量单位和工程量计算规则进行编制
		项目名称	应按《计量规范》附录的项目名称结合拟建工程的实际确定	
		项目特征	1. 指构成分部分项工程项目自身价值的本质特征,包括其自身特征、工艺特征等。 2. 应按《计量规范》附录规定的项目特征,结合拟建工程项目的实际情况予以描述。 3. 若采用标准图集或施工图纸能够全部或部分满足项目特征描述的要求,项目特征描述可直接采用详见××图集或××图号的方式。 4. 对不能满足项目特征描述要求的部分,仍应用文字描述	

序号	内容		说明	备注
1	分部分项工程量清单	计量单位	1. 应采用基本单位，按照《计量规范》中各项目规定的单位确定。 2. 当附录中有两个或两个以上计量单位的，应结合拟建工程项目的实际选择其中一个确定	1. 不可调整闭口清单。投标人必须按照招标工程量清单填报价格。项目编码、项目名称、项目特征、计量单位、工程量必须与招标工程量清单一致。 2. 如果投标人认为清单内容不妥或有遗漏，只能通过质疑方式由招标人统一修改更正。 3. 招标人必须按照《计价规范》和《计量规范》规定的项目编码、项目名称、项目特征、计量单位和工程量计算规则进行编制
		工程量	1. 以实体工程量为准，并以完成后的净值计算。 2. 投标人报价时，应在单价中考虑施工中的损耗和增加的工程量。 3. 工程量应按《计量规范》中规定的工程量计算规则计算。 4. 工程量的计算原则：①计算口径一致；②按工程量计算规则计算；③按图纸计算；④按一定顺序计算	
2	措施项目清单	脚手架工程	1. 措施项目可分为两类：①不能计算工程量的项目：如文明施工、安全施工、临时设施等，以"项"计价，称为"总价项目"；②可以计算工程量的项目：如脚手架、模板、降水工程等，以"量"计价，称为"单价项目"。 2. 安全文明施工包括环境保护、文明施工、安全施工和临时设施项目。 3. 其他项目措施包括夜间施工，非夜间施工照明，二次搬运，冬雨季施工，地上、地下设施和建筑物的临时保护设施，已完工程及设备保护	1. 措施项目清单必须根据相关工程现行国家《计量规范》的规定编制。 2. 措施项目清单应根据拟建工程的实际情况列项，因工程情况不同，出现《计量规范》附录中未列的措施项目，可根据工程的具体情况对措施项目作补充。 3. 措施项目清单的编制除考虑工程本身的因素外，还涉及水文、气象、环境、安全等因素，应区分可计算工程量和不可计算工程量的措施项目，分别用不同的方式编制招标工程量清单
		混凝土模板及支架		
		垂直运输		
		超高施工增加		
		大型机械设备进出场及安拆		
		安全文明施工		
		其他措施项目		
3	其他项目清单	暂列金额	1. 招标人在工程量清单中暂定并包括在合同价款中的一笔款项。用于工程合同签订时尚未确定或者不可预见的所需材料、工程设备、服务的采购，施工中可能发生的工程变更，合同约定调整因素出现时的合同价款调整，以及发生的索赔、现场签证确认等的费用。 2. 应根据工程特点按有关计价规定估算。 3. 在确定暂列金额时应根据施工图纸的深度、暂估价设定的水平、合同价款约定调整的因素以及工程实际情况合理确定。 4. 不同专业预留的暂列金额应分别列项	1. 因招标人的特殊要求而发生的与拟建工程有关的其他费用项目和相应数量的清单。 2. 应根据拟建工程的具体情况列项。《计价规范》列举了四项内容，拟建工程出现规范未列的项目，应根据工程实际情况补充。 3. 编制竣工结算时，索赔与现场签证的调整在暂列金额中处理，暂列金额的余额归招标人

序号	内容		说明	备注
3	其他项目清单	暂估价	招标人在工程量清单中提供的用于支付必然发生但暂时不能确定价格的材料、工程设备的单价以及专业工程的金额	1. 暂估价中的材料、工程设备暂估单价应根据工程造价信息或参照市场价格估算,列出明细表。 2. 专业工程暂估价应分不同专业,按有关计价规定估算,列出明细表。一般应是综合暂估价,即应当包括除规费、税金以外的人工、材料、机械、管理费、利润等全部费用。 3. 材料及工程设备暂估单价计入分部分项工程量清单项目中的综合单价,不汇总入其他项目清单
		计日工	在施工过程中,承包人完成发包人提出的工程合同范围以外的零星项目或工作,按合同中约定的单价计价的一种方式	1. 计日工应列出项目名称、计量单位和暂估数量。 2. 计日工暂定数量,需要根据经验,尽可能估算一个比较贴近实际的数量,且尽可能把项目列全,以消除因此而产生的争议
		总承包服务费	总承包人为配合协调发包人进行的专业工程发包,对发包人自行采购的材料、工程设备等进行保管以及施工现场管理、竣工资料汇总整理等服务所需的费用	总承包服务费应列出服务项目及其内容等
4	规费项目清单	社会保险费	1. 规费指根据国家法律、法规的规定,由省级政府或省级有关权力部门规定施工企业必须缴纳的,应当计入建筑安装工程造价的费用。 2. 社会保险费包括养老保险费、失业保险费、医疗保险费、工伤保险费、生育保险费	出现未列项目,应根据政府部门的规定列项
		住房公积金		
5	税金项目清单	增值税	税金是指国家税法规定的应计入建筑安装工程造价内的增值税销项税额	出现未列项目,应根据税务部门的规定列项

（五）工程量清单计价

工程量清单计价是国际上普遍采用的、科学的工程造价计价模式,现在已经成为我国在施工阶段公开招标投标活动中主要采用的计价模式。

《计价规范》规定:全部使用国有资金投资或以国有资金投资为主的建设工程施工发承包,必须采用工程量清单计价,非国有资金投资的建设工程宜采用工程量清单计价。

工程量清单计价可以分为招标工程量清单编制和工程量清单应用两个阶段。

招标工程量清单编制阶段,由具有编制能力的招标人或受其委托、具有相应资质的工程造价咨询人编制。

工程量清单应用阶段,包括投标人按照招标文件要求和招标工程量清单填报价格、编制投标报价、合同履行过程中的工程计量和工程价款支付、合同价款调整、索赔和现场签证、竣工结算等计价活动。

> **例题 1-25**：关于建设工程工程量清单的编制，下列说法正确的是（　　）。
>
> A. 招标文件必须由专业咨询机构编制，由招标人发布
>
> B. 材料的品牌档次应在设计文件中体现，在工程量清单编制说明中不再说明
>
> C. 专业工程暂估价中包括企业管理费和利润
>
> D. 税金、规费是政府规定的，在清单编制中可不列项
>
> **【答案】** C
>
> **例题 1-26**：下列费用，不属于建设工程招标工程量清单中其他项目清单编制内容的有（　　）。
>
> A. 暂列金额　　　　　B. 暂估价　　　　　C. 计日工　　　　　D. 措施费
>
> **【答案】** D
>
> **例题 1-27**：根据《建设工程工程量清单计价规范》GB 50500—2013，下列关于分部分项工程项目清单的编制的说法，正确的有（　　）。
>
> A. 项目编码应按照规范附录给定的编码
>
> B. 项目名称应按照规范附录给定的名称
>
> C. 项目特征描述应满足确定综合单价的需要
>
> D. 项目应有两个或两个以上的计量单位
>
> **【答案】** A

二、招标控制价的编制（★★）

招标控制价是指招标人根据国家或省级、行业建设主管部门颁发的有关计价依据和办法，以及拟定的招标文件和招标工程量清单，结合工程具体情况编制的对招标工程限定的最高价格。招标控制价应由具有编制能力的招标人或受其委托具有相应资质的工程造价咨询人编制和复核。招标人不得规定最低投标限价。

（一）招标控制价编制依据

招标控制价编制依据详见表 1-6-5。

招标控制价的编制依据　　　　　　　　　　　　　　　表 1-6-5

序号	依据
1	《计价规范》和《计量规范》
2	国家或省级、行业建设主管部门颁发的计价定额和计价办法、相关配套计价文件
3	建设工程设计文件及其相关资料
4	拟定的招标文件及招标工程量清单
5	与建设项目相关的标准、规范、技术资料
6	施工现场情况、工程特点及常规施工方案
7	工程造价管理机构发布的工程造价信息，当工程造价信息没有发布时，参照市场价
8	其他的相关资料

（二）编制招标控制价的规定

（1）招标控制价应当依据工程量清单、工程计价有关规定和市场价格信息等编制。不应上调和下浮。当招标控制价超过批准的概算时，招标人应将其报原概算审批部门审核。

（2）招标人应在发布招标文件时公布招标控制价，同时应将招标控制价及有关资料报送工程所在地或有该工程管辖权的行业管理部门工程造价管理机构备查。

（3）施工单位报价中自主报价的分部分项工程和措施项目费用，计算招标控制价时按计价规定计算，其他项目费用按计价规定估算。

（4）国有资金投资的建筑工程招标的，应当设有招标控制价；非国有资金投资的建筑工程招标的，可以设有招标控制价或者招标标底。

（5）工程造价咨询人不得同时接受招标人和投标人对同一工程的招标控制价和投标报价编制的委托。

（6）招标人应在招标文件中公布招标控制价的总价，以及各单位工程的分部分项工程费、措施项目费、其他项目费、规费和税金。

（7）投标人经复核认为招标人公布的招标控制价未按规定进行编制的，应在招标控制价公布后5天内向招标投标监督机构和工程造价管理机构投诉。工程造价管理机构受理投诉后，应立即对招标控制价进行复查，组织投诉人、被投诉人或其委托的招标控制价编制人等单位人员对投诉问题逐一核对。复查结论与原公布的招标控制价误差应在±3%之间，否则应责成招标人改正。

（8）招标标底简称标底，标底是招标人依据工程计价有关规定和市场价格信息等编制的拟发包工程的预期价格。招标人可以自行决定是否编制标底，一个招标项目只能有一个标底，招标项目设有标底的，开标前标底必须保密，招标人应当在开标时公布标底。标底只能作为评标的参考，不得以投标报价是否接近标底作为中标条件，也不得以投标报价超过标底上下浮动范围作为否决投标的条件。

（三）招标控制价的作用

招标控制价的作用详见 1-6-6。

招标控制价的作用　　　　　　　　　　　　　　　　　表 1-6-6

序号	作用
1	招标人可以有效控制项目投资,降低投资风险
2	提高招标过程的透明度,有利于正常评标顺利进行
3	便于引导投标方投标报价,避免哄抬标价、无序竞争
4	招标控制价反映的是社会平均水平,招标人可据此判断投标报价是否低于成本
5	作为评标的重要依据,有利于客观、合理地评审投标报价,避免投标报价出现较大偏离
6	投标人根据自身实力等报价,不必揣测招标人的标底,提高了市场交易效率
7	减少了投标人的交易成本,使投标人不必花费人力、财力去套取招标人的标底
8	为工程变更新增项目确定单价提供计算依据
9	招标人把工程投资控制在招标控制价范围内,提高了交易成功的可能性

（四）招标控制价的编制内容

招标控制价的编制内容包括分部分项工程费、措施项目费、其他项目费、规费和税金，每个部分有不同的计价要求，详见表 1-6-7。

序号	内容	要求		
1	分部分项工程费	1. 依据提供的工程量清单和施工图纸,确定清单子项项目名称,并计算出相应的工程量		
		2. 依据工程造价政策规定或信息价,确定其对应组价子项的人工、材料、施工机具台班单价		
		3. 在考虑风险因素确定管理费率和利润率的基础上,按规定程序计算出所组价子项的合价		
		4. 将若干子项合价相加,并考虑未计价材料费除以工程量清单项目工程量,得到工程量清单项目综合单价		
		5. 对于未计价材料费(包括暂估单价的材料费)应计入综合单价		
		6. 综合单价中应包括招标文件中要求投标人所承担的风险内容及其范围(幅度)产生的风险费用		
2	措施项目费	1. 措施项目费中的安全文明施工费应当按照国家或省级、行业建设主管部门的规定标准计价,该部分不得作为竞争性费用		
		2. 措施项目应按招标文件中提供的措施项目清单确定,措施项目分为以"量"计算和以"项"计算两种。 (1)对于可计量的措施项目,以"量"计算即按其工程量用与分部分项工程项目清单单价相同的方式确定综合单价。 (2)对于不可计量的措施项目,则以"项"为单位,采用费率法按有关规定综合取定,采用费率法时需确定某项费用的计费基数及其费率,结果应是包括除规费、税金以外的全部费用,计算公式为: 以"项"计算的措施项目清单费=措施项目计费基数×费率		
3	其他项目费	暂列金额	由招标人根据工程特点、工期长短,按有关计价规定进行估算。可以按分部分项工程费的 10%～15% 为参考	
		暂估价	1. 暂估价中的材料单价应按照工程造价管理机构发布的工程造价信息中的材料单价计算;工程造价信息未发布的材料单价,其单价参考市场价格估算	
			2. 专业工程暂估价应区分不同专业,按有关计价规定估算	
		计日工	1. 计日工中的人工单价和施工机械台班单价应按省级、行业建设主管部门或其授权的工程造价管理机构公布的单价计算	
			2. 计日工中的材料应按工程造价管理机构发布的工程造价信息中的材料单价计算,工程造价信息未发布材料单价的材料,其价格应按市场调查确定的单价计算	
		总承包服务费	按照省级或行业建设主管部门的规定计算。可参考下列标准	
			1. 招标人仅要求对分包的专业工程进行总承包管理和协调	按分包的专业工程估算造价的 1.5% 计算
			2. 招标人要求对分包的专业工程进行总承包管理和协调,并同时要求提供配套服务	根据招标文件中列出的配合服务内容和提出的要求,按分包的专业工程估算造价的 3%～5% 计算
			3. 招标人自行供应材料	按招标人供应材料价值的 1% 计算
4	规费	规费必须按国家或省级、行业建设主管部门的规定计算		
5	税金	税金必须按国家或省级、行业建设主管部门的规定计算。 税金=(人工费+材料费+施工机具使用费+企业管理费+利润+规费)×增值税税率		

（五）招标控制价与标底的关系

招标控制价与标底的关系详见表1-6-8。

招标控制价与标底的关系
表 1-6-8

序号	因素		招标控制价	标底
1	相同点	需依据招标文件确定的内容和范围以及工程量清单进行编制	都必须满足	
		有难以避免和不同程度的风险	都有	
		编制工作的失误对评标和中标结果的影响	都会影响,特别是招标控制价编制失误可能会导致招标失败或者损失	
2	主要区别	在招标文件中公布	在招标文件中必须公布	开标前必须保密,在开标时公布
		与投标价格的关系	1. 是招标人可以承受的最高价格。 2. 对投标报价的有效性具有强制约束力。 3. 投标报价不得超过招标控制价,否则为废标	1. 是招标人可以接受的预期市场价格。 2. 对投标报价没有强制约束力,只能作为评标的参考。 3. 投标报价可在招标文件规定范围内高于或低于标底价
3	是否设置标底的缺点	设标底招标的缺点	易发生泄漏标底,从而失去招标的公平公正性;同时将标底作为衡量投标人报价的基准,导致投标人尽力地去迎合标底,往往招投标过程反映的不是投标人实力的竞争	
		无标底招标的缺点	有可能出现哄抬价格或者不合理的低价中标的情况;同时评标时,招标人对投标人的报价没有参考依据和评判基准	
4	采用招标控制价的优缺点	采用招标控制价招标的优点	①可有效控制投资;②提高透明度;③投标人自主报价	
		采用招标控制价招标的缺点	①若最高限价大大高于市场平均价,可能诱导投标人串标围标;②若公布的最高限价远远低于市场平均价,会影响招标效率	

例题 1-28：关于招标控制价的编制，下列说法正确的是（　　）。

A. 国有企业的建设工程招标可以不编制招标控制价

B. 在招标文件中可以不公开招标控制价

C. 招标控制价与标底的本质是相同的

D. 政府投资的建设工程招标时，应设招标控制价

【答案】D

例题 1-29：根据《建设工程工程量清单计价规范》GB 50500—2013 中对招标控制价的相关规定，下列说法正确的是（　　）。

A. 招标控制价公布后根据需要可以上浮或下调

B. 招标人可以只公布招标控制价总价，也可以只公布单价

三、投标报价的编制（★★）

投标报价应由投标人或受其委托具有相应资质的工程造价咨询人编制。

投标报价由投标人自主确定，但不得低于工程成本。投标人必须按招标工程量清单填报价格。项目编码、项目名称、项目特征、计量单位、工程量必须与招标工程量清单一致。投标人的投标报价高于招标控制价的应予废标。

（一）投标报价前期工作

投标报价前期，应先研究招标文件、调查工程现场、询价并复核工程量，具体工作内容详见表1-6-9。

投标报价前期工作   表 1-6-9

序号	前期工作		具体工作内容	
1	研究招标文件		对投标人须知、合同条件、技术规范、图纸和工程量清单等重点内容进行分析，防止投标被否决	
2	调查工程现场	调查自然条件	对气象资料，水文资料，地震、洪水及其他自然灾害情况，地质情况等的调查	
		调查施工条件	工程现场的用地范围、地形、地貌、地物、高程，地上或地下障碍物，现场的三通一平情况；工程现场周围的道路、进出场条件、有无特殊交通限制；工程现场施工临时设施、大型施工机具、材料堆放场地安排的可能性，是否需要二次搬运；工程现场邻近建筑物与招标工程的间距、结构形式、基础埋深、新旧程度、高度；市政给水及污水、雨水排放管线位置、高程、管径、压力、废水、污水处理方式，市政、消防供水管道管径、压力、位置等；当地供电方式、方位、距离、电压等；当地煤气供应能力，管线位置、高程等；工程现场通信线路的连接和铺设；当地政府有关部门对施工现场管理的一般要求、特殊要求及规定，是否允许节假日和夜间施工等	
		调查其他条件	各种构件、半成品及商品混凝土的供应能力和价格； 现场附近的生活设施、治安环境等情况； 当地的经济和社会条件	
3	询价	生产要素询价	材料询价	询价渠道多种多样，其中向咨询公司询价比较可靠，但需要支付一定的咨询费用
			施工机具设备询价	
			劳务询价 1. 成建制的劳务公司。相当于劳务分包，一般费用较高，但素质较可靠，工效较高，承包商的管理工作较轻。 2. 劳务市场招募零散劳动力。这种方式虽然劳务价格低廉，但有时素质达不到要求或工效较低，承包商的管理工作较繁重	

序号	前期工作		具体工作内容	
3	询价	分包询价	对分包人询价应注意以下几点： ① 分包标函是否完整； ② 分包工程单价所包含的内容； ③ 分包人的工程质量、信誉及可信赖程度； ④ 质量保证措施； ⑤ 分包报价	询价渠道多种多样，其中向咨询公司询价比较可靠，但需要支付一定的咨询费用
4	复核工程量		1. 根据复核后的工程量与招标文件提供的工程量之间的差距，考虑相应的投标策略，决定报价裕度。 2. 根据工程量的大小采取合适的施工方法，选择适用、经济的施工机具设备、投入使用相应的劳动力数量等	
			应注意以下几方面： ① 复核工程量的目的不是修改工程量清单，对工程量清单存在的错误，可以向招标人提出，由招标人统一修改并把修改情况通知所有投标人； ② 工程量清单中工程量的遗漏或错误，是否向招标人提出修改意见取决于投标策略； ③ 通过工程量复核能够准确地确定订货及采购物资的数量，防止由于超量或少购等带来的浪费、积压或停工待料； ④ 投标人应按大项分类汇总主要工程总量，并据此研究采用合适的施工方法，选择适用的施工设备等	

（二）投标报价的编制依据

投标报价应根据下列依据编制，见表 1-6-10。

投标报价的编制依据　　　　　　　　表 1-6-10

序号	依据
1	《计价规范》
2	国家或省级、行业建设主管部门颁发的计价办法
3	企业定额，国家或省级、行业建设主管部门颁发的计价定额和计价办法
4	招标文件、招标工程量清单及其补充通知、答疑纪要
5	建设工程设计文件及相关资料
6	施工现场情况、工程特点及投标时拟定的施工组织设计或施工方案
7	与建设项目相关的标准、规范等技术资料
8	市场价格信息或工程造价管理机构发布的工程造价信息
9	其他的相关资料

（三）投标报价的内容

投标报价的内容包括分部分项工程费、措施项目费、其他项目费、规费和税金，每个部分有不同的计价要求，详见表 1-6-11。计算公式为：

单位工程报价＝分部分项工程费＋措施项目费＋其他项目费＋规费＋税金　（1-80）

序号	内容		要求
1	分部分项工程费		《计价规范》规定，工程量清单应采用综合单价计价。分部分项工程中的单价项目，应根据招标文件和招标工程量清单项目中的特征描述确定综合单价计算
			综合单价是指完成一个规定清单项目所需的人工费、材料和工程设备费、施工机具使用费和企业管理费、利润以及一定范围内的风险费用
			一定范围内的风险费用是指招标文件中划分的应由投标人承担的风险范围及其费用。这种综合单价不属于全费用综合单价，属于不包括规费和税金等不可竞争性费用的不完全综合单价
			在合同履行过程中，当出现的风险内容和范围在合同规定的范围之内时，综合单价不得变更
2	措施项目费		措施项目中的单价项目，应根据招标文件和招标工程量清单项目中的特征描述确定综合单价计算
			措施项目中的总价项目金额，应根据招标文件及投标时拟定的施工组织设计或施工方案，自主确定
			措施项目中的安全文明施工费必须按国家或省级、行业建设主管部门的规定计算，不得作为竞争性费用
			安全文明施工费包括文明施工费、环境保护费、临时设施费、安全施工费
3	其他项目费	暂列金额	按招标工程量清单中列出的金额填写
		材料、设备暂估价	材料、设备暂估单价计入分部分项工程量清单项目中的综合单价，不汇总入其他项目清单
		专业工程暂估价	按招标工程量清单中列出的金额填写
		计日工	按招标工程量清单中列出的项目和数量，自主确定综合单价并计算计日工金额
		总承包服务费	根据招标工程量清单中列出的内容和提出的要求自主确定
			其他项目费＝暂列金额＋专业工程暂估价＋计日工费＋总承包服务费
4	规费		规费中社会保险费和住房公积金以定额人工费为计算基础，根据工程所在地省、自治区、直辖市或行业建设行政主管部门规定费率计算
5	税金		必须按国家或省级、行业建设主管部门的规定计算，不得作为竞争性费用

说明：①招标工程量清单与计价表中列明的所有需要填写单价和合价的项目，投标人均应填写且只允许有一个报价。

②未填写单价和合价的项目，可视为此项费用已包含在已标价工程量清单中其他项目的单价和合价之中。当竣工结算时，此项目不得重新组价予以调整。

$$单项工程报价 = \sum 单位工程报价 \tag{1-81}$$

$$工程项目总报价 = \sum 单项工程报价 \tag{1-82}$$

（四）施工阶段发承包双方的风险分摊原则

施工阶段发承包双方的风险分摊原则详见表 1-6-12。

施工阶段发承包双方的风险分摊原则 表 1-6-12

序号	风险因素	原则
1	主要由市场价格波动导致的价格风险	发承包双方应当在招标文件中或在合同中对此类风险的范围和幅度予以明确约定,进行合理分摊
		一般采取的方式是承包人承担5%以内的材料、工程设备价格风险,10%以内的施工机具使用费风险
2	法律、法规、规章或有关政策出台导致工程税金、规费、人工费发生变化	承包人不应承担此类风险,应按照相关调整规定执行
3	承包人根据自身技术水平、管理、经营状况能够自主控制的风险	承包人应结合市场情况,根据企业自身的实际合理确定、利用企业定额自主报价,该部分风险由承包人全部承担(如承包人的管理费、利润)

(五) 综合单价及措施项目确定的步骤和方法

投标报价确定综合单价及措施项目的步骤和方法,详见表 1-6-13。

确定综合单价及措施项目的步骤和方法 表 1-6-13

序号	条件	步骤和方法
1	分部分项工程内容比较简单,出单一计价子项计价,且与所用企业定额中的工程量计算规则相同时	用相应企业定额子目中的人材机费用做基数,计算管理费、利润,再考虑相应的风险费用即可
2	工程量清单给出的分部分项工程与所用企业定额的单位不同或工程量计算规则不同时	需要按企业定额的计算规则重新计算工程量,具体步骤如下: ①确定消耗量指标和生产要素的单价等计算基础; ②分析每个清单项目的工程内容; ③计算工程内容的工程数量与清单单位含量(清单单位含量=某工程内容的企业定额工程量/清单工程量); ④计算分部分项工程人工、材料、施工机具使用费; ⑤计算综合单价
3	招标工程量清单特征描述与设计图纸不符时	以招标工程量清单的项目特征描述为准,确定投标报价的综合单价
4	措施项目的内容	依据招标人提供的措施项目清单和投标人投标时拟定的施工组织设计或施工方案确定

例题 1-30:投标人在进行建设工程投标报价时,下列事项中应重点关注的是( )。

A. 施工现场市政设施条件　　　　B. 商务经理的业务能力

C. 招标人的组织架构　　　　　　D. 暂列金额的准确性

【答案】A

例题 1-31:投标报价时,投标人需严格按照招标人所列的项目明细进行自主报价的是( )。

A. 总价措施项目　　　　　　　　　B. 计日工

C. 专业工程暂估价　　　　　　　　D. 规费

【答案】B

例题 1-32：招标工程量清单中某分部分项清单子目与单一计价定额子目的工作内容与计量规则一致，则确定该清单子目综合单价不可或缺的工作是（　　）。

A. 计算工程内容的工程数量　　　　B. 计算工程内容的清单单位含量

C. 计算措施项目的费用　　　　　　D. 计算管理费、利润和风险费用

【答案】D

例题 1-33：根据《建设工程工程量清单计价规范》GB 50500—2013，在招标文件未另有要求的情况下，投标报价的综合单价一般要考虑的风险因素是（　　）。

A. 政策法规的变化　　　　　　　　B. 人工单价的市场变化

C. 政府定价材料的价格变化　　　　D. 管理费、利润的风险

【答案】D

本节重点：①工程量清单的作用、编制依据、编制方法及内容；②招标控制价的编制依据、规定、作用及内容，招标控制价与标底的关系；③投标报价的编制依据及内容，综合单价及措施项目确定的步骤和方法。

第七节　建设项目施工阶段投资控制

一、施工预算（★★）

（一）施工预算的概念

施工预算是编制实施性成本计划的主要依据，是施工企业为了加强企业内部的经济核算，在施工图预算的控制下，依据企业内部的施工定额，以建筑安装单位工程为对象，根据施工图纸、施工定额、施工及验收规范、标准图集、施工组织设计（或施工方案）编制的单位工程（或分部分项工程）施工所需的人工、材料和施工机械台班用量的技术经济文件。

（二）施工预算的作用、编制依据及方法

施工预算的主要作用、编制要求、编制依据、编制步骤及方法，详见图 1-7-1。

（三）施工预算的内容

施工预算的内容包括编制说明和预算表格，详见图 1-7-2。

二、资金使用计划（★）

（一）资金使用计划的作用

资金使用计划的编制和执行，有利于加强资金使用的计划性、规范性、准确性和高效性。施工阶段资金使用计划的主要作用见表 1-7-1。

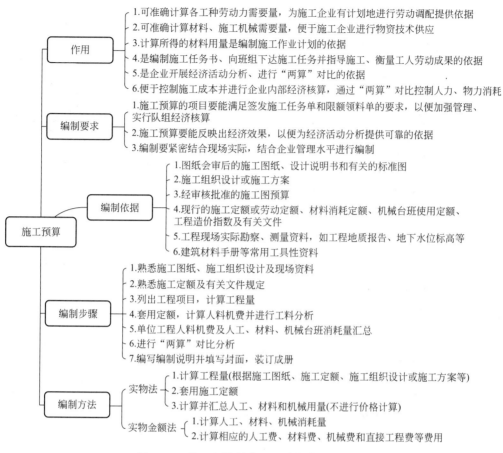

图 1-7-1　施工预算的作用、编制依据及方法

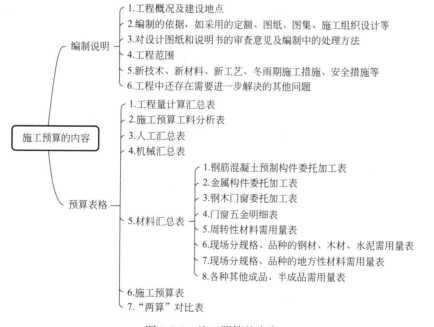

图 1-7-2　施工预算的内容

资金使用计划的作用
资金使用计划的作用　　　　　　　　　　　　　　　　　　　　　表 1-7-1

序号	作用
1	合理确定施工阶段工程造价总目标值和各阶段目标值,使工程造价的控制有所依据,并为项目资金的筹集、协调打下基础
2	科学编制资金使用计划,可以对未来工程项目的资金使用和进度控制有所预测,减少资金浪费、充分利用现有资金
3	可以有效地控制工程造价,节约投资,提高投资效益

(二) 资金使用计划的编制依据

资金使用计划的编制依据见表 1-7-2。

资金使用计划的编制依据　　　　　　　　　　　　　　　　　　　表 1-7-2

序号	编制依据
1	工程建设有关的法律、法规、规定、文件等
2	工程施工承包合同、银行贷款合同等
3	施工组设计,包括施工方案、施工进度计划和资源配置计划
4	经批准的施工概算、施工图预算等技术经济文件
5	其他资料

(三) 资金使用计划的编制方法、内容及步骤

资金使用计划的编制方法有按工程造价构成、按工程项目组成和按工程进度三种方法。资金使用计划的编制方法、内容及步骤,详见表 1-7-3、表 1-7-4。

资金使用计划的编制方法及内容　　　　　　　　　　　　　　　　表 1-7-3

序号	方法	内容	说明
1	按工程造价构成	将投资分为建筑安装工程费、设备及工器具购置费和工程建设其他费,编制相应的资金使用计划	适用于有大量经验数据的工程项目
2	按工程项目组成	把建设投资分解到各相应的单项工程、单位工程和分部分项工程分项,编制相应的资金使用计划	1. 设计概算、预算都是按此编制的。 2. 比较简单,易于操作。 3. 步骤详见表 1-7-4
3	按工程进度	编制工程施工进度计划	可以合理筹集资金、减少利息支出和不合理的资金占用
		计算单位时间的资金支出目标	
		计算规定时间内的累计资金支出额	
		绘制资金使用时间进度计划的 S 曲线(S 曲线必然包括在全部工作均按最早开始时间(ES)开始和全部工作均按最迟开始时间(LS)开始的曲线所组成的"香蕉图"内)	

序号	步骤	说明	
1	按构成项目组成恰当分解资金使用计划总额	建筑安装工程费中的人工费、材料费、施工机具使用费等直接费	可直接分解到各工程分项
		企业管理费、利润、规费、税金	不宜直接进行分解
		措施项目费	分析具体情况,将其中与各工程分项有关的费用(如二次搬运费、检验试验费等)分离出来,按一定比例分解到相应的工程分项
		其他与单位工程、分部工程有关的费用(如临时设施费、保险费)	不能分解到各工程分项
2	编制各工程分项的资金支出计划	在完成工程项目造价目标的分解之后,确定各工程分项的资金支出预算	计算公式为: 支出预算=核实的工程量×单价
		核实的工程量可以反映并消除实际与计划的差异,单价则在上述建筑安装工程费用分解的基础上确定	
3	编制详细的资金使用计划表	包括工程分项编号、工程内容、计量单位、工程数量、单价、工程分项总价等内容	

说明:①在编制资金使用计划时,应在主要的工程分项中考虑适当的不可预见费。对于实际工程量与计划工程量差异较大者,应特殊标明,在建设过程中主动采用积极必要的造价控制措施。

②工程实际操作中往往需要几种编制方法结合使用。

例题 1-34: 按工程项目组成编制施工阶段资金使用计划时,建筑安装工程费中可直接分解到各个工程分项的费用有( )。

A. 企业管理费　　　　　　B. 临时设施费

C. 材料费　　　　　　　　D. 职工养老保险费

【答案】C

例题 1-35: 按工程进度编制施工阶段资金使用计划,首先要进行的工作是( )。

A. 计算单位时间的资金支出目标

B. 编制工程施工进度计划

C. 编制资金使用时间进度计划的 S 曲线

D. 计算规定时间内的累计资金支出额

【答案】B

例题 1-36: 按工程进度绘制的资金使用计划 S 曲线必然包括在"香蕉图"内,该"香蕉图"是由工程网络计划中全部工作分别按( )绘制的两条 S 曲线组成。

A. 最早开始时间(ES)开始和最早完成时间(EF)完成

B. 最早开始时间(ES)开始和最迟开始时间(LS)完成

三、工程变更（★★）

工程变更是指在合同实施过程中，由发包人或承包人提出，经发包人批准的对合同工程的工作内容、工程数量、质量要求、施工顺序与时间、施工条件、施工工艺或其他特征及合同条件等的改变。

（一）工程变更的范围和内容

《建设工程施工合同（示范文本）》GF—2017—0201 和《中华人民共和国标准施工招标文件》（2007 版）中均有关于工程变更范围的条款，内容基本一致，详见表 1-7-5。

工程变更范围的相关规定　　　　　　　　　　　　　　　表 1-7-5

序号	《建设工程施工合同（示范文本）》GF—2017—0201	《中华人民共和国标准施工招标文件》（2007 版）
1	增加或减少合同中任何工作，或追加额外的工作	为完成工程需要追加的额外工作
2	取消合同中任何工作，但转由他人实施的工作除外	取消合同中任何一项工作，但被取消的工作不能转由发包人或其他人实施
3	改变合同中任何工作的质量标准或其他特性	改变合同中任何一项工作的质量或其他特性
4	改变工程的基线、标高、位置和尺寸	改变合同工程的基线、标高、位置或尺寸
5	改变工程的时间安排或实施顺序	改变合同中任何一项工作的施工时间或改变已批准的施工工艺或顺序

（二）工程变更的管理原则

工程索赔常常由工程变更引起，应加强对工程变更的管理，尽量避免工程变更对质量、工期和投资产生不利影响。管理控制工程变更的原则见表 1-7-6。

工程变更的管理原则　　　　　　　　　　　　　　　表 1-7-6

序号	管理原则
1	任何变更都应得到建设单位、监理单位、承建单位三方书面确认，工程变更由监理工程师发出
2	工程变更须符合实际需要、工程标准及规范
3	建立严格的工程变更审批制度，加强对变更风险、变更效果的评估，将投资控制在合理范围之内
4	对变更申请及时响应，避免因拖延对项目进度等造成不利影响
5	经审批的设计文件不能任意变更，若需要变更要根据变更分级按照规定逐级上报，经过审批后才能进行变更。设计变更应经设计单位确认，并进行工程量及造价增减分析，如突破总概算必须经有关部门审批

（三）工程变更的定价原则

因工程变更引起已标价工程量清单项目或其工程数量发生变化时，价格调整原则详见表 1-7-7。

工程变更的定价原则   表 1-7-7

序号	内容	条件	定价原则
1	分部分项工程费的调整	已标价工程量清单中有适用于变更工程项目的,且工程变更导致的该清单项目的工程数量变化不足 15% 时	采用该项目的单价
		已标价工程量清单中没有适用、但有类似于变更工程项目的(前提:其采用的材料、施工工艺和方法基本相似,不增加关键线路上工程的施工时间)	可在合理范围内参照类似项目的单价或总价调整
		已标价工程量清单中没有适用、也没有类似于变更工程项目的	承包人根据变更工程资料、计量规则和计价办法、工程造价管理机构发布的信息(参考)价格和承包人报价浮动率,提出变更项目的单价或总价,报发包人确认后调整
			承包人报价浮动率计算公式 实行招标的工程:承包人报价浮动率 $L = (1 - $ 中标价/招标控制价$) \times 100\%$ 不实行招标的工程:承包人报价浮动率 $L = (1 - $ 报价值/施工图预算$) \times 100\%$
		已标价工程量清单中没有适用、也没有类似于变更工程项目,且工程造价管理机构发布的信息(参考)价格缺价的	承包人根据变更工程资料、计量规则、计价办法和通过市场调查等有合法依据的市场价格提出变更工程项目的单价或总价,报发包人确认后调整
2	措施项目费的调整	安全文明施工费	按照实际发生变化的措施项目调整,不得浮动
		采用单价计算的措施项目费	按照实际发生变化的措施项目按前述分部分项工程费的调整方法确定单价
		按总价(或系数)计算的措施项目费(除安全文明施工费外)	按照实际发生变化的措施项目调整
			应考虑承包人报价浮动因素,即调整金额按照实际调整金额乘以承包人报价浮动率计算
			工程变更引起施工方案改变导致措施项目发生变化时,承包人提出调整措施项目费的,应事先将拟实施的方案提交发包人确认,并详细说明与原方案措施项目相比的变化情况
			拟实施的方案经发承包双方确认后执行,并按《计价规范》调整措施项目费
3	删减工程或工作的补偿	因非承包人原因删减了合同中的某项原定工作或工程,致使承包人发生的费用或(和)得到的收益不能被包括在其他已支付或应支付的项目中,也未被包含在任何替代的工作或工程中,则承包人有权提出并得到合理的费用及利润补偿	

例题1-37： 根据《建设工程施工合同（示范文本）》GF—2017—0201，下列变化应纳入工程变更范围的不包括（　　）。

A. 改变墙体厚度　　　　　　　　B. 工程设备价格上涨

C. 提高地基沉降控制标准　　　　D. 增加排水沟长度

【答案】 B

本节重点： ①施工预算的作用、编制及内容；②资金使用计划的作用、编制依据、方法及内容；③工程变更的范围及定价原则。

第八节　建设项目竣工决算阶段的造价控制

一、工程结算（★★）

（一）工程结算的概念

工程结算是指发承包双方根据国家有关法律、法规规定和合同约定，对合同工程实施中、终止时、已完工后的工程项目进行的合同价款计算、调整和确认。

建筑工程投资大、持续时间长，因此涉及工程结算的经济活动不是一次完成的，而是随着工程进展，按不同阶段和进度完成的。

工程结算的内容可分为期中结算、终止结算、竣工结算（表1-8-1）。

工程结算的内容　　　　　　　　　　　　　　表1-8-1

序号	内容	说明
1	期中结算	也称为中间结算。包括月度、季度、年度结算，形象进度结算
2	终止结算	合同解除后的结算
3	竣工结算	—

工程结算工作涉及工程预付款、期中结算、竣工结算、最终结清等（表1-8-2）。

工程结算的工作内容　　　　　　　　　　　　　　表1-8-2

序号	工作内容	明细	说明
1	预付款	在开工前，发包人按照合同约定，预先支付给承包人用于购买工程施工所需的材料、工程设备，以及组织施工机械和人员进场等的价款	发承包双方在合同中约定工程预付款的支付方式和扣回方式
2	期中结算（进度款）	发承包双方应按照合同约定的时间、程序和方法，根据工程计量结果，办理期中结算，支付工程进度款（工程进度款的结算支付）	进度款的支付周期应与合同约定的工程计量周期一致
3	竣工结算	发承包双方根据国家有关法律、法规规定和合同约定，在承包人完成合同约定的全部工作后，对最终工程价款的调整和确定（期中结算的汇总）	分为单位工程竣工结算、单项工程竣工结算、建设项目竣工结算
4	最终结清	合同约定的缺陷责任期终止后，承包人已按合同规定完成全部剩余工作且质量合格的，发包人与承包人结清全部剩余款项的活动	

质量保证金：竣工结算时，发包人通常要预留质量保证金（总预留比例不得高于工程价款结算总额的3%），即用于保证承包人在缺陷责任期内对建设工程出现的缺陷进行维修的资金。

竣工结算价：是发承包双方在履行合同过程中依据国家有关法律、法规和标准规定及合同约定进行的合同价款调整，是承包人按合同约定完成了全部承包工程后，发包人应付给承包人的总金额，即根据已签约合同价、合同价款调整（包括工程变更、索赔和现场签证）等事项确定的该施工合同工程的最终工程造价。

工程结算确定的工程结算价是该结算工程的实际建造价格，竣工结算确定的竣工结算价是该施工承包合同工程的实际建造价格。

工程结算文件一般由承包单位编制，由发包单位或其委托的工程造价咨询机构审查。

（二）工程结算的作用

工程竣工结算的主要作用见表1-8-3。

工程竣工结算的主要作用   表 1-8-3

序号	作用
1	建设单位编制竣工决算的依据
2	是统计建设单位完成建设投资任务、施工企业完成生产计划的依据
3	是施工企业完成合同工程的总货币收入，是企业考核工程成本、进行经济核算和确定经济效益的重要依据
4	是确定承包工程最终造价、建设单位与施工企业结清工程价款的依据
5	是编制概算定额和概算指标的依据
6	是发承包双方所承担的合同义务和经济责任结束的标志

（三）工程结算文件的编制依据

工程结算文件的编制依据见表1-8-4。

工程结算文件的编制依据   表 1-8-4

序号	编制依据
1	《计价规范》
2	工程合同
3	发承包双方实施过程中已确认的工程量及其结算的合同价款
4	发承包双方实施过程中已确认调整后追加(减)的合同价款
5	投标文件
6	建设工程设计文件及相关资料
7	其他依据

（四）工程结算文件的编制内容

工程结算文件一般由编制说明、工程结算相关表格和必要的附件组成，详见表1-8-5。

工程结算文件的编制内容　　　　表 1-8-5

序号	内容	明细
1	编制说明	工程概况，编制范围，编制依据，编制方法，有关材料、设备、参数和费用说明以及其他有关问题的说明
2	工程结算相关表格	工程结算汇总表，单项工程结算汇总表，单位工程结算汇总表，分部分项清单计价表，措施项目清单与计价表，其他项目清单与计价汇总表，规费、税金项目清单与计价表以及必要的相关表格
3	必要的附件	所依据的发承包合同调整条款、设计变更、工程洽商、材料及设备定价单、调价后的单价分析表、其他与工程结算相关的书面证明材料等

说明：①暂列金额应减去工程价款调整（包括索赔、现场签证）金额计算，如有余额归发包人；
　　　②发承包双方在合同工程实施过程中已确认的工程计量结果和合同价款，在竣工结算中办理。

二、竣工决算 (★★)

(一) 竣工决算的概念

建设项目竣工决算是以实物数量和货币指标为计量单位，综合反映竣工项目从筹建开始到项目竣工交付使用为止的全部建设费用、建设成果和财务情况的总结性文件，是竣工验收报告的重要组成部分。

竣工决算由建设单位或委托工程造价咨询企业、代建设单位进行编制。

(二) 竣工决算的作用

竣工决算的作用详见表 1-8-6。

竣工决算的作用　　　　表 1-8-6

序号	作用
1	全面、综合反映竣工项目的实际造价、建设成果及财务情况
2	反映了交付的固定资产、流动资产、无形资产和其他资产的价值，是核定项目资产价值、办理资产交付使用手续和产权登记的依据
3	通过竣工决算与概算、预算的对比分析，考核设计概算的执行情况、建设项目管理水平和投资效果的依据

(三) 竣工决算的内容

竣工决算是由竣工财务决算说明书、竣工财务决算报表、工程竣工图、工程竣工造价对比分析四部分组成（表 1-8-7）。

竣工决算的内容　　　　表 1-8-7

序号	内容		明细
1	竣工财务决算	竣工财务决算说明书	①项目概况；②会计账务处理、财产物资清理及债权债务的清偿情况；③项目建设资金计划及到位情况，财政资金支出预算、投资计划及到位情况；④项目建设资金使用、项目结余资金分配情况；⑤项目概（预）算执行情况及分析，竣工实际完成投资与概算差异及原因分析；⑥尾工工程情况；⑦历次审计、检查、审核、稽查意见及整改落实情况；⑧主要技术经济指标的分析、计算情况；⑨项目管理经验、主要问题和建议；⑩预备费动用情况；⑪项目建设管理制度执行情况、政府采购情况，合同履行情况；⑫征地拆迁补偿情况、移民安置情况；⑬需说明的其他事项

序号	内容		明细	
1	竣工财务决算	竣工财务决算报表	项目概况表	1. 包括该项目总投资、建设起止时间、新增生产能力、主要材料消耗、建设成本、完成主要工程量和主要技术经济指标。 2. 综合反映基本建设项目的基本概况,为全面考核和分析投资效果提供依据
			项目竣工财务决算表	1. 反映了建设项目的全部资金来源和资金占用情况。 2. 是考核和分析投资效果,落实结余资金,并作为报告上级核销基本建设支出和基本建设拨款的依据
			资金情况明细表	
			交付使用资产总表	
			交付使用资产明细表	
			待摊投资明细表	
			待核销基建支出明细表	1. 形成资产产权归属本单位的,计入交付使用资产价值。 2. 形成产权不归属本单位的,作为转出投资处理
			转出投资明细表	
2	工程竣工图		真实地记录工程完工后各种地上相地下建筑物、构筑物等情况的技术文件	
			工程交工验收、维护、改建和扩建的依据	
			重要的技术档案	
3	工程竣工造价对比分析		竣工决算是综合反映竣工建设项目或单项工程的建设成果和财务状况的总结性文件;在竣工决算报告中必须对控制工程造价采取的措施、效果及其动态的变化进行对比分析,总结经验教训	
			经批准的设计概算是考核建设工程造价的依据	
			分析步骤: ①先对比整个建设项目的总概算; ②然后将建筑安装工程费、设备及工器具费和其他工程费等逐一与竣工决算表中所提供的实际数据和相关资料及批准的概算、预算指标、实际的工程造价进行对比分析; ③确定竣工项目总造价是节约还是超支,并分析原因,总结经验教训,提出改进措施	
			对比分析的具体内容包括主要实物工程量、主要材料消耗量、主要费用支出等	

前两部分又称建设项目竣工财务决算,是竣工决算的核心内容,是正确核定项目资产价值、反映竣工项目建设成果的文件,是办理资产移交和产权登记的依据。

编制竣工图的形式和深度,应根据不同情况区别对待,其具体要求如下。

(1)凡按图竣工没有变动的,由承包人(包括总包和分包承包人,下同)在原施工图上加盖"竣工图"标志后,即作为竣工图。

(2)凡在施工过程中,虽有一般性设计变更,但能将原施工图加以修改补充作为竣工图的，可不重新绘制，由承包人负责在原施工图（必须是新蓝图）上注明修改的部分，并附以设计变更通知单和施工说明，加盖"竣工图"标志后，作为竣工图。

（3）凡有重大改变，不宜再在原施工图上修改、补充时，应重新绘制改变后的竣工图。由原设计原因造成的，由设计单位负责重新绘制；由施工原因造成的，由承包人负责重新绘制；由其他原因造成的，由建设单位自行绘制或委托设计单位绘制。承包人负责在新图上加盖"竣工图"标志，并附以有关记录和说明，作为竣工图。

（四）竣工决算的编制依据及程序

竣工决算的编制依据及程序详见表1-8-8。

竣工决算的编制 表 1-8-8

序号	内容	明细	
1	编制依据	1. 国家有关法律、法规和规范性文件	
		2. 项目计划任务书及立项批复文件	
		3. 项目总概算、单项工程概算及概算调整文件	
		4. 经批准的可行性研究报告、设计文件、图纸会审资料	
		5. 招标文件及招标投标书，施工、代建、勘察设计、监理及设备采购等合同，政府采购审批文件、采购合同	
		6. 设备、材料调价文件记录、工程签证、工程索赔等合同价款调整文件，工程结算资料	
		7. 有关的会计及财务管理资料	
		8. 历年下达的项目年度财政资金投资计划、预算	
		9. 选址意见书，建设用地规划许可证（建设用地规划许可证、建设用地批准书、国有土地划拨决定书"三证合一"），建设工程规划许可证，建设工程开工证，竣工验收单或验收报告，质量鉴定、检验等有关文件	
		10. 其他有关资料	
2	编制程序	前期准备	了解项目基本情况，收集和整理编制资料；确定项目负责人并配备相应的编制人员；制定切实可行、符合建设项目情况的编制计划；由项目负责人对编制成员进行培训等
		实施阶段	收集完整的编制依据资料；协助建设单位做好各项清理工作；编制完成规范的工作底稿；就过程中发现的问题与建设单位进行充分沟通，达成一致意见；与建设单位相关部门一起做好实际支出与批复概算的对比分析工作
		完成阶段	完成工程竣工决算编制咨询报告、基本建设项目竣工决算报表及附表、工程竣工决算说明书、相关附件等；与建设单位沟通工程竣工决算的所有事项；经工程造价咨询企业内部复核后，出具正式工程竣工决算编制成果文件
		资料归档	对工程竣工决算编制过程中形成的工作底稿进行分类整理，与工程竣工决算编制成果文件一并形成归档纸质资料；对工作底稿、编制数据、工程竣工决算报告进行电子化处理，形成电子档案

（五）竣工决算的审核及批复

由财政部批复的项目决算，一般先由财政部委托财政投资评审机构或有资质的中介机构进行评审。财政部根据评审结论，审核后批复项目决算。详见表1-8-9。

竣工决算的审核及批复
表 1-8-9

序号	内容		明细
1	审核	审核方式	政策性审核、技术性审核、评审结论审核以及意见分歧审核与处理
		审核内容	工程价款结算、项目核算管理、项目建设资金管理、项目基本建设程序执行及建设管理、概（预）算执行、交付使用资产及尾工工程等
2	批复	财政部直接批复	1. 主管部门本级的投资额在 3000 万元（不含 3000 万元，按完成投资口径）以上的项目决算
			2. 不向财政部报送年度部门决算的中央单位项目决算。主要是指不向财政部报送年度决算的社会团体、国有及国有控股企业使用财政资金的非经营性项目和使用财政资金占项目资本比例超过 50% 的经营性项目决算
		主管部门批复	1. 主管部门二级及以下单位的项目决算
			2. 主管部门本级投资额在 3000 万元（含 3000 万元）以下的项目决算

例题 1-38：根据《基本建设项目建设成本管理规定》，建设项目的建设成本包括（　　）。

A. 为项目配套的专用送变电站投资　　B. 非经营性项目转出投资支出

C. 非经营性的农村饮水工程　　D. 项目建设管理费

【答案】D

例题 1-39：在建设项目竣工决算报表中，用于考核和分析投资效果，落实结余资金，并作为报告上级核销基本建设支出依据的是（　　）。

A. 基本建设项目概况表　　B. 基本建设项目竣工财务决算表

C. 基本建设项目交付使用资产总表　　D. 基本建设项目交付使用资产明细表

【答案】B

三、工程索赔（★★）

（一）工程索赔的概念

工程索赔是指在工程合同履行过程中，当事人一方因非己方的原因而遭受经济损失或工期延误，按照合同约定或法律规定，应由对方承担责任，而向对方提出工期和（或）费用补偿要求的行为。

索赔是合同双方依据合同约定维护自身合法权益的行为，其性质属于经济补偿行为，而不是惩罚。建设工程施工中的索赔是发承包双方行使正当权利的行为，承包人可向发包人索赔，发包人也可向承包人索赔。在工程实践中，多数发生的是承包人向发包人索赔。

由于施工阶段施工现场条件、气候的变化，施工图纸的变更，合同条款、标准文件变化等多种复杂因素的影响，索赔在工程承包过程中经常发生，索赔事件的出现会影响工程项目的投资，因此对索赔的控制是施工阶段投资控制的重要工作。

（二）索赔产生的原因

工程索赔是由于施工过程中发生了难以控制的干扰事件，从而影响了合同的正常履行，造成工期延长、费用增加而引起索赔，详见表 1-8-10。

索赔产生的原因 表 1-8-10

序号	原因	举例说明
1	业主方违约	未按合同规定及时交付施工场地、提供现场水电
		未按合同规定及时提供设计资料、图纸
		未及时提供应由建设单位提供的材料和设备
		未按合同规定按时支付工程款
2	合同缺陷	合同文件规定表达不清
		合同条款遗漏或错误
		设计图纸错误
3	工程变更	建设单位指令增减工程量，提高设计标准、质量标准
		建设单位要求施工承包单位加快施工进度
		建设单位要求完成合同规定以外的工作
4	工程环境的变化	材料价格和人工工日单价的大幅上涨
		外汇汇率变化
5	不可抗力或不利的物质条件	不可抗力是指施工过程中发生的地震、海啸、瘟疫、水灾等不能克服的自然灾害，或国家政策、法律、法令的变更等
		不利物质条件是指有经验的承包人在施工现场遇到的不可预见的自然物质条件、非自然的物质障碍和污染物，包括地表以下物质条件和水文条件等

（三）工程索赔的分类

工程索赔可按索赔的目的、索赔事件性质、索赔的合同依据进行分类，详见表 1-8-11。

工程索赔的分类 表 1-8-11

序号	分类标准	类别
1	按索赔的目的	工期索赔、费用索赔
2	按索赔事件性质	工程延误索赔、加速施工索赔、工程变更索赔、合同终止索赔、不可预见的不利条件索赔、不可抗力事件的索赔、其他索赔
3	按索赔的合同依据	合同中明示的索赔、合同中默示的索赔

（四）索赔处理的步骤

施工过程中发生索赔事件后的处理步骤详见表 1-8-12。

工程索赔的步骤 表 1-8-12

序号	索赔步骤	说明	
1	承包人递交索赔意向书	事件发生后 28 天内，承包商必须以正式函件向监理工程师（或业主）送达索赔意向书，并根据合同约定抄送、报送有关单位	1. 承包人接受索赔处理结果的，索赔款项在当期进度款中进行支付。 2. 承包人不接受索赔处理结果的，按照合同争议解决的约定处理
		索赔事件发生后承包商原则上应该继续施工，同时做好记录、准备索赔材料	

序号	索赔步骤	说明	
2	承包人递交索赔报告	承包人应在发出索赔意向通知书后 28 天内,向监理人正式递交索赔报告	1. 承包人接受索赔处理结果的,索赔款项在当期进度款中进行支付。 2. 承包人不接受索赔处理结果的,按照合同争议解决的约定处理
		索赔报告应详细说明索赔理由以及要求追加的付款金额和(或)延长的工期,并附必要的记录和证明材料	
3	监理工程师审查索赔报告	监理人应在收到索赔报告后 14 天内完成审查并报送发包人	
4	发包人签认索赔处理结果	发包人应在监理人收到索赔报告或有关索赔的进一步证明材料后的 28 天内,由监理人向承包人出具经发包人签认的索赔处理结果	

例题 1-40：根据《标准施工招标文件》（2007 版）通用合同条款，下列引起承包人索赔的事件中，可以同时获得工期和费用补偿的是（　　）。

A. 发包人原因造成承包人人员工伤事故　B. 施工中遇到不利物质条件

C. 承包人提前竣工　　　　　　　　　　D. 基准日后法律的变化

【答案】B

例题 1-41：关于工程索赔的相关论述，下列说法正确的是（　　）。

A. 工程索赔是指承包人向发包人提出工期和（或）费用补偿要求的行为

B. 由于发包人原因导致分包人遭受经济损失，分包人可直接向发包人提出索赔

C. 承包人提出的工期补偿索赔经发包人批准后，可免除承包人非自身原因拖期违约责任

D. 由于不可抗力事件造成合同非正常终止，承包人不能向发包人提出索赔

【答案】C

例题 1-42：根据《标准施工招标文件》（2007 版）通用合同条款，下列引起承包人索赔的事件中，可以同时获得工期、费用和利润补偿的是（　　）。

A. 施工中发现文物古迹　　　　　　　B. 发包人延迟提供建筑材料

C. 承包人提前竣工　　　　　　　　　D. 因不可抗力造成工期延误

【答案】C

四、项目后评价（★）

（一）建设项目后评价的概念及其范围

建设项目后评价是指在项目竣工验收并投入使用或运营一定时间后，运用规范、科学、系统的评价方法与指标，对项目从策划决策到竣工投产、生产运营全过程以及建成后所达到的实际效果进行评价的技术经济活动。

对于已审批可行性研究报告的中央政府投资项目，要进行项目后评价的项目范围详见表 1-8-13。

项目后评价的范围 表 1-8-13

序号	范围
1	对行业和地区发展、产业结构调整有重大指导和示范意义的项目
2	对节约资源、保护生态环境、促进社会发展、维护国家安全有重大影响的项目
3	对优化资源配置、调整投资方向、优化重大布局有重要借鉴作用的项目
4	采用新技术、新工艺、新设备、新材料、新型投融资和运营模式,以及其他具有特殊示范意义的项目
5	跨地区、跨流域、工期长、投资大、建设条件复杂,以及项目建设过程中发生重大方案调整的项目
6	征地拆迁、移民安置规模较大,可能对贫困地区、贫困人口及其他弱势群体影响较大的项目,特别是在项目实施过程中发生过社会稳定事件的
7	使用中央预算内投资数额较大且比例较高的项目
8	重大社会民生项目
9	社会舆论普遍关注的项目

(二) 建设项目后评价的作用

建设项目后评价的主要作用详见表 1-8-14。

项目后评价的作用 表 1-8-14

序号	作用
1	有利于提高项目前期工作质量、提高投资决策水平
2	有利于加强投资项目全过程管理
3	有利于提高项目生产能力和经济效益
4	有利于提高设计施工水平
5	有利于提高项目业主的管理水平
6	有利于控制投资
7	有利于提高引进技术和装备的成功率

(三) 建设项目后评价的工作程序

项目后评价的工作程序为编写自我总结评价报告、确定后评价工作项目并委托相应机构进行评价工作、成果应用,具体工作程序内容详见表 1-8-15。其中,自我总结评价报告的主要内容包括项目概况、项目实施过程总结、项目效果评价、项目目标评价、项目总结五部分,详见表 1-8-16。

项目后评价的工作程序内容 表 1-8-15

序号	负责单位	工作程序内容
1	项目单位	1. 编写自我总结评价报告并上报。 2. 同时提交项目审批文件、项目实施文件和其他资料。 说明:①项目竣工验收并投入使用或运营一年后两年内提交;②编制自我总结评价报告的费用在投资项目不可预见费中列支

序号	负责单位	工作程序内容
2	项目可行性研究报告审批部门	1. 确定需要开展后评价工作的项目。 2. 委托具备相应资质的工程咨询机构进行项目后评价工作
3	可行性研究报告审批部门	成果应用 1. 将后评价成果提供给相关部门和有关机构参考。 2. 推广通过项目后评价总结出来的成功经验和做法。 3. 不断提高投资决策水平和投资效益

自我总结评价报告的主要内容　　　　　　　　　　表 1-8-16

序号	主要内容	明细
1	项目概况	项目目标、建设内容、投资估算、前期审批情况、资金来源及到位情况、实施进度、批准概算及执行情况等
2	项目实施过程总结	前期准备、建设实施、项目运行等
3	项目效果评价	技术水平、财务及经济效益、社会效益、资源利用效率、环境影响、可持续能力等
4	项目目标评价	目标实现程度、差距及原因等
5	项目总结	评价结论、主要经验教训和相关建议

（四）建设项目后评价的内容和方法

1. 建设项目后评价的主要内容

建设项目后评价的主要内容包括项目概况、项目全过程总结与评价、项目效果和效益评价、项目目标和可持续性评价、项目后评价结论、对策建议六个部分，详见表 1-8-17。

自我评价总结报告的主要内容　　　　　　　　　　表 1-8-17

序号	主要内容		明细
1	项目概况		项目基本情况、项目决策理由与目标、建设内容及规模、投资和资金到位情况、项目财务及经济效益现状、社会效益现状、项目自我总结评价报告情况及主要结论、项目后评价依据、评价的主要内容和基础资料
2	项目全过程总结与评价	1. 项目前期决策总结与评价	对项目建议书、可行性研究报告(可行性研究报告和项目建议书相比主要变化，并对主要变化原因进行简要分析)、项目初步设计(含概算)、项目前期决策的总结与评价
		2. 项目建设准备、实施总结与评价	①项目实施准备组织管理，项目施工图设计情况
			②各阶段与可行性研究报告相比主要变化及原因分析
			③初步设计、施工图设计等各设计阶段与可行性研究报告相比较的主要变化及主要原因分析(对比的内容主要包括工程规模、主要技术标准、主要技术方案及运营管理方案、工程投资、建设工期)
			④项目勘察设计工作评价

序号	主要内容		明细
2	项目全过程总结与评价	2. 项目建设准备、实施总结与评价	⑤征地拆迁工作情况及评价
			⑥招投标工作评价
			⑦项目资金落实情况及评价
			⑧开工程序执行情况评价
			⑨项目管理组织机构与管理模式
			⑩参与单位的名称及组织机构(设计、施工、监理、其他)
			⑪管理制度的制定及运行情况
			⑫对项目组织与管理的评价
			⑬合同执行与管理评价
			⑭信息管理
			⑮控制管理(进度、质量、投资控制管理,安全、卫生、环保管理)评价
			⑯重大变更设计情况
			⑰资金使用管理
			⑱工程监理情况
			⑲新技术、新工艺、新材料、新设备的运用情况
			⑳竣工验收及项目试运营(行)情况
			㉑工程档案管理情况等
		3. 项目运营(行)总结与评价	项目运营(行)概况、项目运营(行)状况评价,如项目能力评价、运营(行)现状评价、达到预期目标可能性分析等
3	项目效果和效益评价	1. 项目技术水平评价	包括项目技术效果评价、技术标准评价、技术方案评价、技术创新评价和设备国产化评价(主要适用于轨道交通等国家特定要求项目)等
		2. 项目财务及经济效益评价	竣工决算与可行性研究报告的投资对比分析评价,资金筹措与可行性研究报告对比分析评价,运营(行)收入与可行性研究报告对比分析评价,项目成本与可行性研究报告对比分析评价,财务评价与可行性研究报告对比分析评价,国民经济评价与可行性研究报告对比分析评价,其他财务、效益相关分析评价
		3. 项目经营管理评价	
		4. 项目资源环境效益评价	
		5. 项目社会效益评价	
4	项目目标和可持续性评价	1. 项目目标评价	对项目的工程建设目标、总体及分系统技术目标、总体功能及分系统功能目标、投资控制目标、经济目标(对经济分析及财务分析主要指标、运营成本、投资效益等是否达到决策目标的评价)、项目影响目标(项目实现的社会经济影响、项目对自然资源综合利用和生态环境的影响以及对相关利益群体的影响等是否达到决策目标)的评价
		2. 项目可持续性评价	对项目的经济效益、资源利用情况、建设期资源利用情况、运营(行)期资源利用情况、项目的可改造性、环境影响、项目的可维护性等的评价

序号	主要内容		明细
5	项目后评价结论	1. 项目后评价主要结论	①过程总结与评价。根据对项目决策、实施、运营阶段的回顾分析,归纳总结评价结论
			②效果、目标总结与评价。根据对项目经济效益、外部影响、持续性的回顾分析,归纳总结评价结论
			③综合评价
		2. 主要经验教训	经验和教训主要从决策和前期工作评价、建设目标评价、建设实施评价、征地拆迁评价、经济评价、环境影响评价、社会评价、可持续性评价等方面评述项目建设的主要经验和主要教训
6	对策建议		对国家、行业及地方政府的建议,对企业及项目的建议等

2. 建设项目后评价的方法

建设项目后评价最基本的评价方法是对比法,包括效益后评价、过程后评价。

具体项目的后评价方法应根据项目特点和后评价的要求,选择一种或多种方法对项目进行综合评价。

例题 1-43: 建设工程项目后评价采用的基本方法是 ( )。

A. 对比法　　　　　　　　　　B. 效应判断法

C. 影响评价法　　　　　　　　D. 效果梳理法

【答案】 A

本节重点: ①工程结算的作用、编制依据及内容;②工程竣工决算的作用、内容及编制依据;③工程索赔的概念、原因和步骤;④项目后评价的范围、作用、工作程序、内容和方法。

第二章　建筑施工

考试大纲对相关内容的要求：

了解建筑工程施工质量的验收方法、程序和原则；了解砌体工程、混凝土结构工程、防水工程、建筑装饰装修工程、建筑地面工程等施工质量验收规范、标准基本知识。

将新大纲与 2002 年版考试大纲的内容进行对比，新增"建筑工程施工质量的验收方法、程序和原则"，包括施工过程质量验收和竣工质量验收。

本章将对建筑施工的相关知识以及现行标准规范的相关规定进行梳理与总结，并结合建筑施工实际应用进行解读，更有助于考生的学习和理解。对于一些较为复杂的施工工序，将采用思维导图或表格的形式进行总结与归纳，以利于考前的快速记忆。

第一节　施工质量验收

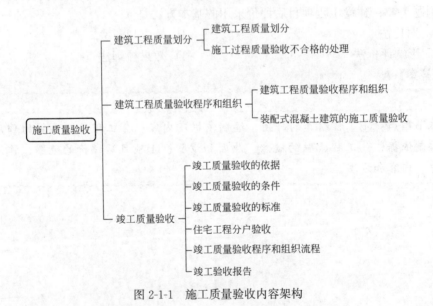

图 2-1-1　施工质量验收内容架构

一、建筑工程质量验收的划分

（一）建筑工程质量验收的划分（表 2-1-1）

建筑工程质量验收的划分　　　　　　　　　　　表 2-1-1

单位工程	具备独立施工条件,独立使用功能的建筑物或构筑物
	规模较大的单位工程,可形成独立使用功能的部分划分为子单位工程

分部工程	可按专业性质、工程部位确定
	当分部工程较大或较复杂时,可按材料种类、施工特点、施工程序、专业系统及类别将分部工程划分为若干子分部工程
分项工程	按主要工种、材料、施工工艺、设备类别进行划分
检验批	可按工程量、楼层、施工段、变形缝进行划分

实务提示:《建筑工程施工质量验收统一标准》GB 50300—2013 对建筑工程的分部工程、分项工程进行了较全面的划分。其中包括分部工程(含地基与基础、主体结构、装饰装修、屋面、给水排水及供暖、通风与空调、建筑电气、智能建筑、建筑节能、电梯)10 个,子分部工程 99 个,分项工程 520 余个。

施工前,应由施工单位制定分项工程和检验批的划分方案,并由监理单位审核。

(二)当建筑工程施工质量不符合要求时,应按下列规定进行处理

(1)经返工或返修的检验批,应重新进行验收。

(2)经有资质的检测机构检测鉴定能够达到设计要求的检验批,应予以验收。

(3)经有资质的检测机构检测鉴定达不到设计要求,但经原设计单位核算认可能够满足安全和使用功能的检验批,可予以验收。

(4)经返修或加固处理的分项、分部工程,满足安全及使用功能要求时,可按技术处理方案和协商文件的要求予以验收。

(5)经返修或加固处理仍不能满足安全或重要使用要求的分部工程及单位工程,严禁验收。

例题 2-1:如工程质量不符合要求,经过加固处理后外形尺寸改变,但能满足安全使用要求的,其处理方法是( )。

A. 虽有质量缺陷,应予以验收

B. 按技术处理方案和协商文件进行验收

C. 仍按验收不合格处理

D. 先返工处理,重新进行验收

【答案】B

二、建筑工程质量验收程序和组织 (★★)

(一)建筑工程质量验收的程序和组织 (表 2-1-2)

建筑工程质量验收的程序和组织   表 2-1-2

验收项目	质量验收合格的规定	组织验收者
检验批 (最小单位)	1. 主控项目均合格——具有"否决权"。 2. 一般项目抽样检验合格。 3. 完整的操作依据、质量验收记录	由专业监理工程师组织专业质量检查员、专业工长等进行验收

验收项目	质量验收合格的规定	组织验收者
分项工程	1. 所含检验批质量均应验收合格。 2. 所含检验批质量验收记录完整	专业监理工程师组织项目专业技术负责人进行验收
分部工程	1. 所含分项工程均验收合格。 2. 所含分项工程资料完整。 3. 有关安全、节能、环境保护和主要使用功能的抽样检验结果应符合有关规定。 4. 观感质量符合要求	总监理工程师组织施工单位项目负责人和项目技术负责人等进行验收。 地基与基础验收：勘察、设计单位工程项目负责人，施工单位技术、质量部门负责人也参加。 主体结构、节能分部工程验收：设计单位项目负责人、施工单位技术、质量部门负责人也参加

实务提示：主控项目是指建筑工程中的对安全、节能、环境保护和主要使用功能起决定性作用的检验项目。

对涉及安全、节能、环境保护和主要使用功能的地基基础、主体结构和设备安装分部工程进行见证取样试验或抽样检测，对其观感质量进行验收，并综合给出质量评价，对评价"差"的检查点应通过返修处理等进行补救。

质量验收应符合工程勘察、设计文件的要求；符合《建筑工程施工质量验收统一标准》GB 50300—2013和相关专业验收规范的规定。

例题 2-2：建筑工程检验批质量验收，主控项目不包括对（　　）起决定性作用的检验项目。

A. 安全　　　　　　B. 卫生　　　　　　C. 节能　　　　　　D. 环境保护

【答案】B

例题 2-3：根据《建筑工程施工质量验收统一标准》GB 50300—2013，下列关于检验批质量验收合格的说法，正确的是（　　）。

A. 可由监理员组织验收

B. 应具有完整的施工操作依据，质量检查记录

C. 主控项目不需要全部检验合格

D. 一般项目的检查具有否决权

【答案】B

例题 2-4：在建设工程质量过程验收中，分项工程质量验收的组织者是（　　）。

A. 施工单位项目负责人　　　　　　B. 建设单位项目负责人

C. 总监理工程师　　　　　　　　　D. 专业监理工程师

【答案】D

（二）装配式混凝土建筑的施工质量验收

预制构件进场时应检查质量证明文件或质量验收记录。

钢筋混凝土构件和允许出现裂缝的预应力混凝土构件应进行承载力、挠度、裂缝宽度检测；不允许出现裂缝的预应力混凝土构件应进行承载力、挠度和抗裂检验。

不做结构性能检验的预制构件，施工单位或监理单位代表应驻厂监督生产过程。当无驻厂监督时，预制构件进场时应对其主要受力钢筋数量、规格、间距、保护层厚及混凝土强度等进行实体检验。检验数量：同一类型预制构件不超过 1000 个为一批，每批随机抽取 1 个构件进行结构性能检验。

例题 2-5：装配式混凝土建筑预制构件进场时需检查（　　）。

A. 生产记录　　　　　　　　　　　B. 质量验收记录

C. 套筒灌浆记录　　　　　　　　　D. 机械连接报告

【答案】B

例题 2-6：对于不做结构性能检验的混凝土预制构件，当无驻场监督时，预制构件进场时应按规定进行实体检验，其检验内容不包括（　　）。

A. 预埋铁件的型号、数量

B. 受力钢筋的数量、规格、间距

C. 受力钢筋的保护层厚度

D. 混凝土强度

【答案】A

三、竣工质量验收 （★★）

（一）竣工质量验收的依据

（1）国家相关法律法规和建设主管部门颁布的管理条例和办法。

（2）《建筑工程施工质量验收统一标准》GB 50300。

（3）专业工程施工质量验收规范。

（4）批准的设计文件、施工图纸及说明书。

（5）工程施工承包合同。

（6）其他相关文件。

例题 2-7：下列不属于竣工工程质量验收依据的是（　　）。

A. 工程施工图纸

B. 工程施工质量验收统一标准

C. 施工质量记录

D. 专业工程施工质量验收规范

【答案】C

（二）竣工质量验收的条件

（1）完成工程设计和合同约定的各项内容。

（2）施工单位在工程完工后对工程质量进行自检合格后，提出工程竣工报告。应经项目经理和施工单位有关负责人审核签字。

（3）对于委托监理的工程项目，监理单位提出工程质量评估报告，应经总监理工程师和监理单位有关负责人审核签字。

（4）勘察、设计单位对勘察、设计文件及设计变更通知书进行检查，并提出质量检查报告，报告应经该项目勘察、设计负责人和勘察、设计单位有关负责人审核签字。

（5）有完整的技术档案和施工管理资料。

（6）要有主要建筑材料、建筑构配件和设备的进场试验报告，以及工程质量检测和功能性试验资料。

（7）建设单位已按合同约定支付工程款。

（8）有施工单位签署的工程质量保修书。

（9）对于住宅工程，进行分户验收并验收合格，建设单位按户出具住宅工程质量分户验收表。

（10）建设主管部门及工程质量监督机构责令整改的问题全部整改完毕。

（11）法律、法规规定的其他条件。

例题 2-8： 施工单位向建设单位申请工程验收的条件不包括（　　）。

A. 完成设计和合同约定的各项内容

B. 有完整的技术档案和施工管理资料

C. 有施工单位签署的工程保修书

D. 有工程质量监督机构的审核意见

【答案】D

（三）竣工质量验收的标准

竣工验收由建设单位组织，验收组由建设、勘察、设计、施工、监理和其他有关方面的专家组成。竣工验收标准如下。

（1）所含分部工程的质量均验收合格。

（2）质量控制资料应完整。

（3）所含分部工程有关安全、节能、环境保护和主要使用功能的资料应完整。

（4）主要使用功能的抽查结果应符合相关专业质量验收规范的规定。

（5）观感质量应符合要求。

例题 2-9： 据《建筑工程施工质量验收统一标准》GB 50300—2013，单位工程质量验收合格的规定不包括（　　）。

A. 单位工程所含分部工程的质量均应验收合格

B. 质量控制资料应完整

C. 单位工程所含分部工程有关安全和功能的检测资料应完整

D. 单位工程的工程监理质量评估记录应符合各项要求

【答案】D

（四）住宅工程分户验收

在住宅工程各检验批、分项、分部工程验收合格的基础上，在住宅工程竣工验收前，建设单位应组织施工、监理等单位，依据国家有关工程质量验收标准，对每户住宅及相关公共部位的观感质量和使用功能等进行检查验收。检查的内容如下。

（1）地面、墙面和顶棚质量。

（2）门窗质量。

（3）栏杆、护栏质量。

（4）防水工程质量。

（5）室内主要空间尺寸。

（6）给水排水系统安装质量。

（7）室内电气工程安装质量。

（8）建筑节能和供暖工程质量。

（9）有关合同规定的其他内容。

每户住宅和规定的公共部位验收完毕，应填写住宅工程质量分户验收表，建设单位和施工单位项目负责人、监理单位项目总监理工程师要分别签字。分户验收不合格，不能进行住宅工程整体竣工验收。

例题 2-10：住宅工程质量分户验收由（　　）组织。

A. 监理单位　　　　　　　　　　B. 施工单位

C. 质量监督单位　　　　　　　　D. 建设单位

【答案】D

例题 2-11：住宅工程质量分户验收的内容不包括（　　）。

A. 地面工程质量　　　　　　　　B. 门窗工程质量

C. 供暖工程质量　　　　　　　　D. 电梯工程质量

【答案】D

（五）竣工质量验收程序和组织流程

（1）施工方在完工后，组织有关人员自检。

（2）总监工程师组织各专业监理工程师进行竣工预验收。

（3）施工方针对存在问题整改完毕。

（4）由施工单位向建设单位提交工程竣工报告，申请工程竣工验收。

（5）建设单位制定验收方案。

（6）建设单位应在竣工验收前七个工作日将验收时间、地点及验收组名单通知负责监督该工程的工程质量监督机构。

（7）建设单位组织竣工验收，并提交竣工验收报告。

（8）建设单位在组织竣工验收时需要：

1）建设、勘察、设计、施工、监理单位分别汇报工程合同履约情况和在工程建设各个环节执行法律、法规和工程建设强制性标准的情况；

2）审阅建设、勘察、设计、施工、监理单位的工程档案资料；

3）实地查验工程质量；

4）对工程勘察、设计、施工、设备安装质量和各管理环节等方面作出全面评价，形成经验收组人员签署的工程竣工验收意见；

5）参与工程竣工验收的建设、勘察、设计、施工、监理等各方不能形成一致意见时，应当协商提出解决的方法，待意见一致后，重新组织工程竣工验收。

例题 2-12：关于单位工程竣工验收的说法，错误的是（　　）。

A. 工程竣工验收合格后，施工单位应当及时提交工程竣工验收报告

B. 工程完工后，总监理工程师应组织监理工程师进行竣工预验收

C. 对存在的质量问题整改完毕后，施工单位应提交工程竣工报告，申请验收

D. 竣工验收应由建设单位组织，并书面通知工程质量监督机构

【答案】A

例题 2-13：某工程在竣工质量验收时，参与竣工验收的设计单位与施工、监理单位发生争执，无法形成一致的意见，该情况下，正确的做法是（　　）。

A. 由建设单位作出验收结论

B. 由质量监督站调解并作出验收结论

C. 协商一致后重新组织验收并作出验收结论

D. 请建设行政主管部门调解并作出验收结论

【答案】C

（六）竣工验收报告

建设单位提出的工程竣工验收报告还应附有下列文件。

（1）施工许可证。

（2）施工图设计文件审查意见。

（3）工程竣工报告、质量评估报告、质量检查报告、质量保修书。

（4）验收组人员签署的工程竣工验收意见。

（5）法规、规章规定的其他意见。

例题 2-14：竣工验收报告应附的文件不包括（　　）。

A. 施工许可证

B. 验收组人员签署的工程竣工验收意见

C. 施工图设计文件审查意见

D. 工程竣工验收备案表

【答案】D

本节重点：施工过程的质量验收（★★）、竣工质量验收（★★）

第二节　砌体工程

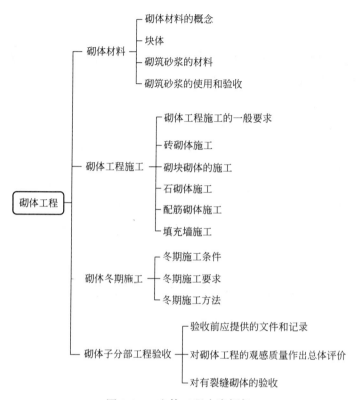

图 2-2-1　砌体工程内容框架

一、砌体材料（★★）

（一）砌体材料的概念

砌体工程所使用的材料包括块体和砂浆。

块体的作用为骨架，主要包括砖、砌块、石块；砂浆的作用是粘结、衬垫、传力。

实务提示：所用材料应有产品合格证书、产品性能型式检验报告；块体、水泥、钢筋、外加剂应有进场复验报告。

（二）块体

砌体工程常用的块体有砖、砌块和石块三大类。块体的强度等级必须符合设计要求及国家标准。

1. 砖

（1）常用种类

常用种类有烧结普通砖、烧结多孔砖、烧结空心砖、混凝土多孔砖、混凝土实心砖、蒸压灰砂砖、蒸压粉煤灰砖。按制作分可分为烧结、湿养、蒸压三种。

（2）使用条件

1）有冻胀环境和条件的地区，地面以下或防潮层以下的砌体，不应采用多孔砖。

2）多孔砖不得用于冻胀地区的地下部位，以免影响结构耐久性。

3）不同品种的砖不得在同一楼层混砌。

4）清水墙面、柱表面要选边角整齐，色泽均匀的砖。

5）非烧结砖的龄期不应少于 28d，以避免因收缩造成砌体开裂。

6）砌筑时，相对含水率（含/吸）要求：

① 烧结砖 60%～70%，蒸压砖 40%～50%，可以提高与砂浆的粘结力；

② 烧结普通砖、烧结多孔砖、蒸压灰砂砖、蒸粉煤灰砖提前 1～2d 浇水湿润；

③ 混凝土砖（多孔、实心）——干燥炎热时，砌筑前喷水湿润。

2. 砌块

（1）常用种类

砌筑结构墙体常用普通混凝土小型空心砌块、轻骨料混凝土小型空心砌块、蒸压加气混凝土砌块等。常用小型砌块高度介于 115～380mm。

（2）使用条件

1）砌筑时龄期不小于 28d；承重墙使用的砌块应无破损、无裂缝。

2）含水率 40%～50%（干燥炎热时喷水；雨天有浮水时不得施工）。

3）堆放整齐，高度不大于 2m；加气混凝土砌块应防雨淋。

4）底层室内地面以下或防潮层以下应使用强度大于 C20（或 Cb20）的混凝土灌实小砌块的孔洞。

3. 石块

（1）常用种类

石砌体常用毛石、毛料石、粗料石、细料石等石材。毛石厚度不小于 150mm，料石边长不小于 200mm。

石材应质地坚硬，无裂纹、风化剥落；表面泥垢、水锈应清除干净；放射性应经检验合格。

同一产地的同类石材，抽检不应少于 1 组。

（2）灰缝厚度

1）毛石砌体外露面的灰缝厚度不宜大于 40mm。

2）毛料石和粗料石的灰缝厚度不宜大于 20mm。

3）细料石的灰缝厚度不宜大于 5mm。

（3）砂浆饱满度

砌体灰缝的砂浆饱满度不应小于80%。

4. 块体的不同排列方式

顺砖：砖体、砌块或石块纵向放于墙体中构成砌式的一部分（图2-2-2）。

顺砖砌合：砖块顺着墙体按纵向砌合，得到半砖墙（图2-2-3）。

丁砖：砖体、砌块或石块垂直于墙体方向放置，将它的两个侧面砌合在一起（图2-2-4）。

丁砖砌合：砖块方向垂直于墙面砌合，得到一砖墙（图2-2-5）。

图 2-2-2　顺砖

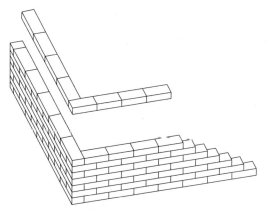

图 2-2-3　顺砖砌合

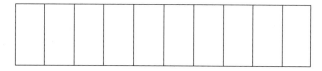

图 2-2-4　丁砖

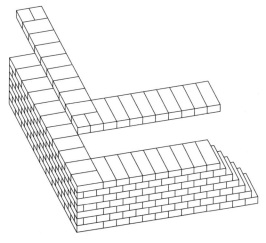

图 2-2-5　丁砖砌合

例题 2-15：关于砌体工程施工的下列说法，错误的是（   ）。

A. 常温下砌筑烧结普通砖时，砖应提前 1～2d 浇水湿润

B. 任何时候砌筑混凝土实心砖都无需进行湿润

C. 砌墙用的石材应经放射性检验合格

D. 寒冷地区砌筑房屋基础不得使用多孔砖

【答案】B

例题 2-16：关于块体材料检查的说法，正确的是（   ）。

A. 块体材料进场时应抽样进行检验，其强度等级必须符合国家标准

B. 对烧结普通砖、混凝土实心砖以每 10 万块为一验收批，抽检 1 组

C. 对小砌块每一厂家、每 5 万块至少抽检 1 组

D. 同一产地的同类石材，抽检不少于 1 组

【答案】D

例题 2-17：砖砌筑前浇水湿润是为了（   ）。

A. 提高砖与砂浆间的粘结力 B. 提高砖的抗剪强度

C. 提高砖的抗压强度 D. 提高砖的抗拉强度

【答案】A

例题 2-18：蒸压加气混凝土砌块和轻骨料混凝土小型空心砌块在砌筑时，其产品龄期应超过 28d，目的是控制（   ）。

A. 砌块的规格形状尺寸 B. 砌块与砌体的粘结强度

C. 砌体的整体变形 D. 砌体的收缩裂缝

【答案】D

（三）砌筑砂浆的材料

1. 砂浆的概念与性能

砌筑砂浆是指将砖、石、砌块等块体经砌筑成为砌体的砂浆，起粘结、衬垫和传力作用，是砌体的重要组成部分。

强度等级：常用的砌筑砂浆按强度分为 M15、M10、M7.5、M5 和 M2.5 五个等级，以边长 7.07cm 的立方体，标准养护 28d 的试块抗压强度为准。

种类：水泥砂浆、混合砂浆，预拌砂浆（湿拌、干混），专用砂浆。

（1）水泥砂浆

1）强度高，流动性和保水性较差。

2）常用于高强度、基础、地下室及潮湿环境下的砌体。

（2）水泥混合砂浆（掺入石灰膏、粉煤灰等）

1）和易性、粘聚性、流动性（稠度）、保水性较好。

2）施工中不应采用强度等级小于 M5 的水泥砂浆替代同强度等级水泥混合砂浆，如需替代，应将水泥砂浆提高一个强度等级。

3）砂浆的流动性以稠度表示。

4）砌筑砂浆的保水性用保水率衡量。

2. 砌筑砂浆的稠度要求

砌筑砂浆的稠度要求详见表 2-2-1。

砌筑砂浆的稠度要求

表 2-2-1

砌体种类	砂浆稠度（mm）
烧结普通砖砌体	70～90
烧结多孔砖及空心砖、轻骨料混凝土砌块、加气混凝土砌块砌体	60～80
混凝土砖、普通混凝土砌块、灰砂砖及粉煤灰砖砌体	50～70
石砌体	30～50

3. 对原材料的要求

（1）水泥

1）不过期（过期者复验）；不同品种的水泥，不得混合使用。

2）进场需要检验项目：品种、等级、包装或散装仓号、出厂日期。

3）复验内容：强度、安定性。

4）抽检数量：按同一生产厂家、同品种、同等级、同批号连续进场的水泥，袋装水泥不超过 200t 为一批，散装水泥不超过 500t 为一批，每批抽样不少于一次。

（2）砂

1）洁净中砂，过筛。

2）含泥量：配制水泥砂浆和强度等级大于或等于 M5 的水泥混合砂浆时，砂的含泥量不应超过 5%；配制强度等级小于 M5 的水泥混合砂浆时，含泥量不应超过 10%。

（3）石灰膏：用建筑生石灰、建筑生石灰粉熟化

1）熟化期：建筑生石灰不少于 7d，建筑生石灰粉不少于 2d。

2）存放环境：防冻结、干燥、污染。

3）严禁使用脱水硬化石灰膏。

4）不得用建筑生石灰粉、消石灰粉代替石灰膏（无法起塑化作用）。

（4）水

洁净，不含有害物。

（5）外加剂

其品种和用量应经有资质的检测单位检验、试配。

（四）砌筑砂浆的使用和验收

1. 拌制要求

1）采用重量比。

2）配比准确（偏差：水泥及外加剂±2%，砂、粉煤灰、石灰膏±5%）。

2. 使用时间

拌制后应在 3h 内用完；当气温超过 30℃时，应在 2h 内用完。预拌砂浆及砌块专用砂浆干料的储存期不应超过 3 个月，否则应重新检验，合格后再用；加水搅拌后的使用时间应按照产品说明书确定。砂浆拌制后在使用过程中严禁随意掺入任何材料。

3. 搅拌时间

水泥砂浆和水泥混合砂浆不得少于 120s；水泥粉煤灰砂浆和掺用外加剂的砂浆不得少于 180s。

4. 注意

不得用强度小于 M5 的水泥砂浆替代同强度的水泥混合砂浆，否则水泥砂浆强度等级提高一级。

5. 检验与验收

1）每一检验批（不超过 250m³ 砌体）每类、每种强度、每台搅拌机抽检至少 1 次。

2）同一验收批砂浆试块不少于 3 组；同盘砂浆只能制作 1 组试块。

3）标准养护龄期 28d。

4）测抗压强度：平均值不小于设计强度的 1.1 倍。

5）最小组不低于设计强度的 85%。

例题 2-19： 砌筑砂浆应随拌随用，当施工期间最高气温超过 30℃时，砂浆使用完毕的时间最多为（　　）。

A. 1h　　　　　　B. 2h　　　　　　C. 3h　　　　　　D. 4h

【答案】B

例题 2-20： 砌体施工时，下列对砌筑砂浆的要求不正确的是（　　）。

A. 应通过试配确定配合比

B. 现场拌制时各种材料应采用体积比计量

C. 不得直接采用消石灰粉

D. 混合砂浆可用同强度的水泥砂浆替代

【答案】D

例题 2-21： 做同一验收批砌筑砂浆试块强度验收，下列表述错误的是（　　）。

A. 砂浆试块标准养护龄期为 28d

B. 在同一盘砂浆中最多制作 2 组试块

C. 不超过 250m³ 砌体的各种类型及强度的砌筑砂浆，每台搅拌机应至少抽检 1 次

D. 同一验收批中，同一类型、强度等级的砂浆试块应不少于 3 组

【答案】B

例题 2-22： 下列关于砌筑砂浆的说法，错误的是（　　）。

A. 施工中不可以用强度等级小于 M5 的水泥砂浆代替同强度等级的水泥混合砂浆

B. 配置水泥石灰砂浆时不得采用脱水硬化的石灰膏

C. 砂浆现场拌制时各组分材料应采用体积计量

D. 砂浆应随拌随用，气温超过 30℃时应在拌成后 2h 内用完

【答案】C

二、砌体工程施工 (★★★)

(一) 砌体工程施工的一般要求

施工质量控制等级分三级 (表 2-2-2), 通过质量管理、强度、拌合、工人情况等来区分。

施工质量控制等级 表 2-2-2

项目	施工质量控制等级		
	A(等级最高)	B	C
现场质量管理	监督检查制度健全,严格执行;技术管理人员齐全并持证上岗	监督检查制度基本健全,能执行;技术管理人员齐全并持证上岗	有制度;有管理人员
砂浆、混凝土强度	试块按规定制作,强度满足验收规定;离散性小	离散性较小	离散性大
砂浆拌合	机械拌合;配合比计量控制严格	机械拌合;配合比计量控制一般	机械或人工拌合;配合比计量控制较差
砌筑工人	中级工以上;高级不少于 30%	中高级不少于 70%	初级工以上

> **实务提示**:砂浆、混凝土强度离散性大小根据强度标准差确定。
>
> 配筋砌体不得为 C 级施工。

(1) 基底标高不同时, 应从低处砌起, 并应由高处向低处搭砌。

(2) 各种洞口要预留、管道要预埋, 不得打凿或开水平沟槽。

1) 宽度大于 300mm 的洞口上部应设置钢筋混凝土过梁。

2) 施工洞净宽不超过 1m, 侧边距交接处墙面不小于 0.5m。

3) 不应在截面长边小于 500mm 的承重墙、独立柱内埋设管线。

(3) 不得设脚手眼处。

1) 轻质墙、120mm 厚墙、清水墙、料石墙、独立柱、附墙柱、轻质墙、夹芯复合墙的外叶墙。

2) 承重梁或梁垫下及其左右 500mm 内。

3) 宽度小于 1m 窗间墙。

4) 门窗洞口两侧 200mm (石砌体 300mm)、转角处 450mm 内 (石砌体 600mm)。

5) 过梁上 60°三角形及 1/2 跨的高度内。

(4) 预制梁、板顶面平整, 标高一致。安装时应坐浆 (1:3 水泥砂浆)。

(5) 当施工层进料口处施工荷载较大时, 楼板下宜加临时支撑。

(6) 每日砌筑高度:砖砌体、小砌块砌体不大于 1.5m 或一步架, 石砌体不大于 1.2m。雨天不露天砌筑。

(7) 分段施工时, 分段位置宜设在结构缝、构造柱或门窗洞口处。相邻施工段间的高差不超过一个楼层, 也不大于 4m。

(8) 砌筑完基础或每一楼层后，应校核砌体的轴线和标高（用灰缝厚度调整）。

(9) 以同类型、同强度材料每 250m³ 砌体、每个楼层为一个检验批。

验收要求：主控项目——全部符合规范的规定；一般项目——80％以上的抽检处符合规范，偏差最大超差为允许值的 1.5 倍。

(二) 砖砌体施工

1. 砌筑工艺

抄平→放线→摆砖样→立皮数杆→盘角、挂线、砌筑→铺灰砌砖→清理及勾缝。

2. 砖墙砌筑要点

(1) 宜采用"三一"砌法；用铺浆法时，铺浆长度不超过 750mm（温度超过 30℃时不超过 500mm）。

(2) 240mm 承重墙每层最上一皮、阶台面、挑出层应整砖丁砌。

(3) 多孔砖的孔洞垂直于受压面，半盲孔砖封底面朝上砌筑。

(4) 砖砌平拱过梁的拱脚入墙不小于 20mm，平拱底 1‰ 起拱。

(5) 楔形灰缝厚 5～15mm。砖过梁拆底模时，灰缝砂浆强度不低于设计强度的 75％。

3. 质量要求

(1) 灰缝平直均匀、砂浆饱满。

灰缝厚度宜为 10±2mm（水平灰缝用尺量 10 皮砖砌体高度折算、竖缝量 2m 折算）。

饱满度：砖墙——水平缝不低于 80％，竖缝无瞎缝、透明缝、假缝；砖柱——水平缝、竖缝均不低于 90％。

(2) 墙体垂直、墙面平整。

垂直度允许偏差：每层不超过 5mm，2m 托线板检查。

平整度允许偏差：清水墙、柱 5mm，混水墙、柱 8mm，用 2m 靠尺和楔形塞尺检查。

(3) 内外搭砌、上下错缝。

清水墙、窗间墙无通缝（搭接不足），混水墙通缝高不大于 300mm。

(4) 留槎合理、接槎可靠。

1) 转角处及交接处应同时砌筑。

2) 抗震设防烈度 8 度及以上者，斜槎：砌普通砖时不应小于高度的 2/3，多孔砖不小于 1/2，高度不超过一步脚手架。

3) 抗震设防烈度 6 度、7 度地区，除转角外可留凸直槎，加拉结筋。

例题 2-23：下列关于砖砌体结构施工的说法，错误的是（　　）。

A. 基底标高不同时，应由低处向高处搭砌

B. 宽度小于 1m 的窗间墙不得设置脚手眼

C. 宽度超过 300mm 的洞口上部，应设置钢筋混凝土过梁

D. 每日砌筑高度不宜超过 1.5m 或一步脚手架高度

【答案】A

例题 2-24：砖砌体砌筑时，下列哪项不符合规范要求？（　　）

A. 砖提前 1～2d，浇水湿润

B. 常温时，多孔砖可用于防潮层以下的砌体

C. 多孔砖的孔洞垂直于受压面砌筑

D. 竖向灰缝无透明缝、瞎缝和假缝

【答案】B

例题 2-25： 当基底标高不同时，砖基础砌筑顺序正确的是（　　）。

A. 从低处砌起，由高处向低处搭砌　　　B. 从低处砌起，由低处向高处搭砌

C. 从高处砌起，由低处向高处搭砌　　　D. 从高处砌起，由高处向低处搭砌

【答案】A

例题 2-26： 当用铺浆法砌筑砌砖工程时，如施工期间气温超过 30℃，一次铺浆长度不得超过（　　）。

A. 500mm　　　　B. 750mm　　　　C. 1000mm　　　　D. 2000mm

【答案】A

例题 2-27： 抗震设防烈度 7 度地区的砖砌体施工中，关于临时间断处留槎的说法，正确的是（　　）。

A. 不得留斜槎　　　　　　　　B. 直槎应做成平槎

C. 转角必须留直槎　　　　　　D. 直槎必须做成凸槎

【答案】D

（三）砌块砌体的施工

1. 砌筑施工工艺（施工前编绘排列图，按图施工）

抄平弹线、基层处理、立皮数杆、挂线砌筑、勾缝。

2. 砌筑要求

（1）普通混凝土砌块不浇水，轻骨料混凝土砌块提前浇水。

（2）底层室内地面以下或防潮层以下，用不低于 C20 的混凝土灌实孔洞。

（3）孔对孔、肋对肋错缝搭砌。搭接长度单排孔者，不小于块体长度的 1/2；多排孔者，不小于小砌块长度的 1/3，且不小于 90mm，不足者加网片筋。

（4）砌块底面朝上反砌，芯柱处清除孔底毛边。

（5）固定门窗或设备处用实心块或灌孔；水电配合，不得事后凿槽打洞。

（6）灰缝要求：

1）平缝、竖缝砂浆饱满度不低于 90%；

2）水平灰缝厚度和竖向灰缝宽度宜为 10mm，但不应小于 8mm，不应大于 12mm（水平缝用尺量 5 皮的高度折算、竖缝用尺量 2m 砌体长度折算）。

（7）留槎：

1）转角处及纵横交接处应同时砌筑；

2）临时间断处砌成斜槎，斜槎投影水平长度不小于斜槎高度；

3）施工洞口可留直槎，砌筑及补砌时，搭接孔应灌实混凝土。

(8）芯柱施工：

1）每一楼层芯柱处第一皮用开口砌块，以便清理；

2）待砌筑砂浆强度大于 1MPa 后进行；

3）底垫 50mm 厚水泥砂浆；

4）每层应连续浇筑半层高，且不应大于 1.8m（每浇 400～500mm 高捣实一次或边浇边捣）。

例题 2-28：关于砌体工程，下列表述正确的是（　　）。

A. 防潮层以下的砌体应采用不低于 C30 的混凝土灌孔

B. 水平灰缝和竖向灰缝的砂浆饱满度，按净面积计算均不得低于 80%

C. 小砌块应底面朝下砌于墙上

D. 小型空心砌块的产品龄期不应小于 28d

【答案】D

（四）石砌体施工

1. 用水泥砂浆砌筑

灰缝厚度要求：

1）毛石砌体外露处不宜大于 40mm；

2）毛料石、粗料石砌体不宜大于 20mm；

3）细料石砌体不宜大于 5mm。

2. 基础砌筑

第一皮：石块应坐浆，将大面向下；砌筑料石的第一皮石块用大块，要丁砌。

3. 毛石中间缝隙：先灌砂浆捣实再嵌填（不得先填小石块），石块不接触

4. 内外搭砌，上下错缝

拉结石、丁砌石交错布置，拉结石每 0.7m² 不少于一块。

5. 灰缝砂浆饱满度不应小于 80%

6. 挡土墙

墙后：填土密实；不存水。

留泄水孔：在每米高度上间隔 2m 左右设置一个。

例题 2-29：石砌挡土墙内侧回填要分层回填夯实，其作用一是保证挡土墙内含水量无明显变化，二是保证（　　）。

A. 墙体侧向土压力无明显变化　　　　B. 墙体强度无明显变化

C. 土体抗剪强度无明显变化　　　　　D. 土体密实度无明显变化

【答案】A

（五）配筋砌体施工

1. 配筋砌体钢筋的砂浆保护层厚度不应小于 15mm（距墙体外露面）

水平灰缝厚度大于钢筋直径 4mm 以上。

2. 构造柱

(1）留马牙槎要先退后进、对称，沿墙高度方向不超过 300mm，凹凸不小于 60mm。

（2）拉结钢筋应沿墙高每隔 500mm 设 2ϕ6 水平拉结钢筋，入墙不宜小于 600mm。

（3）浇混凝土前清理、湿润、垫浆，振捣时严禁触碰墙体。

例题 2-30：关于砌体结构中构造柱的说法，正确的是（　　　）。

A. 构造柱与砌体结合部位呈马牙状

B. 构造柱靠近楼面处第一步马牙呈现凹形

C. 马牙的高度不低于 350mm

D. 马牙的凹凸尺寸不大于 50mm

【答案】A

（六）填充墙施工

（1）轻体砌块填充时，厨卫浴墙底宜现浇混凝土坎台，高度 150mm。

（2）拉结筋处的下皮宜用半盲孔或灌孔小砌块；薄灰砌筑施工的蒸压加气混凝土砌块砌体，拉结筋应放在砌块上表面设置的沟槽内。

（3）在承重结构上锚固钢筋拉拔试验轴向非破坏承载力检验值为 6kN。

（4）错缝搭砌（竖向通缝长度不应大于 2 皮厚）。

（5）搭接长度：加气混凝土砌块搭砌长度不小于砌块长度的 1/3；空心砌块不应小于 90mm。

（6）灰缝砂浆饱满度：水平、垂直均达到 80% 以上。

（7）与结构间的补缝，待砌筑 14d 后进行。

三、砌体冬期施工（★★）

（一）冬期施工条件

室外日平均气温连续 5d 稳定低于 5℃，或日最低气温低于 0℃。

（二）冬期施工要求

（1）石灰膏应防止受冻，如遭冻结应经融化后使用。

（2）砂中不得含有冰块或大于 10mm 的冻块。

（3）砂浆拌和水温不得超过 80℃，砂温不得超过 40℃。

（4）砂浆的使用温度不应低于 5℃。

（5）增加 1 组同条件养护的试块，用于检验转入常温 28d 的强度。

（6）块体不得遭水浸冻。

（7）气温高于 0℃ 时应浇水湿润；0℃ 及以下时可不浇水，但须加大砂浆稠度。

（8）不得在冻胀的地基土上砌筑，并防止在回填前地基受冻。

（9）抗震设防烈度为 9 度的建筑，如果块体无法浇水则不得砌筑。

（三）冬期施工方法

（1）砂浆掺外加剂法——掺盐砂浆法（抗冻砂浆法）：最低气温在 −15℃ 及以下时，砂浆强度提高一级；配筋砌体不得用掺氯盐砂浆（吸湿、析盐、锈蚀钢材）。

（2）暖棚法：用简易结构和廉价的保温材料，临时封闭空间，棚内加热，适用于地下、基础、工期紧迫的砌体。块体和砂浆温度不得低于 5℃，棚内均不低于 5℃。暖棚内温度在 5~20℃以上时，砌体养护时间 3~6d（表 2-2-3）。

5~20℃养护时间 表 2-2-3

暖棚内温度(℃)	5	10	15	20
养护时间不少于(d)	6	5	4	3

例题 2-31： 下列所述砌体冬期施工应控制的温度中，错误的是（　　）。

A. 砂浆拌和水的最高温度

B. 砂浆拌和时砂的最高温度

C. 暖棚法施工时块体的最低温度

D. 掺外加剂法施工时块体的最低温度

【答案】D

四、砌体子分部工程验收（★）

（一）验收前应提供的文件和记录

（1）设计变更文件；

（2）施工执行的技术标准；

（3）材料合格证书、产品性能检测报告和进场复验报告；

（4）混凝土及砂浆配合比通知单；

（5）混凝土及砂浆试件抗压强度试验报告单；

（6）砌体工程施工记录；

（7）隐蔽工程验收记录；

（8）分项工程检验批的主控项目、一般项目验收记录；

（9）填充墙砌体植筋锚固力检测记录；

（10）重大技术问题的处理方案和验收记录；

（11）其他必要的文件和记录。

实务提示： 设计变，标准施，材料证，配比通，试压试，砌记存，隐验全，检验深，筋锚清，问题情。

（二）对砌体工程的观感质量作出总体评价

（三）对有裂缝砌体的验收

不影响结构安全者应予以验收；对影响使用功能和观感者，应进行处理。有可能影响结构安全者，应由检测单位鉴定，返修或加固后进行二次验收。

本节重点： 砌体工程施工（★★★）、砌体材料（★★）、砌体冬期施工（★★）

第三节　混凝土结构工程

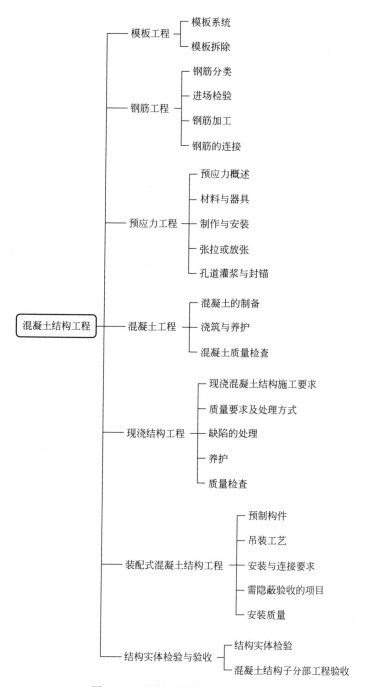

图 2-3-1　混凝土结构工程内容框架

　　混凝土结构是以混凝土为主制成的结构，包括素混凝土结构、钢筋混凝土结构和预应力混凝土结构等，按施工方法可分为现浇结构和装配式结构。

混凝土结构子分部工程，可划分为：模板、钢筋、预应力、混凝土、现浇结构、装配式结构 6 个分项工程。各分项工程可按进场批次、工作班、楼层、结构缝或施工段划分为若干个检验批（划分原则：与生产、施工方式一致，且便于控制施工质量）。

验收程序：检验批→分项工程→子分部工程。

（1）检验批的质量验收包括：实物检查、资料检查。

1）实物检查要求：

① 主控项目：抽样检验均应合格。

② 一般项目：抽检合格；计数抽样检验的合格点率应达到 80% 以上，且不得有严重缺陷。

2）资料检查要求：有完整的质量检验记录，重要工序的施工操作记录。

（2）分项工程验收：检验批验收合格，进行质量验收记录检查。

（3）子分部工程验收：在分项工程验收合格的基础上，进行质量控制资料检查、观感质量验收、结构实体检验。

一、模板工程（★★）

模板系统是使新浇的混凝土成形的模型，由模板、支架及连接件组成。模板系统中与混凝土直接接触的部分称为模板，它决定了混凝土结构的几何尺寸及表面效果。而支承模板的部分称为支架，支架保持模板位置及形状的正确并承受模板、混凝土等的重量、压力及施工中产生的荷载。

（一）模板系统

由模板、支架及连接件组成。

1. 模板种类

按材料分：木、钢、钢木、铝合金、胶合板、塑料、玻璃钢模板等。

按结构类型分：基础、柱、墙、梁、楼板、楼梯模板等。

按受力状态分：底模板、侧模板。

按构造与安装方式分：①拼装式（木模板、胶合板）；②组合式（定型组合钢模板、铝合金模板、钢框胶合板）；③工具式（大模、工具式柱模、台模）；④爬升式（滑模、爬模）；⑤永久式（压型钢板、混凝土薄板、叠合板）。

2. 一般规定

（1）设计要求：模板及支架应根据安装、使用和拆除工况进行设计，满足承载力、刚度和整体稳固性。

（2）模板工程应编制施工方案。爬升式模板工程，工具式模板工程及高大模板支架工程的施工方案，应按有关规定进行技术论证。

（3）模板及支架应根据安装、使用和拆除的工况进行设计，应满足承载力、刚度和整体稳固性要求。

（4）现浇混凝土结构模板及支架的安装质量、模板及支架的拆除均应符合施工规范规定和施工方案的要求。

3. 安装要求

（1）所用材料的技术指标符合标准，进场抽检外观、规格、尺寸。

（2）安装质量符合规范和施工方案要求。上下层支架竖杆对正。

（3）后浇带处模板及支架应独立设置。

（4）土层应坚实、平整，有防水、排水、防冻融措施，支架下有底座或垫板。

（5）模板表面应平整、清洁，接缝严密。

（6）隔离剂不沾污钢筋、埋件、混凝土接槎处，不污染环境。

（7）梁、板起拱应符合规范、设计及施工方案。跨度大于18m要全数检查。

（8）清水混凝土及装饰混凝土构件，应使用能达到设计效果的模板。

（9）固定在模板上的预埋件、预留孔洞不遗漏，位置准确，安装牢固（表2-3-1）。

预埋件和预留孔洞的安装允许偏差 表2-3-1

项　　目		允许偏差（mm）
预埋板中心线位置		3
预埋管、预留孔中心线位置		3
插筋	中心线位置	5
	外露长度	+10，0
预埋螺栓	中心线位置	2
	外露长度	+10，0
预留洞	中心线位置	10
	尺寸	+10，0

（10）现浇结构模板允许偏差及检查方法应符合表2-3-2的规定。

现浇结构模板允许偏差和检查方法安装允许偏差 表2-3-2

项　　目		允许偏差（mm）	检查方法
轴线位置		5	尺量
底模上表面标高		±5	水准仪或拉线、尺量
模板内部尺寸	基础	±10	尺量
	柱、墙、梁	±5	尺量
	楼梯相邻踏步高差	5	尺量
柱、墙垂直度	层高≤6m	8	经纬仪或吊线、尺量
	层高＞6m	10	经纬仪或吊线、尺量
相邻模板表面高差		2	尺量
表面平整度		5	2m靠尺和塞尺量测

（二）模板拆除

（1）拆除模板的条件（表2-3-3）。

1）侧模：在混凝土强度能保证拆模时表面及棱角不受损伤后，即可拆除。

2）底模：拆模时混凝土的最低强度应符合下列要求。

① 跨度≤2m的板——混凝土试件抗压≥50%设计强度标准值；

② 跨度2～8m的板——混凝土试件抗压≥75%设计强度标准值；

③ 跨度＞8m的板——混凝土试件抗压≥100%设计强度标准值；

④ 跨度≤8m 的梁、拱、壳——混凝土试件抗压≥75％设计强度标准值；

⑤ 跨度＞8m 的板、梁、拱、壳——混凝土试件抗压≥100％设计强度标准值；

⑥ 悬臂构件——混凝土试件抗压≥100％设计强度标准值。

拆除模板的条件　　　　　　　　　　　　　　　　表 2-3-3

构件类型	跨度	强度等级
板	≤2m	≥50％
	2～8m(包括 8m)	≥75％
	＞8m	≥100％
梁、拱、壳	≤8m	≥75％
	＞8m	≥100％
悬臂结构	—	≥100％

（2）拆模顺序。

先支的后折、后支的先拆；先非承重、后承重模板；自上而下。

（3）梁板支架的拆除，应保证施工层下有 2～3 层连续支撑，以分散、传递上部施工荷载。

（4）对后张法施工的预应力结构构件，侧模在预应力筋张拉前拆除，底模及支架应在预应力建立后拆除。

例题 2-32：现浇混凝土结构及其支架设计时，通常不作为基本要求的是（　　　）。

A. 耐候性　　　　　B. 承载力　　　　　C. 稳固性　　　　　D. 刚度

【答案】A

例题 2-33：模板及支架的安装质量和拆除应符合（　　　）。

A. 施工规范规定和结构设计要求　　　　B. 施工规范规定和监理工程师的要求

C. 设计和施工方案的要求　　　　　　　D. 施工规范规定和施工方案的要求

【答案】D

二、钢筋工程（★）

（一）钢筋分类

普通钢筋按加工方法可分为：热轧钢筋、热处理钢筋、冷加工钢筋。

按屈服强度可分为：300、335、400、500（MPa）四个等级。

按表面形状可分为：光圆钢筋、带肋钢筋。

预应力钢筋材料有：预应力用钢丝、螺纹钢筋、钢绞线等。

（二）进场检验

1. 原料钢筋检验内容

外观、质量证明文件，抽样检验力学性能和单位长度重量偏差。

外观全数检查：应平直，无损伤、无裂纹、无油污、无老锈。

抽样检验：力学性能（屈服强度、抗拉强度、伸长率、弯曲性能），单位长度重量偏差。

2. 成型钢筋检验内容

屈服强度、抗拉强度、伸长率、重量偏差。

批次数量：同一厂家、同一类型、同一来源的钢筋不超过 30t 为一批，每批中每种钢筋牌号、规格至少抽取 1 个钢筋试件，总数不应少于 3 个成型钢筋。

3. 抗震钢筋（带 E，如 HRB400E、HRB500E）检验内容

抽样检验：强屈比（抗拉/屈服）不应小于 1.25；超屈比（屈服实测/屈服标准）不应大于 1.30；总伸长率不应小于 9%。

例题 2-34： 成型钢筋进场时，应抽取试件做哪几项检验？（　　）

Ⅰ. 屈服强度　　　　Ⅱ. 抗拉强度　　　　Ⅲ. 伸长率　　　　Ⅳ. 重量偏差

A. Ⅱ，Ⅲ　　　　　　　　　　　　B. Ⅰ，Ⅲ

C. Ⅱ，Ⅲ，Ⅳ　　　　　　　　　　D. Ⅰ，Ⅱ，Ⅲ，Ⅳ

【答案】D

（三）钢筋加工

1. 加工方法

调直、除锈、接长、下料切断、弯曲成型。

2. 加工要求

（1）弯钩和弯折要求（d 为钢筋直径）

1）光圆钢筋（HPB300）：弯弧内径不应小于 $2.5d$；末端做 180°弯钩时，平直段长度不应小于 $3d$。

2）335、400MPa 级：弯弧内径不应小于 $4d$；末端做弯钩时，平直段长度符合设计要求。

3）500MPa 级：$d \leqslant 28$mm 时，弯弧内径不应小于 $6d$，$d \geqslant 28$mm 时，弯弧内径不应小于 $7d$。

4）箍筋

一般结构：弯钩不应小于 90°，平直段长不应小于 $5d$。

抗震结构：弯钩不应小于 135°，平直段长不应小于 $10d$。

（2）盘卷钢筋调直

长度不应小于 500mm，具体要求见表 2-3-4。

盘卷钢筋调查的断后伸长率、重量偏差要求　　　　　　　　表 2-3-4

钢筋牌号	断后伸长率 A(%)	重量偏差（%）	
		直径 6~12mm	直径 14~16mm
HPB300	≥21	≥−10	—
HRB335	≥16	≥−8	≥−6
HRB400、HRBF400	≥15		
RRB400	≥13		
HRB500、HRBF500	≥14		

注：断后伸长率 A 的量测标距为 5 倍钢筋直径。

（四）钢筋的连接

1. 方法

焊接、机械连接、绑扎搭接靠混凝土传力，要有足够的搭接长度。

2. 连接要求

（1）连接方式符合设计要求；接头位置符合设计、施工方案要求。

（2）抗震结构的梁端、柱端箍筋加密区内不宜设置钢筋接头，不应进行钢筋搭接。

（3）接头末端距弯折处不应小于 $10d$。

（4）接头试件从实体截取，力学、弯曲性能符合规范。

（5）纵向受力钢筋机械连接或焊接接头，同一个连接区段（长度为 $35d$ 且不小于 500mm）内，受拉接头面积百分率不宜大于 50%，受压接头可不受限制。

（6）直接承受动力荷载的结构构件中，不宜用焊接接头；用机械连接时，同一个连接区段内，受拉接头不应超过 50%。

（7）绑扎搭接长度应符合设计要求，接头处净间距不应小于钢筋直径，且不应小于 25mm。

（8）纵向受力筋搭接接头应相互错开；在 1.3 倍搭接长度范围内，纵向受拉钢筋接头面积，梁、板、墙类构件不宜超过 25%；柱类构件、基础筏板不宜超过 50%。

（9）梁、柱纵筋搭接处，箍筋直径不应小于主筋直径的 1/4，且加密至：受拉区段，不应大于 $5d$（主筋直径）和 100mm；受压区段，不应大于 $10d$ 和 200mm。

3. 钢筋的安装

（1）钢筋的牌号、规格、数量符合设计，且应全数检查。

（2）安装牢固，位置及锚固方式符合设计，且应全数检查。

（3）受力筋保护层厚度，合格点率≥90%。

（4）浇混凝土前，应进行隐蔽工程验收，内容如下：

1）纵向受力钢筋——牌号、规格、数量、位置；

2）横向筋、箍筋——牌号、规格、数量、位置、间距，箍筋弯钩角度及平直段长度；

3）预埋件——规格、数量、位置；

4）钢筋的连接——连接方式、接头位置、接头质量及面积百分率、搭接长度、锚固方式及长度。

例题 2-35： 关于钢筋混凝土梁的箍筋末端弯钩的加工要求，下列说法正确的是（　　）。

A. 对一般结构箍筋弯折后平直部分长度不宜小于 $8d$

B. 对结构有抗震要求的箍筋弯折后平直部分长度不应小于 $10d$

C. 对一般结构箍筋弯钩的弯折角度不宜大于 90°

D. 对结构有抗震要求的箍筋的弯折角度不应小于 90°

【答案】 B

例题 2-36： 对钢筋原材料进场的质量检验，不正确的是（　　）。

A. 检查质量证明文件　　　　　　　　　B. 抽样检查外观

三、预应力工程（★★）

预应力工程施工主要分先张法和后张法。先张法适用于构件厂生产的中小型构件；后张法适用于现场施工及构件厂制作的大型预应力构件。

（一）预应力概述

1. 预应力混凝土

在结构或构件承受设计荷载前，预先对混凝土的受拉区施加压应力，以抵消使用荷载作用下的部分拉应力。

2. 施加预应力的主要目的

（1）提高抗裂度。

（2）提高构件的刚度。

3. 预应力的施加方法

利用预应力筋的回缩弹性，对混凝土产生预压应力。

按施工顺序分为：

1）先张法——用于构件厂生产中、小型构件；

2）后张法——用于现场施工及构件厂的大型预应力构件，按预应力筋与混凝土粘结与否分为有粘结和无粘结。

（二）材料与器具

（1）无粘结预应力筋检查防腐润滑脂量、护套厚度及是否光滑、无裂缝。

（2）锚具应和锚垫板、局部加强筋配套使用，能可靠传递预应力。

（3）成孔管道进场应检查外观质量、径向刚度、抗渗漏性能。

（4）张拉设备应定期维护、配套标定和使用，标定期限不超半年。

（三）制作与安装

（1）预应力筋应全数检查，品种、规格、级别、数量、位置应符合设计要求。

（2）预应力筋或成孔管道应平顺，竖向位置偏差合格点率应达到90％及以上，且不得超过允许偏差值1.5倍的尺寸偏差。

（3）采用应力控制方法张拉预应力筋时，应校核最大张拉力下预应力筋的伸长值。实测伸长值与计算伸长值的相对允许差为6％。

（四）张拉或放张

（1）施加预应力前，同条件养护试件的混凝土强度：

1）应符合设计要求，且不低于混凝土设计强度等级值的 75%；

2）用钢丝或钢绞线制作的先张法构件，不得低于 30MPa。

（2）张拉顺序：楼板→次梁→主梁。

（3）张拉方式：曲线筋长度大于 20m，直线筋长度大于 35m，应两端张拉。

（4）张拉或放张要分批、对称、缓慢进行，防止损坏构件。

（五）孔道灌浆与封锚

1. 灌浆目的

防止预应力筋生锈，增加整体性和耐久性。

2. 灌浆要求

饱满、密实。

水泥浆体的抗压强度不低于 30MPa；拌后 3h 泌水率不应大于 1%，且泌水应在 24h 内被吸收（普通硅酸盐水泥掺膨胀剂和减水剂）；先下层孔道后上层孔道；曲线孔道应从孔道最低处开始向两端进行。

3. 封锚要求

（1）筋露出锚具长度不应小于 $1.5d$ 和 30mm。

（2）锚具和预应力筋的保护层厚度：

1）环境正常不应小于 20mm；

2）易受腐蚀不应小于 50mm；

3）恶劣环境不应小于 80mm。

例题 2-38：预应力结构隐蔽工程验收内容不包括（   ）。

A. 预应力筋的品种、规格、数量和位置

B. 预应力筋锚具和连接器的品种、规格、数量和位置

C. 预留孔道的形状、规格、数量和位置

D. 张拉设备的型号、规格、数量

【答案】D

例题 2-39：在混凝土结构预应力分项工程验收的一般项目中，预应力成孔管道进场检验的内容不包括（   ）。

A. 外观质量检查

B. 抗拉强度检验

C. 径向刚度检验

D. 抗渗漏性能检验

【答案】B

四、混凝土工程（★★）

混凝土工程包括配料、搅拌、运输、浇灌、振捣和养护等工序。各工序具有紧密的联系和影响，必须保证每一工序的质量，以确保混凝土的强度、刚度、密实性和整体性。

（一）混凝土的制备

1. 材料要求

（1）水泥

水泥品种与强度等级应根据设计施工要求以及工程所处环境条件确定；水泥进场时，应对其品种代号、强度等级、包装或散装编号、出厂日期进行检查，应对水泥的强度安定性和凝结时间进行抽样检查。

检查数量按同一厂家、同一品种、同一代号、同一强度等级、同一批号且连续进场的水泥，袋装不超过 200t 为一批，散装不超过 500t 为一批，每批抽样不少于一次。

检验方法：检查质量证明文件和抽样检验报告。

（2）外加剂

外加剂进场时，应对品种、性能、出厂日期等检查。

检查数量按同一厂家、同一品种、同一性能、同一批号且连续进场的混凝土外加剂，不超过 50t 为一批，每批抽样不少于一次。

（3）矿物掺合料（粉煤灰等）

检查：品种、性能、出厂日期。

矿物掺合料检查数量：

1）粉煤灰、石灰石粉、磷渣粉和钢铁渣粉，不超过 200t 为一批；

2）粒化高炉矿渣粉和复合矿物掺合料不超过 500t 为一批；

3）沸石粉不超过 120t 为一批。

（4）普通粗细骨料及经过处理的海砂：要符合相应标准。

（5）非饮用水应对其成分进行检验。

2. 对混凝土拌合物的要求

（1）预拌混凝土进场时，全数检查质量证明文件，质量应符合国家预拌混凝土标准。

（2）干硬性、轻骨料、高性能混凝土均必须用强制式搅拌机拌制。

（3）首次搅拌要做开盘鉴定，材料、强度、凝结时间、稠度满足设计配比。

（4）混凝土拌合物不应离析；稠度应满足施工方案的要求。

（5）氯离子含量、碱总含量符合设计要求。检查原材料试验报告、含量计算书。

（6）有耐久性、抗冻性要求者，同一配比，现场抽检不少于 1 次。

（二）浇筑与养护

（1）施工现场多采用自然养护法，蒸汽养护法主要用于构件厂。

（2）自然养护通过洒水、覆盖、喷涂养护剂等方式。

（3）混凝土终凝后应及时进行养护，防止失水开裂。

（4）控制倾落高度（一般不超过 6m）或下落速度，避免分层离析。

（5）分层浇灌、分层捣实。每层浇筑的厚度：用内部插入式振动器，不超过 1.25 倍棒长；表面式振动器不超过 200mm。

（6）连续浇筑，即各层、块间不得有初凝现象，否则应留施工缝。

（7）施工缝应在浇筑前确定，并留置在结构受剪力较小且便于施工的部位。接缝时，先期浇筑混凝土的强度不低于 1.2MPa。

（8）后浇带的位置应按设计要求和施工方案确定；后浇带和施工缝的留设方法、处理方法应符合施工方案要求。

（9）养护时间：

1）硅酸盐水泥、普通硅酸盐水泥或矿渣硅酸盐水泥拌制的混凝土，养护时间不得少于 7d；

2）采用缓凝型外加剂或大掺量矿物掺合料配制的混凝土、大体积混凝土、后浇带、抗渗混凝土以及 C60 以上混凝土，养护时间不得少于 14d。

（三）混凝土质量检查

1. 拌合物的检查

（1）预拌混凝土质量证明文件，应全数检查。

（2）拌合物性能：不离析（全数检查）；稠度满足施工方案要求。

2. 混凝土强度检查

（1）划入同一检验批的混凝土，其施工持续时间不超过 3 个月。

（2）依据：由边长 150mm 的标准试块、标养 28d 的抗压强度确定。

（3）取样。

对同一配合比混凝土：

1）每拌制 100 盘且不超过 100m³ 时，取样不得少于一次；

2）每工作班拌制不足 100 盘时，取样不得少于一次；

3）连续浇筑超过 1000m³ 时，每 200m³ 取样不得少于一次；

4）每一楼层取样不得少于一次；

5）每次取样应至少留置一组试件。

（4）每组试块强度代表值按以下规定确定：

1）取三个试块试验结果的平均值，作为该组试块的强度代表值；

2）当三个试块中的最大或最小强度值，与中间值相比超过 15% 时，取中间值；

3）当三个试块中的最大和最小强度值，与中间值相比均超过 15% 时，该组试件作废。

3. 同批强度评定要求

同一验收批混凝土立方体抗压强度平均值不低于 1.15 倍设计标准值；最小值不低于 0.95 倍设计标准值。

五、现浇结构工程（★）

（一）现浇混凝土结构施工要求

施工特点：工期较长，湿作业多，劳动条件较差；但结构整体性和抗震性好，耗钢量较少，施工方法较简单，能适应体形复杂的结构。

常见现浇混凝土结构包括框架结构、剪力墙结构（常用大模板施工）、框架—剪力墙结构、筒体结构（多用滑升、模板、爬升模板施工）。

浇筑混凝土：为防止混凝土分层离析，混凝土由料斗、泵管内卸出时，当骨料粒径在 25mm 以下时其浇筑倾落高度不得超过 6m，骨料粒径大于 25mm 时，其浇筑倾落高度不得超过 3m。超过时采用串筒或斜槽下落，混凝土浇筑时不得直接冲击模板。

混凝土拌合物：入模温度不应低于 5℃，且不应高于 35℃。

混凝土运输、输送、浇筑：过程中严禁加水；过程中散落的混凝土严禁用于混凝土结构构件的浇筑。

混凝土应布料均衡。

（二）质量要求及处理方式

（1）质量验收，应在拆模后、修整及装饰前进行。

（2）外观质量缺陷分：严重缺陷、一般缺陷。

（3）严重缺陷：

1）纵向受力筋有露筋；

2）构件主要受力部位有蜂窝、孔洞、夹渣、疏松、裂缝；

3）构件连接部位有影响传力性能的缺陷；

4）清水混凝土及装饰混凝土的外形、外表缺陷。

（三）缺陷的处理（处理后重新验收）

（1）严重缺陷：施工单位提出处理方案，经监理单位认可后进行处理；对裂缝、构件连接、影响结构安全者，还需设计单位的认可。

（2）一般缺陷：施工单位按处理方案进行处理。

（四）养护

1. 养护方式

保湿养护，采用洒水、覆盖、喷涂养护等方式。

2. 养护规定

（1）采用硅酸盐水泥、普通硅酸盐水泥或矿渣硅酸盐水泥配制的混凝土，不应少于7d；采用其他品种水泥时，养护时间应根据水泥性能确定。

（2）采用缓凝型外加剂、大掺量矿物掺合料配制的混凝土，不应少于14d。

（3）抗渗混凝土、强度等级 C60 及以上的混凝土，不应少于14d。

（4）后浇带混凝土的养护时间不应少于14d。

（5）地下室底层墙、柱和上部结构首层墙、柱，宜适当增加养护时间。

（6）大体积混凝土养护时间应根据施工方案确定。

（五）质量检查

（1）检查数量：同一检验批内，基础、梁、柱、墙、板抽查构件数的10％和3件（间），电梯井全数检查。

（2）检验方法和工具：

1）轴线位置——经纬仪、尺量；

2）垂直度——经纬仪或吊线、尺量；

3）标高——水准仪或拉线、尺量；

4）平整度——2m 靠尺＋塞尺；

5）截面尺寸、预埋件及孔洞中心位置——尺量。

例题 2-40： 对混凝土拌合物的要求中，下述不正确的是（　　　）。

A. 不应有严重离析

B. 稠度应满足施工方案的要求

C. 有耐久性、抗冻性指标要求者，应在现场取样进行相关检验

D. 首次使用的配合比应进行开盘鉴定

【答案】A

例题 2-41：对混凝土现浇结构进行尺寸偏差检查时，必须全数检查的项目是（　　）。

A. 电梯井　　　　　　　　　　　B. 独立基础

C. 大空间结构　　　　　　　　　D. 梁柱

【答案】A

例题 2-42：关于现浇混凝土结构外观质量验收的说法，错误的是（　　）。

A. 应在混凝土表面未做修整和装饰前进行

B. 根据缺陷的性质和数量对外观质量进行评定

C. 根据对结构性能和使用功能影响的严重程度由各方共同确定

D. 外观质量缺陷性质应由设计单位最终认定

【答案】D

六、装配式混凝土结构工程（★）

建筑施工装配化是建筑工业发展的重要方向之一，主要包括建筑设计、构件生产和现场装配等内容。施工速度快、机械化程度高，可大大改善劳动条件、减轻劳动强度、提高劳动生产率；绿色、环保；既有利于科学管理和文明施工，又可加快建设速度。

（一）预制构件

1. 构件质量

应符合规范、标准、设计要求。应全数检查质量证明文件、验收记录。

2. 结构性能检验（每类抽查：1/1000）

（1）梁板类简支受弯构件检验承载力、挠度、裂缝宽度（混凝土构件和允许出现裂缝的预应力构件）或抗裂（不允许出现裂缝的预应力构件）；对大型及有可靠应用经验的构件，只进行裂缝宽度、抗裂和挠度检测。

（2）不做结构性能检验的，应由施工或监理单位驻场监督生产过程；否则应实体检验：主要受力筋的数量、规格、间距、保护层厚度、混凝土强度。

3. 外观

不应有缺陷及影响结构性能、安装、使用功能的偏差。应全数检查。

4. 预埋件、管线及预留插筋的规格、数量，预留孔洞数量

应符合设计要求。应全数检查。

5. 尺寸偏差检验

同类型构件不超过 100 个为一批，抽查 5% 且不应小于 3 个。

（二）吊装工艺

绑扎→起吊→就位→临时固定→校正→最后固定。

1. 柱子吊装

（1）绑扎：常用一点直吊绑扎法。

（2）临时固定：钢丝绳牵拉，可调钢管支撑；固定点宜为 2/3 柱高以上。

（3）校正：钢管支撑或千斤顶等。

2. 梁、板的吊装

（1）梁安装要点：

1）两点绑扎，位置在距梁端 1/5～1/6 跨度处。吊索与水平面夹角不应小于 45°；

2）支架位置靠近梁端；

3）底部坐浆或垫块厚度不大于 20mm；

4）校准位置并做好临时固定后方可摘钩。

（2）叠合板的安装要点：

1）使用吊装梁，保证吊点均匀受力，安装平稳；

2）底部设置支架。

3. 接头施工

（1）纵筋的连接方法：套筒注浆、螺栓连接、焊接。

（2）套筒注浆连接：先将构件接缝周边封闭；浆液应从下口压入，上口流出后用胶塞封堵。灌浆料在 30min 内用完，施工时温度不小于 5℃，养护不小于 10℃。

（三）安装与连接要求

（1）构件临时固定措施应符合施工方案要求，全数检查。

（2）钢筋采用套筒连接时，灌浆应饱满、密实。

（3）钢筋连接、构件焊接、螺栓连接均应符合相应标准。

（四）需隐蔽验收的项目

（1）混凝土连接面：粗糙面质量，键槽尺寸、数量、位置。

（2）钢筋：牌号、规格、数量、位置、间距、箍筋弯钩的弯折角度及平直段长度。

（3）钢筋的连接与接头：方式、位置、数量、错开、搭接长度、锚固方式与长度。

（4）预埋件、预留管线：规格、数量、位置。

（五）安装质量

（1）安装后，外观质量不应有严重缺陷和一般缺陷，且不应有影响结构性能和安装、使用功能的尺寸偏差。

（2）检验批：按楼层、结构缝或施工段划分。

（3）每个检验批，抽查构件量的 10%，且不少于 3 件（间）。

（4）构件位置、尺寸偏差、检验方法应符合设计。

例题 2-43：梁板类简支受弯预制构件进场时，应进行结构性能检验，对有可靠应用经验的大型构件，可不进行检验的项目是（　　　）。

A. 承载力　　　　B. 抗裂　　　　C. 裂缝宽度　　　　D. 挠度

【答案】A

例题 2-44：关于装配式结构施工后的外观质量，以下表述错误的是（　　　）。

A. 外观质量应全数检查

B. 不应有影响结构性能和安装、使用功能的尺寸偏差

C. 不应有严重缺陷

D. 可有少量一般缺陷

【答案】D

例题2-45：装配式结构施工，应符合设计要求或规范规定的项目不包括（　　）。

A. 构件位置　　　　　　　　　　　　B. 尺寸偏差

C. 安装方法　　　　　　　　　　　　D. 检验方法

【答案】C

七、结构实体检验与验收（★）

（一）结构实体检验

1. 部位：涉及结构安全的有代表性的部位

2. 内容：混凝土强度、保护层厚度、结构位置尺寸偏差等

3. 方法

施工单位制定结构实体检验专项方案，监理审批。由监理单位组织施工单位实施。混凝土强度、保护层厚度由具有相应资质的检测机构进行。

4. 混凝土强度

（1）时间：等效养护龄期可取日平均温度逐日累计达到600℃·d对应的龄期（日平均温度累计），且不应小于14d。

（2）检验同条件养护试件：无同条件养护试件或其强度不合格时，采用回弹—取芯法检测。

（二）混凝土结构子分部工程验收

（1）判定合格应符合下列规定：

1）分项工程施工质量验收合格；

2）应有完整的质量控制资料；

3）观感质量验收合格；

4）结构实体检验结果满足规范要求。

（2）当检验批施工质量不合要求时，应委托具有资质的检测机构按国家现行有关标准进行检测。

例题2-46：关于混凝土结构实体检验的要求，表述不正确的是（　　）。

A. 对涉及结构安全的有代表性的部位，应进行结构实体检验

B. 实体检验内容主要是混凝土强度、钢筋保护层厚度、结构位置与尺寸偏差

C. 由施工单位制定检验专项方案，监理单位组织施工单位实施

D. 混凝土强度应检验标准养护的试件

【答案】D

例题 2-47：下列混凝土结构工程施工质量检验项目中，结构实体检验内容一般不包括（　　）。

A. 混凝土强度
B. 钢筋抗拉强度
C. 钢筋保护层厚度
D. 结构位置与尺寸偏差

【答案】B

本节重点：模板工程（★★）、预应力工程（★★）、混凝土工程（★★）

第四节　防水工程

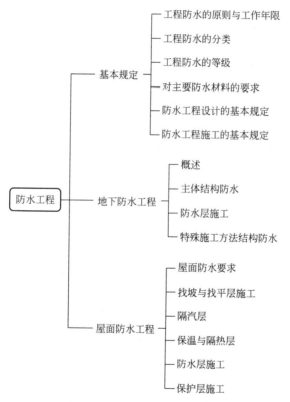

图 2-4-1　防水工程内容架构

一、基本规定（★★★）

（一）工程防水的原则与工作年限

工程防水应遵循因地制宜、以防为主、防排结合、综合治理的原则。

规范规定建筑工程防水设计工作年限：地下工程不应低于工程结构设计工作年限，屋面工程不应低于 20 年，室内工程不应低于 25 年。

（二）工程防水的分类

工程按其防水功能的重要程度分为甲、乙、丙三类（表2-4-1）。

按防水功能分类的工程防水类别   表 2-4-1

工程类型		工程防水类别		
		甲类	乙类	丙类
建筑工程	地下工程	有人员活动的民用建筑地下室,对渗漏敏感的建筑地下工程	除甲类和丙类以外的建筑地下工程	对渗漏不敏感的物品、设备使用或贮存场所,不影响正常使用的建筑地下工程
	屋面工程	民用建筑和对渗漏敏感的工业建筑屋面	除甲类和丙类以外的建筑屋面	对渗漏不敏感的工业建筑屋面
	外墙工程	民用建筑和对渗漏敏感的工业建筑外墙	渗漏不影响正常使用的工业建筑外墙	—
	室内工程	民用建筑和对渗漏敏感的工业建筑室内楼地面和墙面	—	—

按防水的使用环境划分为Ⅰ、Ⅱ、Ⅲ三类（表2-4-2）。

按使用环境分类的工程防水类别   表 2-4-2

工程类型		工程防水使用环境类别		
		Ⅰ类	Ⅱ类	Ⅲ类
建筑工程	地下工程	抗浮设防水位标高与地下结构板底标高高差 $H \geqslant 0$m	抗浮设防水位标高与地下结构板底标高高差 $H < 0$m	—
	屋面工程	年降水量 $P \geqslant 1300$mm	400mm $\leqslant$ 年降水量 $P < 1300$mm	年降水量 $P < 400$mm
	外墙工程	年降水量 $P \geqslant 1300$mm	400mm $\leqslant$ 年降水量 $P < 1300$mm	年降水量 $P < 400$mm
	室内工程	频繁遇水场合,或长期相对湿度 RH$\geqslant 90\%$	间歇遇水场合	偶发渗漏水可能造成明显损失的场合

工程防水使用环境类别为Ⅱ类的明挖法地下工程,若当地年降水量大于400mm时,应按Ⅰ类防水使用环境选用。

（三）工程防水的等级

工程防水等级应依据工程类别和工程防水的使用环境类别分为三级（表2-4-3）。

工程防水等级   表 2-4-3

使用环境类别	工程防水类别		
	甲类	乙类	丙类
Ⅰ类	一级	一级	二级
Ⅱ类	一级	二级	三级
Ⅲ类	二级	三级	三级

（四）对主要防水材料的要求

外露使用的防水材料，其燃烧性能等级不应低于 B2 级。

1. 防水混凝土

防水混凝土的施工配合比应通过试验确定，其强度等级不应低于 C25，试配混凝土的抗渗等级应比设计要求提高 0.2MPa，以保证施工后的可靠性。防水混凝土应采取减少开裂的技术措施。防水混凝土除应满足抗压、抗渗和抗裂要求外，尚应满足工程所处环境和工作条件的耐久性要求。

2. 防水卷材和防水涂料

防水材料应经耐水性和热老化测试试验合格，外露使用的防水材料应经人工气候加速老化试验合格。防水卷材搭接接缝的剥离强度应满足标准规定，接缝应能在 0.2MPa 压力下 30min 内不透水。

耐根穿刺防水材料应通过耐根穿刺试验。长期处于腐蚀性环境中的防水卷材或防水涂料，应通过腐蚀性介质耐久性试验。

卷材防水层最小厚度见表 2-4-4。

卷材防水层最小厚度　　　　　　　　　　　　表 2-4-4

<table>
<tr><th colspan="3">防水卷材类型</th><th>卷材防水层最小厚度(mm)</th></tr>
<tr><td rowspan="5">聚合物改性沥青类防水卷材</td><td colspan="2">热熔法施工聚合物改性防水卷材</td><td>3.0</td></tr>
<tr><td colspan="2">热沥青粘结和胶粘法施工聚合物改性防水卷材</td><td>3.0</td></tr>
<tr><td colspan="2">预铺反粘防水卷材(聚酯胎类)</td><td>4.0</td></tr>
<tr><td rowspan="2">自粘聚合物改性防水卷材(含湿铺)</td><td>聚酯胎类</td><td>3.0</td></tr>
<tr><td>无胎类及高分子膜基</td><td>1.5</td></tr>
<tr><td rowspan="5">合成高分子类防水卷材</td><td colspan="2">均质型、带纤维背衬型、织物内增强型</td><td>1.2</td></tr>
<tr><td colspan="2">双面复合型</td><td>主体片材芯材 0.5</td></tr>
<tr><td rowspan="2">预铺反粘防水卷材</td><td>塑料类</td><td>1.2</td></tr>
<tr><td>橡胶类</td><td>1.5</td></tr>
<tr><td colspan="2">塑料防水板</td><td>1.2</td></tr>
</table>

3. 水泥基防水材料

外涂型水泥基渗透结晶型防水材料的性能应符合国家标准的规定，防水层的厚度不应小于 1.0mm，用量不应小于 1.5kg/m²。聚合物水泥防水砂浆与聚合物水泥防水浆料的抗渗压力、粘结强度、抗冻性及吸水率应符合国家标准的规定。

（五）防水工程设计的基本规定

（1）工程防水应进行专项防水设计。

（2）种植屋面和地下建（构）筑物种植顶板防水等级应为一级，并应至少设置一道具有耐根穿刺性能的防水层，其上应设置保护层。

（3）地下工程迎水面主体结构应采用防水混凝土，并应满足抗渗等级要求，防水混凝土结构厚度不应小于 250mm，裂缝宽度不应大于结构允许限值且不应贯通，寒冷地区抗冻设防段防水混凝土抗渗等级不应低于 P10。

（4）排水沟的纵向坡度不应小于 0.2%。

（5）防水节点构造设计应符合下列规定：

1）附加防水层采用防水涂料时，应设置胎体增强材料；

2）结构变形缝设置的橡胶止水带应满足结构允许的最大变形量；

3）穿墙管设置防水套管时，防水套管与穿墙管之间应密封。

（六）防水工程施工的基本规定

（1）施工单位编制专项方案，监理（建设）单位审查批准。

（2）专业队有资质，工人有专业岗位证书。

（3）防水工程施工前，施工单位编制方案，并经监理单位或建设单位代表确认。

（4）防水材料的进场后，按规定见证取样检验。

（5）每道工序施工完成后，应经监理单位或建设单位检查验收。

（6）不得在雨天、雪天和五级风及以上时施工。

（7）防水材料施工环境气温见表 2-4-5。

防水材料施工环境气温

表 2-4-5

防水材料	施工环境气温条件
高聚物改性沥青防水卷材	冷粘法、自粘法不低于 5℃，热熔法不低于 -10℃
合成高分子防水卷材	冷粘法、自粘法不低于 5℃，焊接法不低于 -10℃
有机防水涂料	溶剂型 -5～35℃，反应型、水乳型 5～35℃
无机防水涂料	5～35℃
防水混凝土、防水砂浆	5～35℃
膨润土防水材料	不低于 -20℃

例题 2-48：按照工程防水类别，地下工程中"有人员活动的民用建筑地下室，对渗漏敏感的建筑地下工程"，属于哪一类别？（　　　）

A. 甲类　　　　　　B. 乙类　　　　　　C. 丙类　　　　　　D. 丁类

【答案】A

例题 2-49：关于工程防水使用环境类别，下列说法正确的是（　　　）。

A. 年降水量 $P \geqslant 1300$mm 的屋面工程属于Ⅱ类工程

B. 年降水量 $P < 400$mm 的屋面工程属于Ⅲ类工程

C. 抗浮设防水位标高与地下结构板底标高高差 $H < 0$m 的地下工程属于Ⅰ类工程

D. 抗浮设防水位标高与地下结构板底标高高差 $H \geqslant 0$m 的地下工程属于Ⅱ类工程

【答案】B

例题 2-50：按照工程防水等级，工程防水类别为丙类，工程使用环境类别为Ⅰ类的工程，其防水等级为（　　　）。

A. 一级　　　　　　B. 二级　　　　　　C. 三级　　　　　　D. 四级

【答案】B

二、地下防水工程（★★★）

（一）概述

地下防水是防止地下水对地下构筑物或建筑基础的浸透，保证地下空间使用功能正常发挥的一项重要工程。地下防水工程的设计与施工原则为：

1）杜绝防水层对水的吸附和毛细渗透；

2）接缝严密，形成封闭的整体；

3）消除所留孔洞、缝隙造成的渗漏；

4）防止不均匀沉降而拉裂防水层；

5）防水层做至可能渗漏范围以外。

1. 地下防水子分部工程

主体结构防水、细部构造防水、特殊施工法结构（地下连续墙、盾构、逆筑法等）防水、排水、注浆等。

2. 地下工程的防水等级及主体结构做法（表 2-4-6）

防水等级及主体结构做法　　　　　　　　　　　　　　　　表 2-4-6

防水等级	防水做法	防水混凝土	外设防水层		
			防水卷材	防水涂料	水泥基防水材料
一级	不应少于3道	应选，不低于P8	不少于2道；防水卷材或防水涂料不应少于1道		
二级	不应少于2道	应选，不低于P8	不少于1道；任选		
三级	不应少于1道	应选，不低于P6	—		

3. 地下水位要求

地下防水工程施工期间，必须保持地下水位稳定在工程底部最低高程500mm以下，必要时应采取降水措施。

4. 抽检数量

细部构造防水全数检查；其他按规定。

（二）主体结构防水

地下主体结构工程防水多采用防水混凝土结构自防水加卷材或（和）涂膜柔性防水层的刚柔结合做法。地下室多为一级防水，常采用三道或多道设防的防水结构（图 2-4-2）。

1. 防水混凝土

（1）对防水混凝土的要求

1）防水混凝土厚不得小于250mm。

2）防水混凝土强度等级不低于C25。

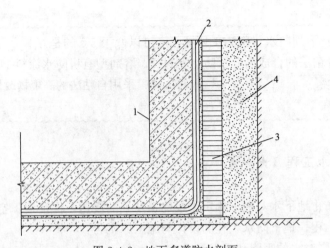

图 2-4-2　地下多道防水剖面

1—防水混凝土底板与墙体；2—卷材或涂膜防水层；3—保护层；4—灰土减压层

3）裂缝宽控制在 0.2mm 且不贯通。

4）迎水面钢筋保护层厚度不得小于 50mm。

5）环境温度不高于 80℃。

6）抗渗等级最低 P6，试配时提高一级（0.2MPa）。

7）混凝土垫层强度不小于 C15，厚度不小于 100mm，在软弱土层中不小于 150mm。

（2）配制要求（表 2-4-7）

不同深度的工程所用混凝土的设计抗渗等级　　　　　　　　表 2-4-7

工程埋置深度 H(m)	H<10	10≤H<20	20≤H<30	H≥30
设计抗渗等级	P6	P8	P10	P12

1）材料。

① 水泥——宜用硅酸盐或普通硅酸盐水泥，用量不得小于 260kg/m³；胶凝材料总量不宜小于 320kg/m³。

② 骨料——中粗砂，不用海砂；卵、碎石粒径 5～40mm；砂率 35％～45％；吸水率不大于 1.5％，不得使用碱性活骨料。

2）灰砂比：1∶1.5～1∶2.5。

3）水胶比：不大于 0.5；有侵蚀性介质时不宜大于 0.45。

4）坍落度：入泵时 120～160mm。

（3）防水混凝土施工要求：连续浇筑，少留施工缝

1）拌合物

① 材料——品种、规格、用量。

② 坍落度——每工作班至少检查 2 次。

③ 运输出现离析——二次搅拌。

④ 坍落度不足——加原水胶比的水泥浆或同品种减水剂。

2）抗渗性能检验

① 试件：每浇 500m³ 留一组（6 个），每项工程不少于 2 组；在浇筑地点随机取样，

标准养护。

② 抗压强度、抗渗性能符合设计要求。

3）养护

温度不低于5℃，时间不少于14d。

4）实体检验

① 检验批：每100m² 外露面积抽查1 处，每处10m²；且不少于3 处。

② 表面坚实、平整，不得有露筋、蜂窝缺陷；埋件位置准确。

③ 裂缝宽不大于0.2mm，且不贯通。

④ 防水混凝土壁厚不小于250mm（＋8mm，－5mm）；迎水面钢筋保护层厚度不小于50mm（＋5mm，－5mm）。

例题 2-52： 下列关于防水混凝土构造的表述中，错误的是（　　）。

A. 防水混凝土的抗渗等级不得低于P6

B. 防水混凝土的结构厚度不得小于200mm

C. 迎水面钢筋的保护层厚度不应小于50mm

D. 防水混凝土的结构表面的裂缝宽度不应大于0.2mm，且不得贯通

【答案】B

例题 2-53： 下列材料中，不宜用于防水混凝土的是（　　）。

A. 硅酸盐水泥　　　　B. 中粗砂　　　　C. 天然海砂　　　　D. 卵石

【答案】C

---

2. 细部构造防水

防水混凝土结构的混凝土施工缝、结构变形缝、后浇带、穿墙管以及穿墙螺栓等埋设件是防水薄弱部位，其设置和构造必须符合设计要求。

（1）混凝土施工缝

防水混凝土宜整体连续浇筑，尽量少留施工缝。

1）留设位置（表2-4-8）

混凝土施工缝位置宽度　　　　　　　　　　　　　　　表 2-4-8

水平施工缝	垂直施工缝	施工缝距孔洞边缘
留在底板表面以上不小于300mm 处；拱、板与墙交接以下150～300mm 的墙身上	避开水多地段,宜与变形缝结合	不小于300mm

水平施工缝留在底板表面以上不小于300mm 处；拱、板与墙交接以下150～300mm 的墙身上。

垂直施工缝避开水多地段，宜与变形缝结合。

施工缝距孔洞边缘不小于300mm。

2）施工缝构造形式

混凝土界面处理剂或外涂型水泥基渗透结晶型防水材料，预埋注浆管，遇水膨胀止水

条或止水胶，中埋式止水带，外贴式止水带。

3）注意事项

① 接缝时，混凝土抗压强度不小于1.2MPa；止水胶应固化。

② 水平缝：铺净浆、涂界面剂或渗透结晶涂料；再铺30～50mm厚1∶1水泥砂浆后，及时浇混凝土。

③ 垂直缝：涂界面剂或渗透结晶涂料，及时浇混凝土。

（2）变形缝及预留通道接头——加止水带

1）止水带安装应位置准，固定牢。

2）接头在较高的平面处，宜热压焊接。

3）预留通道接头外部应设保护墙。

（3）后浇带（两侧按施工缝处理）

1）间隔时间应符合设计要求，气温较低时施工。

2）接口处清理、涂界面剂或渗透结晶涂料。

3）混凝土强度不低于两侧的补偿收缩混凝土，不得留施工缝；及时养护，且不少于28d。

4）混凝土的抗压、抗渗、限制膨胀率必须符合设计要求。

（4）穿墙螺栓、穿墙管

中间焊止水环；做好封头处理。

（5）桩头

1）顶面、侧面——涂刷渗透结晶型防水涂料，延伸到垫层150mm。

2）钢筋缠遇水膨胀止水条或涂止水胶。

（6）孔口

1）人员出入口高出地面不小于500mm。

2）汽车出入口排水明沟高出地面宜为150mm，并应采取防雨措施。

3）窗井底部高于地下水位时，其墙体和底板做防水处理，且与主体结构断开；窗井底部低于地下水位以下时，窗井及其防水层应与主体结构连成整体，并在窗井内设置集水井。窗台下部的墙体和底板应做防水层。

① 窗井内的底板应低于窗下缘300mm。

② 窗井墙高出室外地面不得小于500mm。

③ 窗井外地面应做散水，散水与墙面间嵌填密封材料。

（7）坑池

1）底板厚度不小于250mm，宜采用防水混凝土整体浇筑。

2）内部防水层完成后，应进行蓄水试验。

例题 2-54：关于地下工程后浇带的说法，正确的是（　　）。

A. 应设在变形最大的部位

B. 宽度宜为300～600mm

C. 后浇带应在其两侧混凝土龄期42d内浇筑

D. 后浇带混凝土应采用补偿收缩混凝土

【答案】D

例题2-55：防水混凝土最好一次浇筑不留施工缝，如必须留，下列做法不正确的是（　　）。

　　A. 垂直施工缝避开水多地段

　　B. 水平施工缝留在距底板上表面不小于200mm的墙身上

　　C. 留缝处加止水带、遇水膨胀止水条或预埋注浆管，其材料及构造应符合设计要求

　　D. 接缝时已浇混凝土强度不低于1.2MPa

　　【答案】 B

（三）防水层施工

1. 水泥砂浆防水层

（1）适用于结构的迎水面或背水面；不适宜受持续振动或温度大于80℃的环境。

（2）防水砂浆种类：聚合物、外加剂、掺合料防水砂浆。

（3）应使用普硅、硅酸盐、特种水泥；中砂且含泥不应大于1%。

（4）基层表面的孔洞、缝隙用同防水层的砂浆堵塞、抹平。

（5）分层铺抹压实，表层表面压光；阶梯坡形槎，离阴阳角不得小于200mm。

（6）平均厚度符合设计，最薄处不得小于85%设计厚度。

（7）终凝后应及时养护，温度不宜低于5℃，不得少于14d。

2. 卷材防水层（能适用于受侵蚀性介质、受振动作用的地下防水工程）

（1）施工程序与方法

常用外包防水做法，按结构墙体与防水层的施工先后顺序，分为外贴法（先做结构墙体，后铺贴卷材，再做保护层）和内贴法（先铺贴卷材于保护层上，再做结构墙体）。

1）外包外贴法（常用）

主要顺序：墙体结构→卷材防水→保护层。

特点：防水层质量易检查，可靠性强；所需肥槽宽，工期长。

2）外包内贴法

主要顺序：垫层、保护墙→防水层→底板及结构墙。

特点：槽宽小，省模板；损坏无察觉，可靠性差，内侧模板不好固定。

用于场地小，无法采用外贴法的情况下。

（2）材料要求

卷材应为高聚物改性沥青类和合成高分子类防水卷材。

基层处理剂、胶粘剂、密封材料应与卷材匹配（检验剪切性能、剥离性能）。

（3）基层处理

1）基面应干净、干燥，并涂刷基层处理剂；基面潮湿时，应涂刷湿固化型胶粘剂或潮湿界面隔离剂。

2）阴阳角部抹成圆弧或45°坡角，以防折断。

（4）构造要求

1）铺在结构的迎水面。

2）转角、变形缝、施工缝、管根铺加强层，宽度不应小于500mm。

3）上下层错缝1/3～1/2幅宽，不得相互垂直铺贴。

（5）粘贴方法

1）冷粘法：各种卷材铺贴。材性相容；涂胶均匀不露底，缝口密封不小于 10mm 宽。

2）热熔法：高聚物改性沥青卷材。加热均匀，温度得当。接缝应溢胶、封严。

3）自粘法：自带胶膜卷材。黏面朝向主体结构，缝口封严。低温时热风加热。

4）焊接法：塑料卷材。先焊长边搭接缝，后焊短边；不漏焊、跳焊，应焊牢。

（6）保护层要求

1）防水层验收合格后及时做。

2）底板：细石混凝土不应小于 50mm 厚。

3）侧墙：软质保护或抹 20mm 厚 1：2.5 水泥砂浆，砌墙。

4）顶板：设置隔离层，上浇细石混凝土不宜小于 50mm 厚（机械回填不宜小于 70mm）。

3. 涂料防水层

（1）常用类型

1）无机：外加剂、掺和物水泥基、渗透结晶；宜用于迎水面或背水面（做过渡层）。

2）有机：反应型、水乳型、聚合物水泥；用于迎水面。

（2）施工要点

1）基面要求：有机涂料——干燥；无机涂料——充分润湿。

2）多遍成活，前遍干燥成膜后涂后遍；涂刷方向与前遍垂直。

3）同层搭接 30～50mm，接槎宽度不应小于 100mm。

4）用有机涂料时，基层阴阳角做成圆弧，转角、变形缝、施工缝、穿墙管应加铺胎体材料和涂层增强，宽度不应小于 500mm。

5）胎体：搭接宽度不应小于 100mm，上下层平行、接缝错开 1/3 幅宽；且被涂料浸透覆盖完全。

6）涂料防水层应粘结牢固、厚薄均匀，无鼓泡、流淌、露槎。

7）平均厚度符合设计要求，最小厚度不得小于 90％设计厚度。

8）保护层与防水层结合紧密。

例题 2-56： 下列地下工程所处环境中，通常不适宜采用水泥砂浆防水层的是（   ）。

A. 地下工程主体结构迎水面　　　　　B. 地下工程主体结构背水面

C. 受持续振动的地下工程　　　　　　D. 环境温度 50℃的地下工程

【答案】C

例题 2-57： 地下防水卷材铺贴施工，下列要求中错误的是（   ）。

A. 卷材应铺在结构迎水面

B. 改性沥青防水卷材的短边和长边搭接宽度均不少于 100mm

C. 两层卷材不得相互垂直铺贴，接缝错开 1/3 幅宽

D. 底板下的防水层施工验收后，浇筑不少于 40mm 厚细石混凝土保护层

【答案】D

（四）特殊施工方法结构防水（喷锚、隧道、沉井、地下连续墙、逆筑法）

1. 地下连续墙

（1）作用：截水防渗、挡土、承重。

（2）适用于地下工程的主体结构、支护结构、复合式衬砌的初期支护。

（3）主要防水措施：

1）采用防水混凝土，水泥不应小于 400kg/m³，水胶比不大于 0.55，坍落度不小于 180mm；

2）尽量减少槽段数量，槽段接缝避开拐角；

3）与内衬连接处应凿毛、清洗、作防水处理；

4）每 5 个单元槽段留 1 组抗渗试件。

（4）质量要求与处理：

1）墙面不得有露筋、露石和夹泥现象；

2）缺陷用聚合物水泥砂浆修补；

3）渗漏用注浆封堵。

2. 逆筑结构

逆筑结构以地下连续墙作墙体、以灌注桩等作支撑柱，自上而下进行顶板、中楼板和地板施工的主体结构。

逆筑结构若直接用地下连续墙作为围护结构，则不能用于一级防水的墙体。

逆筑结构施工要点：

1）内衬墙的垂直施工缝应与地下连续墙的槽段接缝相互错开 2～3m；

2）顶板及中楼板下部 500mm 内衬墙应同时浇筑，墙下部应做成斜坡形，并预留 300～500mm 空间，待下部施工 14d 后再补浇补偿收缩混凝土。

例题 2-58：关于地下连续墙的说法，错误的是（　　）。

A. 适用于地下工程的主体结构、支护结构以及复合式衬砌的初期支护

B. 采用防水混凝土材料，其坍落度不得大于 150mm

C. 根据工程要求和施工条件减少槽段数量

D. 如有裂缝、孔洞、露筋等缺陷，应采用聚合物水泥砂浆修补

【答案】B

例题 2-59：关于地下连续墙的说法，正确的是（　　）。

A. 不能作为地下工程的主体结构 　　　B. 宜采用低坍落度的混凝土

C. 槽段接缝为防水薄弱环节 　　　　　D. 孔洞缺陷应采用混合砂浆修补

【答案】C

三、屋面防水工程（★★★）

（一）屋面防水要求

1. 屋面防水等级

平屋面防水等级见表 2-4-9。

平屋面防水等级与防水做法 表 2-4-9

防水等级	防水做法	防水层	
		防水卷材	防水涂料
一级	不应少于 3 道	卷材防水层不应少于 1 道	
二级	不应少于 2 道	卷材防水层不应少于 1 道	
三级	不应少于 1 道	任选	

瓦屋面防水等级见表 2-4-10。

瓦屋面防水等级及防水做法 表 2-4-10

防水等级	防水做法	外设防水层		
		屋面瓦	防水卷材	防水涂料
一级	不应少于 3 道	为 1 道,应选	卷材防水层不应少于 1 道	
二级	不应少于 2 道	为 1 道,应选	不应少于 1 道,任选	
三级	不应少于 1 道	为 1 道,应选	—	

2. 屋面防水施工要求

（1）严禁在雨天、雪天和五级风及其以上时施工。

（2）屋面周边和预留孔洞部位，按规定设置安全护栏和安全网。

（3）屋面坡度大于 30％时，应采取防滑措施。

（4）施工人员应穿防滑鞋，特殊情况系好安全带并扣好保险钩。

（二）找坡与找平层施工

1. 找坡坡度

结构找坡不小于 3％；材料找坡宜为 2％；檐沟、天沟纵坡不小于 1％，沟底水落差不得超过 200mm。

2. 预制板

缝宽大于 40mm 或上窄下宽，应按要求配筋。嵌缝混凝土不应低于 C20，嵌填深度宜低于板面 10～20mm。

3. 找坡层

轻骨料混凝土，分层铺，压实。

4. 找平层

（1）材料：水泥砂浆或细石混凝土，初凝前抹平，终凝前压光，终凝后养护。

（2）要求：

1）找平层应设置分格缝，间距不应大于 6m，宽度 5～20mm，缝隙嵌严；

2）抹平、压光，表面平整，不得有酥松、起砂、起皮现象；

3）转角做成圆角；

4）找坡找平施工环境不低于 5℃。

（三）隔汽层

（1）设置在结构层与保温层之间，用气密性、水密性好的材料。

（2）沿墙向上高出保温层上表面不小于150mm；管根封严。

（3）用卷材时宜空铺；涂膜时应涂刷均匀、粘牢、不露底。

（四）保温与隔热层

（1）保温材料的导热系数、表观密度（或干密度）、抗压强度（或压缩强度）、燃烧性能必须符合设计要求。

（2）板块状材料保温层：干铺时，紧贴基层，铺平铺稳，上下层错缝，同类材料填实；粘贴时，贴严粘牢，接缝挤紧不粘。

（3）纤维材料保温层：屋面坡度较大应与基层固定；有骨架填充后不得踩踏，龙骨上铺钉水泥纤维板；抗渗透覆面应朝向室内。

（4）喷涂硬泡聚氨酯保温层：每遍厚度不大于15mm，20min内禁止上人。完工及时做保护层。

（5）现浇泡沫混凝土保温层：基层应浇水湿润。施工前制备试样检测性能，分层施工，随时检查湿度。

（6）种植隔热层：防水层上宜设细石混凝土保护层，坡度大于20％时应采取防滑措施，排水层上应铺设土工布过滤层，材料可用陶粒、排水板。

（7）架空隔热层：架空高180～300mm；距女儿墙或山墙不小于250mm；当屋面宽大于10m时设通风屋脊。

（8）蓄水隔热层：与屋面防水层之间应设隔离层。每个蓄水区的防水混凝土应一次浇筑完毕，不留施工缝。

例题2-60： 关于屋面找坡与找平层施工，下述不正确的是（   ）。

A. 材料找坡的坡度宜为2％，檐沟、天沟纵坡坡度不小于1％

B. 找坡层宜用轻骨料混凝土分层铺设，适当压实

C. 找平层设置分格缝，纵横间距不大于6m

D. 找平层的抹平工序应在终凝前完成

【答案】D

例题2-61： 选择屋面保温材料时通常不考虑的指标是（   ）。

A. 燃烧性能　　　　B. 饱和含水率　　　　C. 导热性能　　　　D. 表观密度

【答案】B

（五）防水层施工

1. 卷材铺贴

（1）条件

基层（找平层）应坚实、平整、干净、干燥，基层处理剂干燥后进行防水施工。

（2）铺贴顺序与方向

1）先细部构造，再由低向高铺贴大面（顺水搭接）。

2）檐沟、天沟应顺着沟的方向铺贴。

3）卷材宜平行于屋脊铺贴，上下层方向一致。

4）屋面坡度大于25％时，应采取满粘和钉压固定措施。

（3）搭接错缝要求

1）搭接长度：改性沥青卷材为不小于 100mm（热熔），不小于 80mm（自粘）；合成高分子卷材为不小于 100mm（胶粘），不小于 80mm（胶粘带、自粘、双缝焊），不小于 60mm（单缝焊）。

2）错缝要求：上下层长边接缝错开不得小于 1/3 幅宽，相邻短边接缝错开不小于 500mm。

（4）施工温度

热熔法和焊接法不宜低于 -10℃；冷粘法和热粘法不宜低于 5℃；自粘法不宜低于 10℃。

（5）粘贴方法与要求

1）冷粘法（用于各种卷材）：胶与卷材、基层处理剂相容；接缝口用密封材料封严，宽度不小于 10mm。

2）热粘法（改性沥青类卷材）：改性沥青胶结料，熔化加热温度不应高于 200℃，使用温度不宜低于 180℃；随刮胶结料随铺卷材，胶结料厚度 1～1.5mm。

3）热熔法（厚度小于 3mm 的高聚物改性沥青卷材，严禁采用）：表面热熔后立即滚铺，排气压实，接缝处溢胶宜为 8mm。

4）自粘法（用于各种卷材）：撕净隔离纸，排气粘牢，接缝口涂密封材料，宽度不应小于 10mm；低温时，接缝部位用热风加热粘牢。

5）焊接法（合成高分子卷材）：同地下防水。

6）机械固定法（各种卷材）：专用固定件垂直钉入结构层，固定件应设置在搭接缝内，或用卷材封严；卷材搭接缝粘或焊牢，密封严密；周边 800mm 范围内应满粘。

2. 涂膜防水层

（1）分层分遍涂布，上下层垂直。

（2）防水层平均厚度符合设计要求，最薄不得小于 80% 设计厚度。针测或取样量测。

（3）胎体增强：

1）宜采用聚酯无纺布或化纤无纺布；

2）屋面坡度不大于 15% 时平行于屋脊，大于 15% 时应垂直于屋脊；

3）搭接宽度长边不应小于 50mm，短边不应小于 70mm；

4）上下层错缝不得小于 1/3 幅宽，不得相互垂直铺设。

（4）施工温度：

1）水乳型及反应型涂料宜为 5～35℃；

2）溶剂型涂料宜为 -5～35℃；

3）热熔型涂料不宜低于 -10℃；

4）聚合物水泥涂料宜为 5～35℃。

例题 2-62： 下列关于屋面卷材防水层施工的表述，正确的是（　　　）。

A. 屋面坡度大于 15% 时，卷材应采取满粘和钉压固定措施

B. 厚度为 3mm 的高聚物改性沥青防水卷材，不得采用热熔法施工

C. 卷材宜平行屋脊铺贴，上下层卷材不得相互垂直

D. 上下层卷材长边搭接缝应错开不小于幅宽的 1/4

【答案】C

例题 2-63： 下列关于屋面涂膜防水层施工的说法，错误的是（　　）。

A. 防水涂料应分多遍涂布

B. 待前一遍涂料干燥成膜后再涂布后一遍涂料

C. 前后两遍涂料的涂布方向应相互垂直

D. 上下层胎体增强材料铺设方向相互垂直

【答案】D

（六）保护层施工

1. 刚性保护层（水泥砂浆、细石混凝土、块体材料）

（1）下设隔离层：在防水层上铺塑料膜、卷材或低强度砂浆等隔离。

（2）留分格缝：

1）水泥砂浆的分格面积宜为 $1m^2$；

2）块体材料的分格间距不大于 10m，分格缝宽度宜为 20mm；

3）混凝土的分格间距不大于 6m，分格缝宽度为 10～20mm；

4）所留缝隙应用防水密封膏嵌填密实；

5）与女儿墙之间留缝 30mm，缝内宜塞聚苯板，并填密封材料。

2. 浅色涂料保护层

与防水层粘牢，厚薄均匀，不漏涂。

例题 2-64： 关于屋面防水保护层施工，下列做法不正确的是（　　）。

A. 在卷材防水层上用水泥砂浆铺块材，设置了隔离层

B. 细石混凝土保护层与女儿墙之间留 30mm 缝隙

C. 水泥砂浆保护层的分格间距为 6m×6m

D. 块体材料保护层设置分格缝

【答案】C

例题 2-65： 下列关于屋面工程细部构造验收的说法，正确的是（　　）。

A. 檐沟防水层应由沟底翻上至外侧顶部

B. 女儿墙和山墙的压顶向外排水坡度不应小于 5%

C. 水落口周围直径 300m 范围内坡度不应小于 5%

D. 屋面出入口的泛水高度不应小于 200mm

【答案】A

本节重点： 地下防水工程（★★★）、屋面防水工程（★★★）

第五节 建筑装饰装修工程

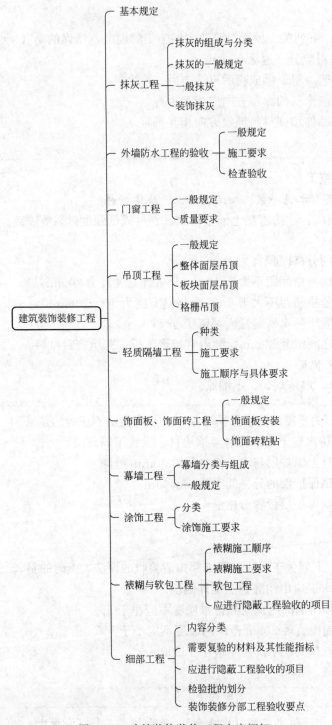

图 2-5-1 建筑装饰装修工程内容框架

一、基本规定（★）

（1）有完整的施工图设计文件。

（2）涉及主体和承重结构变动时，须由原结构设计或有资质的设计单位提出设计方案，或由检测鉴定单位做结构安全鉴定。

（3）材料进场时应包装完好，有合格证书、中文说明书、性能检验及复验报告。当按国家规定或合同约定应对材料进行见证检测时，或对材料的质量有争议时，应进行见证检验。

（4）施工单位应编制施工组织设计并应经过审查批准。

（5）按工艺标准或经审定的施工技术方案施工，实行全过程质量控制。

（6）施工应在基体或基层的质量验收合格后进行。既有建筑应先对基层进行处理。

（7）施工前应做主要材料的样板或做样板间（件），并应经各方确认。

（8）管道、设备等的安装及调试，应在装饰装修施工前完成。

（9）电器安装应符合设计要求，不得直接埋设电线。

（10）隐蔽工程验收应有记录（包含隐蔽部位照片）。

（11）严禁损坏绝热设施、受力钢筋；严禁超载堆放物品、在预制空心板上打孔安装埋件。

（12）验收时，室内环境污染物浓度必须检测合格，否则严禁交付使用。检测内容包括：氡、甲醛、氨、苯、甲苯、二甲苯、总挥发性有机物（TVOC）。完工7d后检测。

例题2-66： 某既有建筑装饰装修工程设计涉及主体和承重结构变动，下列处理方式中错误的是（　　）。

　A. 委托原结构设计单位提出设计方案

　B. 委托具有相应资质条件的设计单位提出设计方案

　C. 委托检测鉴定单位对建筑结构的安全性进行鉴定

　D. 委托经验丰富的施工单位进行结构安全复核

【答案】D

例题2-67： 关于建筑装饰装修工程的说法正确的是（　　）。

　A. 电器安装施工时可直接埋设电线

　B. 隐蔽工程验收记录不包含隐蔽部位照片

　C. 验收前应将施工现场清理干净

　D. 施工前应有所有材料的样板

【答案】C

二、抹灰工程（★★）

（一）抹灰的组成与分类

一般抹灰——水泥砂浆、水泥混合砂浆、聚合物水泥砂浆、粉刷石膏。

装饰抹灰——水刷、干粘、斩假石、假面砖。

保温层薄抹灰——保温层外聚合物砂浆薄抹灰。

清水墙勾缝——砂浆勾缝、原浆勾缝。

(二) 抹灰的一般规定

抹灰层由底层、中层、面层构成，施工一般分层进行，有利于粘结牢固、抹面平整和避免开裂。底层的主要作用与基体粘结，兼初步找平。其材料应与基体的强度及温度变形能力、环境相适应。中层主要起找平作用。面层主要起装饰作用。

(1) 需要复验的材料及性能指标：砂浆的拉伸粘结强度与聚合物砂浆的保水率应复验。

(2) 应进行隐蔽工程验收的项目：包括抹灰总厚度大于 35mm 时的加强措施，以及不同基体交接处的加强措施（铺钉加强网，每侧搭墙不应小于 100mm）。

(3) 检验批的划分：外抹灰每 1000m² 为一个检验批，不足也划分为一个；内抹灰每 50 个自然间为一个检验批（大房间、走廊按每 30m² 为一间）。

(4) 检查量：外抹灰每 100m² 抽查不得小于 10m²；内抹灰抽查 10％且不少于 3 间。

(5) 外墙抹灰：抹灰前应先安装钢木门窗框、护栏等，孔洞堵塞密实。木门窗框与墙的缝隙较大时，砂浆中应掺入麻刀。

(6) 阳角：用不小于 M20 水泥砂浆做护角，高度不低于 2m，每侧宽不小于 50mm。

(7) 有防水、防潮要求者用防水砂浆。水泥砂浆应养护。

(8) 外墙和顶棚抹灰的层间粘结必须牢固。顶棚不宜抹灰。

(三) 一般抹灰（水泥、混合、聚合物砂浆，麻刀灰、纸筋灰，粉刷石膏）

1. 抹灰的等级（按建筑物的标准和质量要求分）

(1) 普通抹灰（一底、一面两层或一底、一中、一面三层，不超过 20mm 厚）：光滑、洁净、接槎平整，分格缝清晰。

(2) 高级抹灰（一底、一或二中、一或二面多层，不超过 25mm 厚）：除普通抹灰要求外，还应颜色均匀、无抹纹，缝、线清晰美观。

2. 工艺与要求

(1) 工艺顺序：基层处理→贴灰饼→冲筋、做护角→抹底层→抹中层→抹面层。

(2) 石灰膏要熟化（建筑生石灰熟化 15d，建筑生石灰粉熟化 3d）。

(3) 水泥砂浆不得抹在石灰砂浆层上，石膏灰不得抹在水泥砂浆层上。

(4) 滴水线应内高外低，滴水槽宽、深均不小于 10mm。

(5) 层间粘结牢固，无脱层、空鼓，面层应无爆灰和裂缝。

(6) 一般抹灰的允许偏差：立面垂直度、表面平整度、阴阳角方正的允许偏差——普通抹灰不大于 4mm，高级抹灰不大于 3mm。

(四) 装饰抹灰

1. 水刷石（用水多，有污染）

(1) 工艺：弹线安分格条→湿润底层→薄刮水泥浆→抹水泥石碴浆（拍平压实）→初凝时，刷子蘸水刷去表面水泥浆→喷水冲净→起条勾缝。

(2) 要求：石粒清晰、分布均匀、紧密平整、色泽一致，无掉粒。

2. 干粘石（二层以上使用，省水、省工、省料；易脱落）

（1）工艺：抹水泥砂浆中层→弹线分格→刷水泥浆抹粘结层→甩石渣并拍平。

（2）要求：表面色泽一致、不露浆、不露粘，石粒粘结牢固、分布均匀。

3. 斩假石（可用于墙柱面或台阶，费工时）

（1）工艺：水泥砂浆打底→弹线分格→薄刮水泥浆→抹水泥石碴浆→2～3d 后，强度 60%～70%弹线斩剁。

（2）要求：剁纹均匀顺直、深浅一致，无漏剁，阳角处横剁或留边不剁。

4. 假面砖

（1）工艺：底中层上抹 2～3mm 厚结合层→抹 3～4mm 厚掺石灰膏砂浆→分格、划沟。

（2）要求：表面平整、沟纹清晰、留缝整齐、色泽一致，无掉角、脱皮、起砂。

例题 2-68： 对抹灰工程所用的砂浆进行复验的项目除了聚合物砂浆的保水率外，还包括（　　）。

A. 砂浆的抗压强度　　　　　　　B. 砂浆的凝结时间

C. 砂浆的保水性　　　　　　　　D. 砂浆的拉伸粘结强度

【答案】D

例题 2-69： 关于一般抹灰施工及基层处理的说法，错误的是（　　）。

A. 滴水线应外高内低

B. 不同材料基体交接处采取加强措施

C. 光滑基体表面应做凿毛处理

D. 抹灰厚度大于 35mm 时应采取加强措施

【答案】A

三、外墙防水工程的验收（★）

材料：防水砂浆、防水涂料、防水透气膜。

（一）一般规定

1. 验收时应检查的文件和记录

（1）外墙防水工程的施工图、设计说明及其他设计文件。

（2）材料的产品合格证书、性能检验报告、进场验收记录和复验报告。

（3）施工方案及安全技术措施文件。

（4）雨后或现场淋水检验记录。

（5）隐蔽工程验收记录。

（6）施工记录。

（7）施工单位的资质证书及操作人员的上岗证书。

实务提示： 设计文件、方案、材料、隐检、淋水、施工、资质。

2. 需要复验的材料及性能指标

（1）防水砂浆的粘结强度和抗渗性能。

（2）防水涂料的低温柔性和不透水性。

（3）防水透气膜的不透水性。

3. 应进行隐蔽工程验收的项目

（1）不同结构材料交接处的增强处理措施的节点。

（2）防水层在变形缝、门窗洞口、穿外墙管道、预埋件及收头等处的节点。

（3）防水层的搭接宽度及附加层。

（二）施工要求

（1）薄弱部位（变形缝、门窗洞口、穿外墙管道、预埋件等）做法应符合设计要求。

（2）防水层厚度符合设计要求，与基层粘结牢固。

（3）砂浆防水层表面密实、平整，无裂纹、起砂和麻面，施工缝位置及施工方法应符合设计要求及施工方案。

（4）涂膜防水层表面平整，涂刷均匀，无流坠、露底、气泡、皱折和翘边。

（5）透气膜防水层的铺贴方向、搭接宽度符合设计，接缝错开、粘牢、严密。

（6）雨后或持续淋水 30min 后，不渗漏。

（三）检查验收

每百平方米应至少抽查一处，每处检查不得小于 $10m^2$；节点构造应全数检查。

例题 2-70：下列外墙防水工程的质量验收项目中，不宜采用观察法的是（　　）。

A. 涂膜防水层的厚度

B. 砂浆防水层与基层之间粘结牢固状况

C. 砂浆防水层表面起砂和麻面等缺陷状况

D. 涂膜防水层与基层之间粘结牢固状况

【答案】A

四、门窗工程（★★★）

（一）一般规定

1. 验收时应检查的文件和记录

（1）施工图、设计说明及其他设计文件。

（2）材料的合格证、性能检测报告、进场验收记录、复验报告。

（3）特种门及其附件的生产许可文件。

（4）隐蔽工程验收记录。

（5）施工记录。

2. 需要复验的材料及性能指标

（1）人造木板的甲醛释放量。

（2）外窗的气密、水密、抗风压性能。

3. 应进行隐蔽工程验收的项目

（1）预埋件和锚固件。

（2）隐蔽部位的防腐和填嵌处理。

（3）高层金属窗防雷连接节点。

4. 金属、塑料门窗应采用预留洞口的方法施工（后塞口）

不得边安装边砌口或先安装后砌口，防止门窗框受挤压或表面保护层受损。

5. 在砌体上严禁用射钉固定，推拉扇必须安装防脱落装置

（二）质量要求

（1）木门窗与砖石砌体、混凝土、抹灰层接触处应进行防腐处理。

（2）严寒和寒冷地区，木门窗框与砌体间的缝隙应采用填充保温材料。

（3）木门窗的防火防腐防虫处理，金属门窗的防雷、防腐处理，固定方法及位置、嵌填及密封等应符合设计要求。

（4）塑料门窗：固定点距窗角、中框 150～200mm；固定点间距不大于 600mm。

（5）塑料窗框与洞口间缝隙应填充聚氨酯发泡胶，表面打密封胶。平开窗扇高大于 900mm 时，锁闭点不少于 2 个。

（6）塑料门窗扇开关力（测力计检查）：

1）推拉门窗扇——塑料门窗不大于 100N，金属门窗不应大于 50N；

2）平开门窗扇——平铰链塑料门窗不大于 80N，滑撑铰链塑料门窗不大于 80N 且不小于 30N。

（7）玻璃的层数、品种、规格、涂膜朝向均应符合设计要求。

（8）镀膜玻璃应在最外层，镀膜层、磨砂面应朝向室内。中空玻璃的单面镀膜玻璃在最外层。

（9）门窗玻璃不得与型材直接接触。

例题 2-71：关于门窗工程的说法，错误的是（　　）。

A. 对人造木材需做甲醛指标的复验

B. 特种门及其附件应有生产许可文件

C. 在砌体上安装门窗应采用射钉固定

D. 木门窗与砖石砌体接触处应做防腐处理

【答案】C

例题 2-72：金属门窗扇的安装质量检验方法不包括（　　）。

A. 观察　　　　　　　　　　　　B. 开启和关闭检验

C. 手扳检查　　　　　　　　　　D. 破坏性试验

【答案】D

例题 2-73：门窗工程不需要检测的项目是（　　）。

A. 抗风压性能　　　　　　　　　B. 空气渗透性能

C. 雨水渗透性能　　　　　　　　D. 平面变形性能

【答案】D

五、吊顶工程 （★）

吊顶由吊杆、龙骨、面板组成。

(一) 一般规定

(1) 吊顶工程应对人造木板的甲醛释放量进行复验。

(2) 应进行隐蔽工程验收的项目：

1) 木龙骨防火、防腐处理；

2) 吊顶内管道、设备的安装及水管试压、风管严密性检验；

3) 埋件；

4) 吊杆、龙骨安装；

5) 填充材料的设置；

6) 反支撑及钢结构转换层。

(3) 木质吊顶材料应做防火处理（顶棚材料必须达到 A 级或 B1 级）。

(4) 埋件、吊杆应做防腐处理。

(5) 安装饰面板前应完成吊顶内管道和设备的调试及验收。

(6) 主龙骨悬挑不得大于 300mm，吊杆长度大于 1.5m 时设置反支撑。

(7) 吊杆上为网架、钢屋架或吊杆长度应小于等于 2.5m，应设钢结构转换层。

(8) 重型设备、有振动荷载的设备严禁装在吊顶龙骨上。

(9) 吊顶标高、尺寸、起拱、造型应符合设计要求。

(二) 整体面层吊顶

(1) 石膏板、水泥纤维板的接缝应按其工艺标准进行防裂处理。

(2) 双层板的接缝应错开，且不得在同一根龙骨上接缝。

(3) 吊顶内填充吸声材料应有防散落措施。

(4) 板面的设施、饰物（灯具、烟感器、喷淋头、风口箅子等）与饰面板贴合严密。

(三) 板块面层吊顶

(1) 玻璃板吊顶应使用安全玻璃并采取可靠的安全措施。

(2) 饰面板与龙骨的搭接：

1) 宽度大于龙骨受力面宽度的 2/3；

2) 平整、吻合，压条应平直、宽窄一致。

(四) 格栅吊顶

(1) 吊顶内楼板、管线设备等的表面处理应符合设计要求。

(2) 吊顶内各种设备管线保证合理、美观。

(3) 表面平整度及格栅直线度：金属格栅不得大于 2mm，其他格栅不得大于 3mm。

例题 2-74：下列关于吊顶工程施工的表述中，正确的是（　　）。

A. 安装面板前应完成吊顶内管道和设备的安装

B. 安装有重型灯具、电扇的吊顶龙骨应做加强处理

C. 吊顶内填充的吸声材料应有防潮措施

D. 吊杆距主龙骨端部距离大于 300mm 时应增加吊杆

【答案】D

例题 2-75：下列吊顶施工的表述中，正确的是（　　　）。
A. 吊顶标高及起拱高度应符合施工方案要求
B. 明龙骨吊顶的饰面材料与龙骨的搭接宽度应大于龙骨受力面宽度的 1/2
C. 吊顶工程包括暗龙骨吊顶、明龙骨吊顶等分项工程
D. 安装双层石膏板时，面层板与基层板的接缝应错开，且不在同一根龙骨上接缝

【答案】D

六、轻质隔墙工程（★★）

（一）种类

板材隔墙、骨架隔墙、活动隔墙、玻璃隔墙。

（二）施工要求

（1）需要复验的材料及性能指标：人造木板的甲醛释放量。

（2）应进行隐蔽工程验收的项目：

1）骨架隔墙中设备管线的安装及水管试压；

2）木龙骨防火、防腐处理；

3）预埋件或拉结筋；

4）龙骨安装；

5）填充材料的设置。

（3）与顶棚及其他墙体的交接处应采取防开裂措施。

（4）民用建筑隔声性能应符合国家标准。

（5）材料的品种、规格、性能、颜色应符合设计要求。

（6）有隔声、隔热、阻燃、防潮等特殊要求的工程，材料应有相应性能等级的检测报告。

（三）施工顺序与具体要求

1. 板材隔墙

有复合轻质墙板、石膏空心板、增强水泥板和混凝土轻质板等不同种类板材。

施工顺序：放线→安装定位架→墙板安装→墙底填塞混凝土或砂浆→水暖电气。

安装应垂直、平整、位置正确，接缝应均匀，板材不应有裂缝或缺损。

2. 骨架隔墙

骨架分轻钢龙骨、木龙骨；面板有纸面石膏板、人造木板、水泥纤维板。

施工顺序：放线→墙基施工→安装沿地、沿顶龙骨→安装沿墙竖龙骨→安装中间竖龙骨→安装水平、附加龙骨→安装面板→嵌缝处理。

边框龙骨必须与基体结构连接牢固。

水电管线或保温材料，应在一侧面板安装后进行安装或填充。

3. 活动隔墙

分外露式和内藏式，轨道必须与结构固定，推拉无噪声。

4. 玻璃隔墙

玻璃板隔墙应使用安全玻璃，有框玻璃板隔墙的受力杆件应与结构连接牢固。

玻璃砖隔墙的砌筑应符合设计要求，拉结筋与基体结构连接牢固。

例题 2-76： 下列关于轻质隔墙施工的表述中，正确的是（　　　）。

A. 轻质隔墙工程包括加气混凝土砌块隔墙、板材隔墙、骨架隔墙、活动隔墙、玻璃隔墙

B. 轻质隔墙与顶棚和其他墙体的交接处应采取防开裂措施

C. 轻钢龙骨纸面石膏板隔墙的龙骨安装时，应先安装沿墙竖龙骨

D. 活动隔墙轨道必须与吊顶主龙骨连接牢固

【答案】B

例题 2-77： 下列轻质隔墙工程的验收项目中，不属于隐蔽工程验收内容的是（　　　）。

A. 隔墙中管线安装　　　　　　　　B. 木龙骨防火处理

C. 隔墙面板安装　　　　　　　　　D. 预埋件或拉结筋

【答案】C

例题 2-78： 关于隔墙板材安装是否牢固的检验方法，正确的是（　　　）。

A. 观察，手扳检查　　　　　　　　B. 观察，尺量检查

C. 观察，施工记录检查　　　　　　D. 用小锤轻击检查

【答案】A

七、饰面板、饰面砖工程（★）

内外墙或柱子饰面板（石、陶瓷、木、金属、塑料板）采用粘贴或安装的施工方法；内外墙或柱子饰面砖采用粘贴的施工方法。

（一）一般规定

1. 验收时应检查的文件和记录

（1）施工图、设计说明及其他设计文件。

（2）材料的产品合格证书、性能检测报告、进场验收记录和复验报告。

（3）后置埋件的拉拔检测报告。

（4）外墙饰面砖、外墙满粘的石板、瓷板的粘结强度检验报告。

（5）隐蔽工程验收记录、施工记录。

2. 需要复验的材料及其性能指标

（1）室内用花岗石和瓷质面砖的放射性。

（2）水泥基粘结料的拉伸粘结强度。

（3）外墙陶瓷板和面砖的吸水率。

（4）寒冷地区还应复验外墙陶瓷板和面砖的抗冻性。

3. 应进行隐蔽工程验收的项目

饰面板——埋件、龙骨、节点（连接、保温、防水、防火、防雷）。

饰面砖——基层和基体、防水层。

4. 三缝处理应保证使用功能和饰面的完整性

（二）饰面板安装

（1）石板湿作业法安装，应进行防碱封闭处理。

（2）干挂法安装的后置埋件应做现场拉拔试验。

（3）外墙金属板的防雷装置与主体的防雷装置要可靠接通。

（三）饰面砖粘贴

（1）外墙面砖应无空鼓；内墙满粘法的大面、阳角应无空鼓。

（2）外墙面砖吸水率不大于 6%，寒冷地区不大于 3%。

（3）找平、防水、粘结、勾缝的材料及施工方法应符合设计要求、国家标准和工程技术标准。

（4）外墙面砖伸缩缝设置、阴阳角构造应符合设计要求。

（5）墙面凸出物处应整砖套割吻合，边缘整齐。

例题 2-79：关于饰面板工程中有关材料及其性能指标进行复验的说法，错误的是（　　）。

A. 室内花岗石板的放射性

B. 水泥基粘结料的粘结强度

C. 室内用人造木板的甲醛释放量

D. 内墙陶瓷板的吸水率

【答案】D

例题 2-80：关于内墙饰面砖粘贴工程的说法，错误的是（　　）。

A. 内墙饰面砖粘贴应牢固

B. 满粘法施工的内墙饰面砖所有部位均应无空鼓

C. 内墙饰面砖表面与平整、洁净、色泽一致

D. 内墙饰面砖接缝应平直、光滑，填嵌应连续、密实

【答案】B

八、幕墙工程（★★★）

（一）幕墙分类与组成

幕墙种类：玻璃幕墙、金属幕墙、石材幕墙、人造板材幕墙。

玻璃幕墙种类：构件式、单元式、全玻璃、点支承。

(二) 一般规定

1. 验收时应检查的文件和记录（13 种）

（1）设计类文件

1）幕墙设计文件：施工图，结构计算书、热工计算书，设计变更、说明。

2）建筑设计单位对幕墙工程设计的确认文件。

（2）合格证及检验报告

1）材料、构件、紧固件等的合格证书、检验及复验报告、进场验收记录。

2）硅酮结构胶的抽查合格证明、检测机构出具的硅酮结构胶相容性和剥离粘结性检验报告，石材用密封胶的耐污染性检验报告。

3）后置埋件和槽式预埋件的现场拉拔力检验报告。

4）封闭式幕墙的气密、水密、抗风压性能及层间变形性能检验报告。

（3）记录类文件

1）注胶、养护环境的温度、湿度记录，双组分硅酮结构胶的混匀性试验记录及拉断试验记录。

2）幕墙与主体结构防雷接地点之间的电阻检测记录。

3）隐蔽工程验收记录。

4）幕墙构件、组件和面板的加工制作检验记录。

5）幕墙安装施工记录。

6）张拉杆索体系预拉力张拉记录。

7）现场淋水检验记录。

2. 需要复验的材料及其性能指标

（1）铝塑复合板的剥离强度。

（2）板材的抗弯强度（石、陶瓷、微晶玻璃、木纤维、纤维水泥）、寒冷地区板材的抗冻性（石、陶瓷、纤维水泥板）、室内用花岗石的放射性。

（3）胶：

1）结构胶——邵氏硬度、拉伸粘结强度、相容性、剥离粘结性；

2）石材用密封胶——污染性。

（4）中空玻璃的密封性能。

（5）防火、保温材料的燃烧性能。

（6）铝材、钢材主受力杆件的抗拉强度。

3. 应进行隐蔽工程验收的项目

（1）预埋件或后置埋件、锚栓、连接件。

（2）构件的连接节点，与主体结构间的封堵。

（3）三缝（变形、沉降、防震）及墙面转角节点。

（4）隐框玻璃板块的固定。

（5）幕墙防雷连接、防火、隔烟节点，单元式幕墙的封口节点。

4. 检验批的划分

（1）每个检验批面积不大于 $1000m^2$。

（2）不连续的幕墙工程应单独划分。

（3）异形或有特殊要求的幕墙，由监理（或建设）单位和施工单位协商确定。

5. 施工质量与要求

（1）幕墙及其连接件应有足够的承载力、刚度、相对主体的位移能力。

（2）螺栓连接应有防松动措施，不同金属接触处夹绝缘垫片。

（3）预埋件——数量、规格、位置、防腐处理，必须符合设计要求。

（4）隐、半隐框幕墙用胶——中性硅酮结构密封胶。注胶应在洁净的专用注胶室进行，且养护环境、温度、湿度条件应符合结构胶产品的使用规定。

（5）变形缝的处理应保证其使用功能和饰面的完整性。

6. 幕墙质量验收的主控项目、一般项目

（1）主控项目包括：材料、构件；造型；埋件；安装质量；节点；防火、防水、防雷等。

（2）一般项目包括：表面质量；缝隙、压条；流水坡、滴水；安装偏差等。

例题 2-81： 在幕墙工程中，需进行隐蔽工程验收的项目不包括（   ）。

A. 预埋件或后置埋件、锚栓及连接件

B. 构件的连接节点

C. 幕墙防雷连接节点

D. 幕墙防水构造

【答案】D

例题 2-82： 关于金属幕墙施工的说法，错误的是（   ）。

A. 与主体结构的防雷装置分开设置

B. 主体结构上的后置预埋件应做拉拔力试验

C. 变形缝的质量检查采用观察法

D. 金属幕墙上的滴水线、流水坡向应正确、顺直

【答案】A

九、涂饰工程（★）

（一）分类

（1）水性涂料涂饰（乳液型涂料、无机涂料、水溶性涂料）。

（2）溶剂型涂料涂饰（丙烯酸酯、丙烯酸类、氯树脂涂料）。

（3）美术涂饰（套色涂饰、滚花涂饰、仿花纹涂饰等）。

（二）涂饰施工要求

（1）水性涂料施工的环境温度应在 5～35℃。

（2）新建筑的混凝土或抹灰表面应涂刷抗碱封闭底漆。

（3）旧墙面清理干净，并刷界面剂。

（4）基层含水率：

1）混凝土或抹灰基层，用溶剂型涂料不得大于 8%；

2）用乳液型涂料不得大于 10%；

3）木基层不得大于 12%。

（5）厨房、卫生间墙面应使用耐水腻子。

（6）质量验收应在涂层养护期满后进行。

例题 2-83：下列有关涂饰工程基层处理的表述中，错误的是（　　）。

A. 新建筑物的混凝土或抹灰基层在涂饰涂料前应涂刷抗碱封闭底漆

B. 旧墙面在涂饰涂料前应清除疏松的旧装修层，并涂刷界面剂

C. 厨房、卫生间墙面必须使用耐水腻子

D. 混凝土或抹灰基层涂刷溶剂型涂料时，含水率不得大于 10%；涂刷乳液型涂料时，含水率不得大于 8%

【答案】D

例题 2-84：下列关于涂饰工程的做法正确的是（　　）。

A. 水性涂料涂饰工程施工的环境温度应在 0~35℃之间

B. 涂饰工程应在涂层完毕后及时进行质量验收

C. 厨房、卫生间墙面必须使用耐水腻子

D. 涂刷乳液型涂料时，基层含水率应大于 12%

【答案】C

十、裱糊与软包工程（★★）

（一）裱糊施工顺序

基层处理→刮腻子→刷封底涂料→润纸刷胶→裱糊→清理。

（二）裱糊施工要求

（1）裱糊前拆下基层表面的设备或附件；钉帽打入基层并涂防锈漆。

（2）新建筑的混凝土或抹灰表面应涂刷抗碱封闭底漆。

（3）粉化的旧墙面应先除去粉化层，并刷界面剂。

（4）混凝土或抹灰基层含水率不得大于 8%，木基层含水率不得大于 12%。

（5）腻子应平整、坚实、牢固，粘结强度不得小于 0.3MPa，裱糊前涂封闭底胶。

（6）石膏板的接缝、裂缝处应贴加强网布后再刮腻子。

（7）横平竖直、图案吻合，不离缝、不搭接，距离墙面 1.5m 处正视应不显拼缝。

（8）阴角处搭接应顺光，阳角处应无接缝。

（三）软包工程（用于：墙面、门）

工艺顺序：木基层→画线→粘贴芯材→包面层材料→安装压条→整理。

（四）应进行隐蔽工程验收的项目

裱糊工程应验收基层封闭底漆、腻子、封闭底胶。

软包工程应验收内衬材料。

例题 2-85： 下列裱糊工程的基层中，需要涂刷抗碱封闭底漆的是（   ）。

A. 新建筑物的混凝土墙面

B. 新建筑物的吊顶表面

C. 新建筑物的轻质隔墙面

D. 老建筑的原始墙面

【答案】A

十一、细部工程（★）

细部工程包括：橱柜制作与安装；窗帘盒、窗台板制作与安装；门窗套制作与安装；护栏与扶手制作与安装。

（一）内容分类

橱柜、窗帘盒、窗台板、门窗套、护栏、扶手、花饰的制作与安装。

（二）需要复验的材料及其性能指标

花岗石的放射性；人造木板的甲醛释放量。

（二）应进行隐蔽工程验收的项目

埋件（预埋或后置），护栏与预埋件的连接。

（四）检验批的划分

（1）同类制品——50 间。

（2）楼梯——每一部。

（3）每个检验批检查量：

1）橱柜、窗帘盒、窗台板、门窗套、室内花饰——至少 3 间；

2）护栏、扶手、室外花饰——全数。

（五）装饰装修分部工程验收要点（11 个子分部＋建筑地面）

（1）检验批的合格判定的规定：

1）抽查样本的主控项目——全部合格；

2）抽查样本的一般项目——80％以上合格；余者无影响使用功能或明显影响装饰效果的缺陷，允许有偏差的检验项目，最大偏差不得超过允许偏差的 1.5 倍。

（2）当建筑工程只有装饰装修分部工程时，该工程应作为单位工程验收。

例题 2-86： 门窗套制作与安装分项工程属于哪个子分部工程？（   ）

A. 涂饰工程　　　　　　　　　　　B. 门窗工程

C. 细部工程　　　　　　　　　　　D. 裱糊与软包工程

【答案】C

本节重点： 门窗工程（★★★）、幕墙工程（★★★）、抹灰工程（★★）、轻质隔墙工程（★★）、裱糊与软包工程（★★）

第六节 建筑地面工程

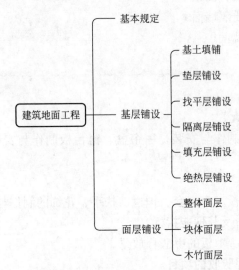

图 2-6-1 建筑地面工程内容架构

地面子分部包括整体面层、板块面层、木竹面层 3 个子分部工程。

建筑地面构成如下（表 2-6-1）。

（1）基层：基土、垫层（10 种）、找平层、隔离层、填充层、绝热层等。

（2）面层：整体面层（10 种）、块体面层（10 大种）、木竹面层（7 大种）。

建筑地面工程的分项工程明细   表 2-6-1

分部工程	子分部工程		分项工程
建筑装饰装修工程	地面	整体面层	基层：基土、灰土垫层、砂垫层和砂石垫层、碎石垫层和碎砖垫层、三合土及四合土垫层、炉渣垫层、水泥混凝土垫层和陶粒混凝土垫层、找平层、隔离层、填充层、绝热层
			面层：水泥混凝土面层、水泥砂浆面层、水磨石面层、硬化耐磨面层、防油渗面层、不发火（防爆）面层、自流平面层、涂料面层、塑胶面层、地面辐射供暖的整体面层
		块体面层	基层：基土、灰土垫层、砂垫层和砂石垫层、碎石垫层和碎砖垫层、三合土及四合土垫层、炉渣垫层、水泥混凝土垫层和陶粒混凝土垫层、找平层、隔离层、填充层、绝热层
			面层：砖面层（陶瓷锦砖、缸砖、陶瓷地砖和水泥花砖面层）、大理石面层、花岗石面层、预制板块面层（水泥混凝土板块、水磨石板块、人造石板块面层）、料石面层（条石、块石面层）、塑料板面层、活动地板面层、金属板面层、地毯面层、地面辐射供暖的板块面层
		木竹面层	基层：基土、灰土垫层、砂垫层和砂石垫层、碎石垫层和碎砖垫层、三合生及四合土垫层、炉渣垫层、水泥混凝土垫层和陶粒混凝土垫层、找平层、隔离层、填充层、绝热层
			面层：实木地板、实木集成地板、竹地板面层（条材、板材面层）、实木复合地板面层（条材、块材面层）、浸渍纸层压木地板面层（条材、块材面层）、软木类地板面层（条材、块材面层）、地面辐射供暖的木板面层

一、基本规定（★）

（1）材料进场应有质量合格证明，并检验型号、规格、外观，重要者抽样复验。

（2）天然石材、砖、预制板块、人造板材、地毯、胶、涂料、水泥、砂、石、外加剂等的放射性及有害物质应符合限量规定，进场时应有报告。

（3）种植地面低于相邻建筑地面 50mm 或做槛台处理。

（4）厕浴间地面防滑、标高差应符合设计。

（5）地面下的沟槽、暗管、保温、隔热、隔声、地暖等，经检验合格并做隐蔽记录，方可进行地面工程施工。

（6）地面施工时环境温度规定：

1）砂、石铺设时，不应低于 0℃；

2）掺有水泥、石灰拌合料铺设或石油沥青粘贴时，不应低于 5℃；

3）自流平、涂料铺设时为 5～30℃；

4）有机胶粘贴时不应低于 10℃。

（7）混凝土散水、明沟设置伸缩缝（宽 15～20mm）：间距不得大于 10m；日晒强烈、昼夜温差大于 15℃，其间距宜为 4～6m；与台阶连接处、房屋转角处也应设缝。

（8）地面的变形缝应按设计要求设置，并符合下列要求：

1）地面的沉降缝、伸缝、缩缝和防震缝，应与结构缝的位置一致，且应贯通各构造层；

2）沉降缝、防震缝的宽度应符合设计，以柔性密封材料填嵌后用板封盖，并应与面层齐平。

（9）地面面层与管沟、孔洞、检查井等邻接处，应设置镶边；并在做面层前装设。

（10）检验批划分：基层、各类面层，按每一层次或每层施工段划分；高层建筑的标准层可按每三层划分。

（11）每检验批检查不应少于 3 间（走廊以 10 延米为 1 间、厂房礼堂门厅以两个轴线为 1 间）；有防水要求的不应少于 4 间，不足者全数检查。

（12）分项工程合格标准：

1）主控项目——均达到规范规定的质量标准；

2）一般项目——80%以上的检查点达到标准，其他点应不影响使用，且最大偏差值不超过允许偏差值的 50% 为合格。

例题 2-87：下列材料用于室内装修，哪一种是不需要进行放射性检测的？（   ）

A. 地砖地面　　　　　　　　　　　B. 大理石地面

C. 金属板地面　　　　　　　　　　D. 预制块材地面

【答案】C

例题 2-88：建筑地面工程施工中，下列各种材料铺设时环境温度的控制规定，错误的是（   ）。

A. 采用掺有水泥、石灰的拌合料铺设时不应低于 5℃

B. 采用自流平、涂料铺设时，不应低于 5℃，也不应高于 30℃

C. 采用有机胶粘剂粘贴时不应低于 10℃

D. 采用砂、石材料铺设时不应低于 −5℃

【答案】D

二、基层铺设 (★★)

基层包括基土、垫层、找平层、隔离层、填充层、绝热层。

垫层分段施工时，接槎做成阶梯形，各层错开 0.5～1m。

(一) 基土填铺

(1) 地面应铺设在均匀密实的基土上。土层结构被扰动的基土应进行换填，并予以压实。压实系数应符合设计要求，一般不低于 0.9。对软弱土层应按设计要求进行处理。

(2) 基土不应用淤泥、腐殖土、冻土、耕植土、膨胀土和建筑杂物作为填土，填土土块的粒径不应大于 50mm。

(3) 填土时，土料的含水量应在最优范围内，以获得最大压实密度。重要工程或大面积的地面填土前，应取土样，确定最优含水量与相应的最大干密度。

(二) 垫层铺设

1. 种类与厚度

(1) 灰土垫层、砂石垫层、碎石和碎砖垫层、三合土（砂灰砖）垫层厚度不得小于 100mm。

(2) 砂垫层、水泥混凝土垫层厚度不小于 60mm。

(3) 炉渣、四合土、陶粒混凝土垫层厚度不小于 80mm。

2. 要求

(1) 熟石灰粒径不应大于 5mm，黏土或粉土粒径不大于 16mm。

(2) 灰土垫层不宜冬期施工，不得受到浸泡；湿润养护、晾干后进行下道工序。

(3) 砂和砂石不应含有机杂质，使用中砂，石子粒径不应大于垫层厚度的 2/3。

(4) 碎砖不风化、不酥松、不含有机杂质，粒径不大于 60mm。

(5) 炉渣不含有机杂质，粒径不大于 40mm，用前不得少于 5d。

(6) 混凝土垫层应设置纵、横缩缝，间距不得大于 6m。

(三) 找平层铺设

找平层为在垫层、楼板上、轻质松散填充层上起整平、找坡或加强作用的构造层。

1. 材料

厚度小于 30mm，用水泥砂浆找平，水泥砂浆体积比不低于 1∶3。

厚度大于 30mm，用细石混凝土找平，混凝土强度等级不低于 C15。

2. 要求

(1) 砂、石的含泥量不应大于 3%、2%，石粒径不应大于厚度的 2/3。

(2) 防水地面，铺前对立管和地漏根部进行密封处理。

(3) 找平层与下一层结合牢固，表面密实。

(4) 不空鼓、不起砂、不开裂，排水坡向、坡度正确。

（5）有防静电要求的整体面层的找平层施工前，其下敷设的导电地网系统应与接地引下线和地下接电体有可靠连接。

（四）隔离层铺设

（1）材料的防水、防油渗性能符合设计要求。检查检验报告、合格证、复验报告。

（2）厕浴间楼板，用 C20 以上混凝土现浇或整体预制，翻边高度不应小于 200mm。

（3）隔离层做至墙面 200～300mm 高，超过管道套管上口；阴阳角、管根处加强。

（4）必须做蓄水检验，深度不少于 10mm，24h 无渗漏。面层完成后，再泼水检查。

（5）排水坡向正确、排水通畅，严禁渗漏。

（五）填充层铺设

填充层：用于隔声、找坡、暗敷管线。

（1）材料的密度符合设计。

（2）用松散材料铺设应分层铺平拍实，用板块材料铺设应分层错缝铺贴。

（3）填充层坡度应符合设计要求，无积水现象。

（4）地采暖的刚性填充层应与周围墙、柱等留不小于 10mm 的缝隙。

（5）隔声垫应在柱面、墙面、管道周围上翻超出楼面 20mm，收口在踢脚内。其保护膜错缝搭接，搭接长度大于 100mm，并用胶带等封闭。

（6）隔声垫上应设置厚度不应小于 30mm，内配间距不大于 200mm×200mm 的 $\phi6$ 钢筋网片。

（六）绝热层铺设

（1）绝热层材料进场时应复验：导热系数、表观密度、抗压强度或压缩强度、阻燃性。

（2）不得用松散材料或抹灰浆料，厚度不应有负偏差。板块铺贴应无缝。

（3）基土上的地面应在混凝土垫层上铺绝热层。基层平整度偏差不大于 3mm。

（4）有防水、防潮要求的地面，宜在防水、防潮层验收合格后再铺绝热层。

（5）绝热层上应铺设不小于 30mm 的混凝土结合层保护，内配 $\phi6@200$ 钢筋网片。

（6）有地下室的建筑，地上、地下交接部位楼板的绝热层应采用外保温做法，绝热层表面应设外保护层。

例题 2-89： 下列关于基土与垫层施工的表述中，正确的是（　　）。

A. 基土不得用淤泥、腐殖土、冻土、耕植土、膨胀土和建筑杂物作为填土

B. 基土填铺压实系数应不小于 0.96

C. 垫层采用陶粒混凝土时，其厚度不得小于 60mm

D. 室内地面做水泥混凝土垫层时应设置纵向和横向缩缝，其间距均不得大于 5m

【答案】A

例题 2-90： 下列哪一种垫层不宜在冬期施工？（　　）

A. 灰土垫层　　　　　　　　　　B. 炉渣垫层

C. 三合土垫层　　　　　　　　　D. 级配砂石垫层

【答案】A

例题 2-91： 三合土垫层和四合土垫层相比，原材料中缺少的是（   ）。

A. 水泥   B. 石灰

C. 砂   D. 碎砖

【答案】A

例题 2-92： 厚度 25mm 的地面找平层，最适宜采用的材料是（   ）。

A. 水泥砂浆   B. 混合砂浆

C. 细石混凝土   D. 普通混凝土

【答案】A

例题 2-93： 下列关于厕浴间地面的说法，错误的是（   ）。

A. 楼层结构可采用整块预制混凝土板

B. 现浇混凝土楼层板可不设置防水隔离层

C. 楼层结构的混凝土强度等级不应小于 C20

D. 房间楼板四周除门洞外应做混凝土翻边

【答案】B

例题 2-94： 下列关于建筑地面隔声垫铺设的说法，正确的是（   ）。

A. 在柱、墙面的上翻高度应超出踢脚线一定高度

B. 包裹在管道四周时，上卷高度应超出柱、墙面踢脚线的高度

C. 隔声垫上部应设置保护层

D. 隔声垫保护膜之间应错缝搭接，不宜用胶带等封闭

【答案】C

例题 2-95： 下列关于建筑地面绝热层的说法，错误的是（   ）。

A. 有防水要求的地面，宜在防水隔离层验收合格后再铺设绝热层

B. 穿越地面进入非采暖保温区域的金属管道应采取隔断热桥的措施

C. 绝热层的材料宜采用松散型材料或抹灰浆料

D. 有地下室的建筑，地上、地下交界部位楼板的绝热层应采用外保温做法

【答案】C

三、面层铺设（★★★）

地面面层是指直接承受各种物理和化学作用的建筑地面表面层，它包括整体面层、板块面层和木竹面层三种。

（一）整体面层（包括混凝土、水泥砂浆、水磨石、自流平、涂料、塑胶等）

1. 施工条件

（1）基层抗压强度不小于 1.2MPa。

（2）基层表面粗糙、洁净、湿润。

（3）基层表面凿毛或涂刷界面处理剂。

2. 施工要求

（1）大面积面层应设分格缝。

（2）水泥砂浆踢脚线不得用石灰混合砂浆打底。

（3）砂浆宜用硅酸盐或普通硅酸盐水泥拌制，体积比1:2，强度不应小于M15。

（4）混凝土面层不得留施工缝，强度不少于C20，石子粒径不大于2/3层厚（用细石混凝土时不应大于16mm）。

（5）初凝前找平，终凝前压光。

（6）施工后养护时间不应小于7d；抗压强度达5MPa后可上人行走，抗压强度达到设计要求后方可正常使用。

（7）楼层梯段相邻踏步高差不应大于10mm，踏步两端宽度差不应大于10mm。

（8）水磨石面层：

1）白色或浅色面层用白水泥，深色则用硅酸盐、普通硅酸盐、矿渣硅酸盐水泥；

2）石粒用6～16mm的白云石、大理石，颜料应耐光、耐碱；

3）水泥与石粒体积比为1:1.5～1:2.5；

4）面层厚度宜为12～18mm，磨光不小于3遍；

5）有防静电要求者，石子浆中掺入导电材料，金属分隔条做绝缘处理，交叉处不碰接，干燥后涂抹防静电剂和地板蜡、抛光。

（9）自流平面层应分层施工，涂料的有害物检测应合格，基层混凝土强度等级不小于C20。

（10）地采暖者混凝土、砂浆面层应在填充层上铺设，与墙、柱间留缝不小于10mm。

（11）防油渗面层内不得敷设管线。混凝土面层强度等级不应小于C30，涂料面层5～7mm厚。

（二）块体面层（含石材、陶瓷、预制板块、塑料板、活动地板、金属板、地毯等）

1. 施工要求

水泥类基层强度不小于1.2MPa。

2. 地砖及石材面层施工要点

（1）应铺在结合层上。

（2）结合层应采用硅酸盐、普硅、矿渣硅酸盐水泥拌制。

（3）石材应做防碱封闭处理。

（4）砖、石材应预选、浸水晾干。

（5）铺设后，养护不少于7d，达到强度后方可正常使用。

（6）陶瓷锦砖应铺至墙角、柱边，不得以砂浆填补。

3. 预制板块面层施工要点

（1）预制板块缝隙宽度：混凝土板不宜大于6mm，水磨石、人造石不应大于2mm。

（2）铺完24h后用水泥砂浆灌缝至2/3，再用同色水泥浆擦、勾缝。

4. 料石面层（条石厚80～120mm，块石厚100～150mm）施工要点

（1）在结合层上铺设。结合层：条石用水泥砂浆，块石用不应大于60mm厚砂垫层。

（2）不导电的料石面层应采用辉绿岩加工，缝隙用辉绿岩砂嵌实。

5. 塑料板面层（板块、板焊接、卷材）施工要点

（1）在水泥类基层上，满粘或点粘法铺设。

（2）踢脚线与地面面层对缝。

（3）铺设时，室内湿度不宜大于 70%，温度 10～32℃。

（4）板焊接要求：焊缝的抗拉强度应不小于塑料板的 75%。

6. 活动地板面层施工要点

（1）应在水泥类的面层或基层上铺设。

（2）当活动地板不符合模数时，板块切割边应经处理后镶补安装。

（3）金属板面层及其配件宜使用不锈蚀或经防锈处理的金属制品。

7. 地毯面层施工要点

（1）空铺时应先拼、缝成整块再铺设。

（2）实铺时应张拉适度，四周卡条固定，门口用金属压条或双面胶带固定。

（三）木竹面层

1. 构造形式

（1）空铺法（有搁栅，加衬垫）。

（2）实铺法（粘结、不粘结）。

2. 不同地板面层的铺设方式

面板宜采用实木复合地板、浸渍纸层压木质地板，且应具有耐热性、热稳定性、防水、防潮、防霉变等特点。

（1）实木、实木集成地板、竹地板面层——空铺或实铺。

（2）实木复合地板——空铺法或粘贴法。

（3）浸渍纸层压木质地板——空铺法或粘贴法。

（4）软木地板——粘贴法，软木复合地板——空铺法。

（5）地面辐射供暖的木地板（应在填充层上铺设）——空铺法或胶粘法。

> **实务提示**：在填充层上铺设龙骨、垫层地板、面层地板，均应采用胶粘法。
> 采用无龙骨的空铺法铺设面层时，应先在填充层上铺耐热防潮纸（布）。

3. 施工要求

（1）木搁栅、垫木、垫层地板含水率应合格，并经防腐、防蛀处理。

（2）水泥类基层含水率不大于 8%。

（3）木搁栅间距不宜大于 300mm，应垫实钉牢，与柱、墙留 20mm 缝隙。

（4）实木垫层地板应髓心向上铺设，板间缝隙不应大于 3mm；与墙之间留 8～12mm 缝隙。

（5）与厕浴等潮湿场所相连时，应做好防水（防潮）处理。

（6）面层铺设时，相邻板材接头位置错开不小于 300mm；与墙、柱间留缝 8～12mm。

（7）实木踢脚线背面应抽槽，并做防腐处理。

（8）无龙骨空铺法时，面层板与墙柱的缝隙应每隔 200～300mm 加一弹簧卡或木楔。

例题 2-96： 下列关于水泥类整体地面面层施工的表述中，正确的是（　　）。

A. 铺设整体面层时，其水泥类基层的抗压强度不得小于 1.0MPa

B. 水泥类整体面层的抹平应在水泥终凝前完成

C. 水泥砂浆的体积比应为 1：3，强度等级不应小于 M10

D. 楼层梯段相邻踏步高度差不应大于 10mm

【答案】D

例题 2-97： 关于水磨石地面面层，下述要求中错误的是（　　）。

A. 拌合料采用体积比

B. 浅色的面层应采用白水泥

C. 普通水磨石面层磨光遍数不少于 3 遍

D. 防静电水磨石面层拌合料应掺入绝缘材料

【答案】D

例题 2-98： 关于地面工程饰面砖及饰面板面层施工的说法，正确的是（　　）。

A. 饰面砖面层可以在水泥混合砂浆结合层上铺设

B. 陶瓷锦砖铺贴至柱、墙处应用砂浆填补

C. 大理石、花岗石板材应浸湿，并应立即铺设

D. 大理石、花岗石面层铺贴前，板材的背面和侧面应进行防碱处理

【答案】D

例题 2-99： 铺设地砖结合层的水泥砂浆不宜选用（　　）。

A. 硅酸盐水泥

B. 普通硅酸盐水泥

C. 矿渣硅酸盐水泥

D. 粉煤灰硅酸盐水泥

【答案】D

例题 2-100： 关于木地板施工的说法，错误的是（　　）。

A. 实木踢脚线背面应抽槽并做防腐处理

B. 大面积实木复合地板面层应整体一次连续铺设

C. 软木地板面层应采用粘贴方式铺设

D. 无龙骨空铺地面辐射供暖木板面层时，应在填充层上铺设耐热防潮纸

【答案】B

例题 2-101： 关于地面辐射供暖的面层铺设，以下表述不正确的是（　　）。

A. 面层材料应具有耐热性、热稳定性、防水、防潮、防霉变特点

B. 地砖或石材铺设时不得扰动填充层

C. 板块面层或木竹面层铺设时，均应与柱、墙之间留不小于 10mm 的空隙

D. 填充层上安装木地板的龙骨应采用钉固法

【答案】D

本节重点： 地面面层铺设（★★★）、地面基层铺设（★★）

第三章 设计业务管理

考试大纲对相关内容的要求：

掌握与建筑勘察设计行业密切相关的从业要求及规定；掌握注册建筑师考试、注册、执业、继续教育及注册建筑师权利与义务等方面的规定；掌握各阶段设计文件编制的原则、依据、程序、质量和深度要求及修改设计文件的规定，以及执行工程建设标准管理方面的规定；掌握对工程建设中各种违法、违纪行为的处罚规定。

了解与建筑工程勘察设计有关的法律、行政法规的基本精神或政策要点；了解加强历史文化保护、绿色可持续发展等行业发展要求；了解设计项目招标投标、承包发包及签订设计合同等市场行为方面的规定；了解工程项目建设程序和建设工程监理的有关规定；了解建设工程项目管理和工程总承包管理内容。

将新大纲与2002年版考试大纲的内容进行对比，可以看出：①增加了"与建筑勘察设计行业密切相关的从业要求及规定"，这是目前建设工程企业资质管理制度改革的重点内容；②增加了"了解加强历史文化保护、绿色可持续发展等行业发展要求"，促进勘察设计行业历史文化保护和绿色高质量发展；③增加了"工程项目建设程序"和"建设工程项目管理和工程总承包管理内容"，强调勘察设计要和工程实践相结合；④把"对工程建设中各种违法、违纪行为的处罚规定"由"了解"改为"掌握"；⑤取消了"了解城市规划管理、房地产开发程序"。这使得考试与国家政策和工程实践的联系更加紧密。

本章将对行业现行的法律、法规进行梳理与总结。鉴于法律规范的严谨性，本书将会尽量使用原文，以免表述和法律规范的原意出现偏差。

第一节 建筑勘察设计行业从业的有关规定

建设工程勘察是指根据建设工程的要求，查明、分析、评价建设场地的地质地理环境特征和岩土工程条件，编制建设工程勘察文件的活动。建设工程设计，是指根据建设工程的要求，对建设工程所需的技术、经济、资源、环境等条件进行综合分析、论证，编制建设工程设计文件的活动。

建设工程勘察、设计应当与社会、经济发展水平相适应，做到经济效益、社会效益和环境效益相统一。从事建设工程勘察、设计活动，应当坚持先勘察、后设计、再施工的原则。建设工程勘察、设计单位必须依法进行建设工程勘察、设计，严格执行工程建设强制性标准，并对建设工程勘察、设计的质量负责。

国家对从事建设工程勘察、设计活动的单位，实行资质管理制度。建设工程勘察、设计单位应当在其资质等级许可的范围内承揽建设工程勘察、设计业务。

一、建设工程勘察设计管理条例（★★★）

《建设工程勘察设计管理条例》于 2000 年 9 月 25 日公布，自公布之日起施行。根据 2015 年 6 月 12 日《国务院关于修改〈建设工程勘察设计管理条例〉的决定》第一次修订，根据 2017 年 10 月 7 日《国务院关于修改部分行政法规的决定》第二次修订。

2017 年版《建设工程勘察设计管理条例》中建筑勘察设计行业从业的有关规定摘录如下。

第二章 资质资格管理

第七条 国家对从事建设工程勘察、设计活动的单位，实行资质管理制度。具体办法由国务院建设行政主管部门商国务院有关部门制定。

第八条 建设工程勘察、设计单位应当在其资质等级许可的范围内承揽建设工程勘察、设计业务。

禁止建设工程勘察、设计单位超越其资质等级许可的范围或者以其他建设工程勘察、设计单位的名义承揽建设工程勘察、设计业务。禁止建设工程勘察、设计单位允许其他单位或者个人以本单位的名义承揽建设工程勘察、设计业务。

第九条 国家对从事建设工程勘察、设计活动的专业技术人员，实行执业资格注册管理制度。

未经注册的建设工程勘察、设计人员，不得以注册执业人员的名义从事建设工程勘察、设计活动。

第十条 建设工程勘察、设计注册执业人员和其他专业技术人员只能受聘于一个建设工程勘察、设计单位；未受聘于建设工程勘察、设计单位的，不得从事建设工程的勘察、设计活动。

第十一条 建设工程勘察、设计单位资质证书和执业人员注册证书，由国务院建设行政主管部门统一制作。

第三章 建设工程勘察设计发包与承包

第十七条 发包方不得将建设工程勘察、设计业务发包给不具有相应勘察、设计资质等级的建设工程勘察、设计单位。

第十八条 发包方可以将整个建设工程的勘察、设计发包给一个勘察、设计单位；也可以将建设工程的勘察、设计分别发包给几个勘察、设计单位。

第十九条 除建设工程主体部分的勘察、设计外，经发包方书面同意，承包方可以将建设工程其他部分的勘察、设计再分包给其他具有相应资质等级的建设工程勘察、设计单位。

第二十一条 承包方必须在建设工程勘察、设计资质证书规定的资质等级和业务范围内承揽建设工程的勘察、设计业务。

第五章 监督管理

第三十二条 建设工程勘察、设计单位在建设工程勘察、设计资质证书规定的业务范围内跨部门、跨地区承揽勘察、设计业务的，有关地方人民政府及其所属部门不得设置障碍，不得违反国家规定收取任何费用。

第六章 罚则

第三十五条 违反本条例第八条规定的，责令停止违法行为，处合同约定的勘察费、设计费 1 倍以上 2 倍以下的罚款，有违法所得的，予以没收；可以责令停业整顿，降低资质等级；情节严重的，吊销资质证书。

未取得资质证书承揽工程的，予以取缔，依照前款规定处以罚款；有违法所得的，予以没收。

以欺骗手段取得资质证书承揽工程的，吊销资质证书，依照本条第一款规定处以罚款；有违法所得的，予以没收。

第三十六条 违反本条例规定，未经注册，擅自以注册建设工程勘察、设计人员的名义从事建设工程勘察、设计活动的，责令停止违法行为，没收违法所得，处违法所得 2 倍以上 5 倍以下罚款；给他人造成损失的，依法承担赔偿责任。

第三十七条 违反本条例规定，建设工程勘察、设计注册执业人员和其他专业技术人员未受聘于一个建设工程勘察、设计单位或者同时受聘于两个以上建设工程勘察、设计单位，从事建设工程勘察、设计活动的，责令停止违法行为，没收违法所得，处违法所得 2 倍以上 5 倍以下的罚款；情节严重的，可以责令停止执行业务或者吊销资格证书；给他人造成损失的，依法承担赔偿责任。

第三十八条 违反本条例规定，发包方将建设工程勘察、设计业务发包给不具有相应资质等级的建设工程勘察、设计单位的，责令改正，处 50 万元以上 100 万元以下的罚款。

二、建设工程勘察设计资质管理规定（★★★）

《建设工程勘察设计资质管理规定》自 2007 年 9 月 1 日起施行，并于 2016 年 9 月 13 日和 2018 年 12 月 22 日分别进行了修改。需要说明的是，2022 年 1 月 26 日，为落实建设工程企业资质管理制度改革要求，住房和城乡建设部拟修改《建设工程勘察设计资质管理规定》，拟对建设工程勘察设计资质序列和等级进行较大修改，并向社会公开征求意见。但目前仍然沿用 2018 年版的《建设工程勘察设计资质管理规定》。

2018 年版《建设工程勘察设计资质管理规定》摘录如下。

第一章 总则

第三条 从事建设工程勘察、工程设计活动的企业，应当按照其拥有的资产、专业技术人员、技术装备和勘察设计业绩等条件申请资质，经审查合格，取得建设工程勘察、工程设计资质证书后，方可在资质许可的范围内从事建设工程勘察、工程设计活动。

第四条 国务院建设主管部门负责全国建设工程勘察、工程设计资质的统一监督管理。国务院铁路、交通、水利、信息产业、民航等有关部门配合国务院建设主管部门实施相应行业的建设工程勘察、工程设计资质管理工作。

省、自治区、直辖市人民政府建设主管部门负责本行政区域内建设工程勘察、工程设计资质的统一监督管理。省、自治区、直辖市人民政府交通、水利、信息产业等有关部门配合同级建设主管部门实施本行政区域内相应行业的建设工程勘察、工程设计资质管理工作。

第二章 资质分类和分级

第五条 工程勘察资质分为工程勘察综合资质、工程勘察专业资质、工程勘察劳务资质。

工程勘察综合资质只设甲级；工程勘察专业资质设甲级、乙级，根据工程性质和技术特点，部分专业可以设丙级；工程勘察劳务资质不分等级。

取得工程勘察综合资质的企业，可以承接各专业（海洋工程勘察除外）、各等级工程勘察业务；取得工程勘察专业资质的企业，可以承接相应等级相应专业的工程勘察业务；取得工程勘察劳务资质的企业，可以承接岩土工程治理、工程钻探、凿井等工程勘察劳务业务。

第六条 工程设计资质分为工程设计综合资质、工程设计行业资质、工程设计专业资质和工程设计专项资质。

工程设计综合资质只设甲级；工程设计行业资质、工程设计专业资质、工程设计专项资质设甲级、乙级。

根据工程性质和技术特点，个别行业、专业、专项资质可以设丙级，建筑工程专业资质可以设丁级。

取得工程设计综合资质的企业，可以承接各行业、各等级的建设工程设计业务；取得工程设计行业资质的企业，可以承接相应行业相应等级的工程设计业务及本行业范围内同级别的相应专业、专项（设计施工一体化资质除外）工程设计业务；取得工程设计专业资质的企业，可以承接本专业相应等级的专业工程设计业务及同级别的相应专项工程设计业务（设计施工一体化资质除外）；取得工程设计专项资质的企业，可以承接本专项相应等级的专项工程设计业务。

第七条 建设工程勘察、工程设计资质标准和各资质类别、级别企业承担工程的具体范围由国务院建设主管部门商国务院有关部门制定。

第三章　资质申请和审批

第八条 申请工程勘察甲级资质、工程设计甲级资质，以及涉及铁路、交通、水利、信息产业、民航等方面的工程设计乙级资质的，可以向企业工商注册所在地的省、自治区、直辖市人民政府住房城乡建设主管部门提交申请材料。

省、自治区、直辖市人民政府住房城乡建设主管部门收到申请材料后，应当在5日内将全部申请材料报审批部门。

国务院住房城乡建设主管部门在收到申请材料后，应当依法作出是否受理的决定，并出具凭证；申请材料不齐全或者不符合法定形式的，应当在5日内一次性告知申请人需要补正的全部内容。逾期不告知的，自收到申请材料之日起即为受理。

国务院住房城乡建设主管部门应当自受理之日起20日内完成审查。自作出决定之日起10日内公告审批结果。其中，涉及铁路、交通、水利、信息产业、民航等方面的工程设计资质，由国务院住房城乡建设主管部门送国务院有关部门审核，国务院有关部门应当在15日内审核完毕，并将审核意见送国务院住房城乡建设主管部门。

组织专家评审所需时间不计算在上述时限内，但应当明确告知申请人。

第九条 工程勘察乙级及以下资质、劳务资质、工程设计乙级（涉及铁路、交通、水利、信息产业、民航等方面的工程设计乙级资质除外）及以下资质许可由省、自治区、直辖市人民政府建设主管部门实施。具体实施程序由省、自治区、直辖市人民政府建设主管部门依法确定。

省、自治区、直辖市人民政府建设主管部门应当自作出决定之日起30日内，将准予资质许可的决定报国务院建设主管部门备案。

第十条　工程勘察、工程设计资质证书分为正本和副本，正本 1 份，副本 6 份，由国务院建设主管部门统一印制，正、副本具备同等法律效力。资质证书有效期为 5 年。

第十一条　企业申请工程勘察、工程设计资质，应在资质许可机关的官方网站或审批平台上提出申请，提交资金、专业技术人员、技术装备和已完成的业绩等电子材料。

第十二条　资质有效期届满，企业需要延续资质证书有效期的，应当在资质证书有效期届满 60 日前，向原资质许可机关提出资质延续申请。

对在资质有效期内遵守有关法律、法规、规章、技术标准，信用档案中无不良行为记录，且专业技术人员满足资质标准要求的企业，经资质许可机关同意，有效期延续 5 年。

第十三条　企业在资质证书有效期内名称、地址、注册资本、法定代表人等发生变更的，应当在工商部门办理变更手续后 30 日内办理资质证书变更手续。

取得工程勘察甲级资质、工程设计甲级资质，以及涉及铁路、交通、水利、信息产业、民航等方面的工程设计乙级资质的企业，在资质证书有效期内发生企业名称变更的，应当向企业工商注册所在地省、自治区、直辖市人民政府建设主管部门提出变更申请，省、自治区、直辖市人民政府建设主管部门应当自受理申请之日起 2 日内将有关变更证明材料报国务院建设主管部门，由国务院建设主管部门在 2 日内办理变更手续。

前款规定以外的资质证书变更手续，由企业工商注册所在地的省、自治区、直辖市人民政府建设主管部门负责办理。省、自治区、直辖市人民政府建设主管部门应当自受理申请之日起 2 日内办理变更手续，并在办理资质证书变更手续后 15 日内将变更结果报国务院建设主管部门备案。

涉及铁路、交通、水利、信息产业、民航等方面的工程设计资质的变更，国务院建设主管部门应当将企业资质变更情况告知国务院有关部门。

第十四条　企业申请资质证书变更，应当提交以下材料：

（一）资质证书变更申请；

（二）企业法人、合伙企业营业执照副本复印件；

（三）资质证书正、副本原件；

（四）与资质变更事项有关的证明材料。

企业改制的，除提供前款规定资料外，还应当提供改制重组方案、上级资产管理部门或者股东大会的批准决定、企业职工代表大会同意改制重组的决议。

第十五条　企业首次申请、增项申请工程勘察、工程设计资质，其申请资质等级最高不超过乙级，且不考核企业工程勘察、工程设计业绩。

已具备施工资质的企业首次申请同类别或相近类别的工程勘察、工程设计资质的，可以将相应规模的工程总承包业绩作为工程业绩予以申报。其申请资质等级最高不超过其现有施工资质等级。

第十六条　企业合并的，合并后存续或者新设立的企业可以承继合并前各方中较高的资质等级，但应当符合相应的资质标准条件。

企业分立的，分立后企业的资质按照资质标准及本规定的审批程序核定。

企业改制的，改制后不再符合资质标准的，应按其实际达到的资质标准及本规定重新核定；资质条件不发生变化的，按本规定第十六条办理。

第十七条　从事建设工程勘察、设计活动的企业，申请资质升级、资质增项，在申请之日起前 1 年内有下列情形之一的，资质许可机关不予批准企业的资质升级申请和增项申请：

（一）企业相互串通投标或者与招标人串通投标承揽工程勘察、工程设计业务的；

（二）将承揽的工程勘察、工程设计业务转包或违法分包的；

（三）注册执业人员未按照规定在勘察设计文件上签字的；

（四）违反国家工程建设强制性标准的；

（五）因勘察设计原因造成过重大生产安全事故的；

（六）设计单位未根据勘察成果文件进行工程设计的；

（七）设计单位违反规定指定建筑材料、建筑构配件的生产厂、供应商的；

（八）无工程勘察、工程设计资质或者超越资质等级范围承揽工程勘察、工程设计业务的；

（九）涂改、倒卖、出租、出借或者以其他形式非法转让资质证书的；

（十）允许其他单位、个人以本单位名义承揽建设工程勘察、设计业务的；

（十一）其他违反法律、法规行为的。

第十八条 企业在领取新的工程勘察、工程设计资质证书的同时，应当将原资质证书交回原发证机关予以注销。

企业需增补（含增加、更换、遗失补办）工程勘察、工程设计资质证书的，应当持资质证书增补申请等材料向资质许可机关申请办理。遗失资质证书的，在申请补办前应当在公众媒体上刊登遗失声明。资质许可机关应当在 2 日内办理完毕。

第四章 监督与管理

第十九条 国务院建设主管部门对全国的建设工程勘察、设计资质实施统一的监督管理。国务院铁路、交通、水利、信息产业、民航等有关部门配合国务院建设主管部门对相应的行业资质进行监督管理。

县级以上地方人民政府建设主管部门负责对本行政区域内的建设工程勘察、设计资质实施监督管理。县级以上人民政府交通、水利、信息产业等有关部门配合同级建设主管部门对相应的行业资质进行监督管理。

上级建设主管部门应当加强对下级建设主管部门资质管理工作的监督检查，及时纠正资质管理中的违法行为。

第二十条 建设主管部门、有关部门履行监督检查职责时，有权采取下列措施：

（一）要求被检查单位提供工程勘察、设计资质证书、注册执业人员的注册执业证书、有关工程勘察、设计业务的文档，有关质量管理、安全生产管理、档案管理、财务管理等企业内部管理制度的文件；

（二）进入被检查单位进行检查，查阅相关资料；

（三）纠正违反有关法律、法规和本规定及有关规范和标准的行为。

建设主管部门、有关部门依法对企业从事行政许可事项的活动进行监督检查时，应当将监督检查情况和处理结果予以记录，由监督检查人员签字后归档。

第二十一条 建设主管部门、有关部门在实施监督检查时，应当有 2 名以上监督检查人员参加，并出示执法证件，不得妨碍企业正常的生产经营活动，不得索取或者收受企业的财物，不得谋取其他利益。

有关单位和个人对依法进行的监督检查应当协助与配合，不得拒绝或者阻挠。

监督检查机关应当将监督检查的处理结果向社会公布。

第二十二条 企业违法从事工程勘察、工程设计活动的，其违法行为发生地的建设主管部门应当依法将企业的违法事实、处理结果或处理建议告知该企业的资质许可机关。

第二十三条 企业取得工程勘察、设计资质后，不再符合相应资质条件的，建设主管部门、有关部门根据利害关系人的请求或者依据职权，可以责令其限期改正；逾期不改的，资质许可机关可以撤回其资质。

第二十四条 有下列情形之一的，资质许可机关或者其上级机关，根据利害关系人的请求或者依据职权，可以撤销工程勘察、工程设计资质：

（一）资质许可机关工作人员滥用职权、玩忽职守作出准予工程勘察、工程设计资质许可的；

（二）超越法定职权作出准予工程勘察、工程设计资质许可；

（三）违反资质审批程序作出准予工程勘察、工程设计资质许可的；

（四）对不符合许可条件的申请人作出工程勘察、工程设计资质许可的；

（五）依法可以撤销资质证书的其他情形。

以欺骗、贿赂等不正当手段取得工程勘察、工程设计资质证书的，应当予以撤销。

第二十五条 有下列情形之一的，企业应当及时向资质许可机关提出注销资质的申请，交回资质证书，资质许可机关应当办理注销手续，公告其资质证书作废：

（一）资质证书有效期届满未依法申请延续的；

（二）企业依法终止的；

（三）资质证书依法被撤销、撤回，或者吊销的；

（四）法律、法规规定的应当注销资质的其他情形。

第二十六条 有关部门应当将监督检查情况和处理意见及时告知建设主管部门。资质许可机关应当将涉及铁路、交通、水利、信息产业、民航等方面的资质被撤回、撤销和注销的情况及时告知有关部门。

第二十七条 企业应当按照有关规定，向资质许可机关提供真实、准确、完整的企业信用档案信息。

企业的信用档案应当包括企业基本情况、业绩、工程质量和安全、合同违约等情况。被投诉举报和处理、行政处罚等情况应当作为不良行为记入其信用档案。

企业的信用档案信息按照有关规定向社会公示。

第五章 法律责任

第二十八条 企业隐瞒有关情况或者提供虚假材料申请资质的，资质许可机关不予受理或者不予行政许可，并给予警告，该企业在 1 年内不得再次申请该资质。

第二十九条 企业以欺骗、贿赂等不正当手段取得资质证书的，由县级以上地方人民政府建设主管部门或者有关部门给予警告，并依法处以罚款；该企业在 3 年内不得再次申请该资质。

第三十条 企业不及时办理资质证书变更手续的，由资质许可机关责令限期办理；逾期不办理的，可处以 1000 元以上 1 万元以下的罚款。

第三十一条 企业未按照规定提供信用档案信息的，由县级以上地方人民政府建设主管部门给予警告，责令限期改正；逾期未改正的，可处以1000元以上1万元以下的罚款。

第三十二条 涂改、倒卖、出租、出借或者以其他形式非法转让资质证书的，由县级以上地方人民政府建设主管部门或者有关部门给予警告，责令改正，并处以1万元以上3万元以下的罚款；造成损失的，依法承担赔偿责任；构成犯罪的，依法追究刑事责任。

第三十三条 县级以上地方人民政府建设主管部门依法给予工程勘察、设计企业行政处罚的，应当将行政处罚决定以及给予行政处罚的事实、理由和依据，报国务院建设主管部门备案。

第三十四条 建设主管部门及其工作人员，违反本规定，有下列情形之一的，由其上级行政机关或者监察机关责令改正；情节严重的，对直接负责的主管人员和其他直接责任人员，依法给予行政处分：

（一）对不符合条件的申请人准予工程勘察、设计资质许可的；

（二）对符合条件的申请人不予工程勘察、设计资质许可或者未在法定期限内作出许可决定的；

（三）对符合条件的申请不予受理或者未在法定期限内初审完毕的；

（四）利用职务上的便利，收受他人财物或者其他好处的；

（五）不依法履行监督职责或者监督不力，造成严重后果的。

第六章 附则

第三十五条 本规定所称建设工程勘察包括建设工程项目的岩土工程、水文地质、工程测量、海洋工程勘察等。

第三十六条 本规定所称建设工程设计是指：

（一）建设工程项目的主体工程和配套工程（含厂（矿）区内的自备电站、道路、专用铁路、通信、各种管网管线和配套的建筑物等全部配套工程）以及与主体工程、配套工程相关的工艺、土木、建筑、环境保护、水土保持、消防、安全、卫生、节能、防雷、抗震、照明工程等的设计。

（二）建筑工程建设用地规划许可证范围内的室外工程设计、建筑物构筑物设计、民用建筑修建的地下工程设计及住宅小区、工厂厂前区、工厂生活区、小区规划设计及单体设计等，以及上述建筑工程所包含的相关专业的设计内容（包括总平面布置、竖向设计、各类管网管线设计、景观设计、室内外环境设计及建筑装饰、道路、消防、安保、通信、防雷、人防、供配电、照明、废水治理、空调设施、抗震加固等）。

第三十七条 取得工程勘察、工程设计资质证书的企业，可以从事资质证书许可范围内相应的建设工程总承包业务，可以从事工程项目管理和相关的技术与管理服务。

三、工程勘察、设计资质标准（★★★）

《工程勘察资质标准》《工程设计资质标准》分别于2013年1月21日和2007年3月29日发布。2022年2月25日，住房和城乡建设部会同国务院有关部门起草了《工程勘察资质标准（征求意见稿）》《工程设计资质标准（征求意见稿）》，拟对勘察、设计资质作较大调整，但目前仍然沿用旧版的资质标准。

《工程勘察资质标准》摘录如下。

一、总则

（一）本标准包括工程勘察相应类型、主要专业技术人员配备、技术装备配备及规模划分等内容。

（二）工程勘察范围包括建设工程项目的岩土工程、水文地质勘察和工程测量。

（三）工程勘察资质分为三个类别：

1. 工程勘察综合资质

工程勘察综合资质是指包括全部工程勘察专业资质的工程勘察资质。

2. 工程勘察专业资质

工程勘察专业资质包括：岩土工程专业资质、水文地质勘察专业资质和工程测量专业资质；其中，岩土工程专业资质包括：岩土工程勘察、岩土工程设计、岩土工程物探测试检测监测等岩土工程（分项）专业资质。

3. 工程勘察劳务资质

工程勘察劳务资质包括：工程钻探和凿井。

（四）工程勘察综合资质只设甲级。岩土工程、岩土工程设计、岩土工程物探测试检测监测专业资质设甲、乙两个级别；岩土工程勘察、水文地质勘察、工程测量专业资质设甲、乙、丙三个级别。工程勘察劳务资质不分等级。

（五）本标准主要对企业资历和信誉、技术条件、技术装备及管理水平进行考核。其中技术条件中的主要专业技术人员的考核内容为：

1. 对注册土木工程师（岩土）或一级注册结构工程师的注册执业资格和业绩进行考核。

2. 对非注册的专业技术人员（以下简称非注册人员）的所学专业、技术职称，依据附件1专业设置中规定的专业进行考核。主导专业非注册人员需考核相应业绩，工程勘察主导专业见附件1。

（六）申请两个以上工程勘察专业资质时，应同时满足附件1中相应专业的专业设置和注册人员的配置，其相同专业的专业技术人员的数量以其中的高值为准。

（七）具有岩土工程专业资质，即可承担其资质范围内相应的岩土工程治理业务；具有岩土工程专业甲级资质或岩土工程勘察、设计、物探测试检测监测等三类（分项）专业资质中任一项甲级资质，即可承担其资质范围内相应的岩土工程咨询业务。

（八）本标准中所称主要专业技术人员，年龄限60周岁及以下。

二、标准

（一）工程勘察综合资质

1-1 资历和信誉

（1）符合企业法人条件，具有10年及以上工程勘察资历。

（2）实缴注册资本不少于1000万元人民币。

（3）社会信誉良好，近3年未发生过一般及以上质量安全责任事故。

（4）近5年内独立完成过的工程勘察项目应满足以下要求：岩土工程勘察、设计、物探测试检测监测甲级项目各不少于5项，水文地质勘察或工程测量甲级项目不少于5项，且质量合格。

1-2 技术条件

（1）专业配备齐全、合理。主要专业技术人员数量不少于"工程勘察行业主要专业技术人员配备表"规定的人数。

（2）企业主要技术负责人或总工程师应当具有大学本科以上学历、10年以上工程勘察经历，作为项目负责人主持过本专业工程勘察甲级项目不少于2项，具备注册土木工程师（岩土）执业资格或本专业高级专业技术职称。

（3）在"工程勘察行业主要专业技术人员配备表"规定的人员中，注册人员应作为专业技术负责人主持过所申请工程勘察类型乙级以上项目不少于2项；主导专业非注册人员中，每个主导专业至少有1人作为专业技术负责人主持过相应类型的工程勘察甲级项目不少于2项，其他非注册人员应作为专业技术负责人主持过相应类型的工程勘察乙级以上项目不少于3项，其中甲级项目不少于1项。

1-3 技术装备及管理水平

（1）有完善的技术装备，满足"工程勘察主要技术装备配备表"规定的要求。

（2）有满足工作需要的固定工作场所及室内试验场所，主要固定场所建筑面积不少于3000平方米。

（3）有完善的技术、经营、设备物资、人事、财务和档案管理制度，通过ISO9001质量管理体系认证。

（二）工程勘察专业资质

1. 甲级

1-1 资历和信誉

（1）符合企业法人条件，具有5年及以上工程勘察资历。

（2）实缴注册资本不少于300万元人民币。

（3）社会信誉良好，近3年未发生过一般及以上质量安全责任事故。

（4）近5年内独立完成过的工程勘察项目应满足以下要求：

岩土工程专业资质：岩土工程勘察甲级项目不少于3项或乙级项目不少于5项、岩土工程设计甲级项目不少于2项或乙级项目不少于4项、岩土工程物探测试检测监测甲级项目不少于2项或乙级项目不少于4项，且质量合格。

岩土工程（分项）专业资质、水文地质勘察专业资质、工程测量专业资质：完成过所申请工程勘察专业类型甲级项目不少于3项或乙级项目不少于5项，且质量合格。

1-2 技术条件

（1）专业配备齐全、合理。主要专业技术人员数量不少于"工程勘察行业主要专业技术人员配备表"规定的人数。

（2）企业主要技术负责人或总工程师应当具有大学本科以上学历、10年以上工程勘察经历，作为项目负责人主持过本专业工程勘察甲级项目不少于2项，具备注册土木工程师（岩土）执业资格或本专业高级专业技术职称。

（3）在"工程勘察行业主要专业技术人员配备表"规定的人员中，注册人员应作为专业技术负责人主持过所申请工程勘察类型乙级以上项目不少于2项；主导专业非注册人员作为专业技术负责人主持过所申请工程勘察类型乙级以上项目不少于2项，其中，每个主导专业至少有1名专业技术人员作为专业技术负责人主持过所申请工程勘察类型甲级项目不少于2项。

1-3 技术装备及管理水平

（1）有完善的技术装备，满足"工程勘察主要技术装备配备表"规定的要求。

（2）有满足工作需要的固定工作场所及室内试验场所。

（3）有完善的质量、安全管理体系和技术、经营、设备物资、人事、财务、档案等管理制度。

2．乙级

2-1 资历和信誉

（1）符合企业法人条件。

（2）社会信誉良好，实缴注册资本不少于150万元人民币。

2-2 技术条件

（1）专业配备齐全、合理。主要专业技术人员数量不少于"工程勘察行业主要专业技术人员配备表"规定的人数。

（2）企业主要技术负责人或总工程师应当具有大学本科以上学历、10年以上工程勘察经历，作为项目负责人主持过本专业工程勘察乙级项目不少于2项或甲级项目不少于1项，具备注册土木工程师（岩土）执业资格或本专业高级专业技术职称。

（3）在"工程勘察行业主要专业技术人员配备表"规定的人员中，注册人员应作为专业技术负责人主持过所申请工程勘察类型乙级以上项目不少于2项；主导专业非注册人员作为专业技术负责人主持过所申请工程勘察类型乙级项目不少于2项或甲级项目不少于1项。

2-3 技术装备及管理水平

（1）有与工程勘察项目相应的能满足要求的技术装备，满足"工程勘察主要技术装备配备表"规定的要求。

（2）有满足工作需要的固定工作场所。

（3）有较完善的质量、安全管理体系和技术、经营、设备物资、人事、财务、档案等管理制度。

3．丙级

3-1 资历和信誉

（1）符合企业法人条件。

（2）社会信誉良好，实缴注册资本不少于80万元人民币。

3-2 技术条件

（1）专业配备齐全、合理。主要专业技术人员数量不少于"工程勘察行业主要专业技术人员配备表"规定的人数。

（2）企业主要技术负责人或总工程师应当具有大专以上学历、10年以上工程勘察经历；作为项目负责人主持过本专业工程勘察类型的项目不少于2项，其中，乙级以上项目不少于1项；具备注册土木工程师（岩土）执业资格或中级以上专业技术职称。

（3）在"工程勘察行业主要专业技术人员配备表"规定的人员中，主导专业非注册人员作为专业技术负责人主持过所申请工程勘察类型的项目不少于2项。

3-3 技术装备及管理水平

（1）有与工程勘察项目相应的能满足要求的技术装备，满足"工程勘察主要技术装备配备表"规定的要求。

（2）有满足工作需要的固定工作场所。

（3）有较完善的质量、安全管理体系和技术、经营、设备物资、人事、财务、档案等管理制度。

三、承担业务范围

（一）工程勘察综合甲级资质

承担各类建设工程项目的岩土工程、水文地质勘察、工程测量业务（海洋工程勘察除外），其规模不受限制（岩土工程勘察丙级项目除外）。

（二）工程勘察专业资质

1. 甲级

承担本专业资质范围内各类建设工程项目的工程勘察业务，其规模不受限制。

2. 乙级

承担本专业资质范围内各类建设工程项目乙级及以下规模的工程勘察业务。

3. 丙级

承担本专业资质范围内各类建设工程项目丙级规模的工程勘察业务。

（三）工程勘察劳务资质

承担相应的工程钻探、凿井等工程勘察劳务业务。

四、附则

（一）本标准中对非注册专业技术人员的其他考核要求：

"工程勘察行业主要专业技术人员配备表"中的非注册人员，须具有大专以上学历、中级以上专业技术职称，并从事工程勘察实践8年以上；表中要求专业技术人员具有高级专业技术职称的，从其规定。

（二）海洋工程勘察资质标准另行制定。

《工程设计资质标准》摘录如下。

一、总则

（一）本标准包括21个行业的相应工程设计类型、主要专业技术人员配备及规模划分等内容。

（二）本标准分为四个序列：

1. 工程设计综合资质

工程设计综合资质是指涵盖21个行业的设计资质。

2. 工程设计行业资质

工程设计行业资质是指涵盖某个行业资质标准中的全部设计类型的设计资质。

3. 工程设计专业资质

工程设计专业资质是指某个行业资质标准中的某一个专业的设计资质。

4. 工程设计专项资质

工程设计专项资质是指为适应和满足行业发展的需求，对已形成产业的专项技术独立进行设计以及设计、施工一体化而设立的资质。

（三）工程设计综合资质只设甲级。工程设计行业资质和工程设计专业资质设甲、乙两个级别；根据行业需要，建筑、市政公用、水利、电力（限送变电）、农林和公路行业可设立工程设计丙级资质，建筑工程设计专业资质设丁级。建筑行业根据需要设立建筑工程设计事务所资质。工程设计专项资质可根据行业需要设置等级。

（四）工程设计范围包括本行业建设工程项目的主体工程和配套工程（含厂/矿区内的自备电站、道路、专用铁路、通信、各种管网管线和配套的建筑物等全部配套工程）以及与主体工程、配套工程相关的工艺、土木、建筑、环境保护、水土保持、消防、安全、卫生、节能、防雷、抗震、照明工程等。

建筑工程设计范围包括建设用地规划许可证范围内的建筑物构筑物设计、室外工程设计、民用建筑修建的地下工程设计及住宅小区、工厂厂前区、工厂生活区、小区规划设计及单体设计等，以及所包含的相关专业的设计内容（总平面布置、竖向设计、各类管网管线设计、景观设计、室内外环境设计及建筑装饰、道路、消防、智能、安保、通信、防雷、人防、供配电、照明、废水治理、空调设施、抗震加固等）。

（五）本标准主要对企业资历和信誉、技术条件、技术装备及管理水平进行考核。

（六）申请二个以上工程设计行业资质时，应同时满足附件2中相应行业的专业设置或注册专业的配置，其相同专业的专业技术人员的数量以其中的高值为准。申请二个及以上设计类型的工程设计专业资质时，应同时满足附表2中相应行业的相应设计类型的专业设置或注册专业的配置，其相同专业的专业技术人员的数量以其中的高值为准。

工程设计专项资质标准的具体考核指标由建设部会同相关部门和行业制定。

（七）具有工程设计资质的企业，可从事资质证书范围内的相应工程总承包、工程项目管理和相关的技术、咨询与管理服务。

（八）具有工程设计综合资质的企业，满足相应的施工总承包（专业承包）一级资质对注册建造师（项目经理）的人员要求后，可以准予与工程设计甲级行业资质（专业资质）相应的施工总承包（专业承包）一级资质。

（九）本标准所称主要专业技术人员，年龄限60周岁及以下。

二、标准

（一）工程设计综合资质

1-1 资历和信誉

（1）具有独立企业法人资格。

（2）注册资本不少于6000万元人民币。

（3）近3年年平均工程勘察设计营业收入不少于10000万元人民币，且近5年内2次工程勘察设计营业收入在全国勘察设计企业排名列前50名以内；或近5年内2次企业营业税金及附加在全国勘察设计企业排名列前50名以内。

（4）具有2个工程设计行业甲级资质，且近10年内独立承担大型建设项目工程设计每行业不少于3项，并已建成投产。

或同时具有某1个工程设计行业甲级资质和其他3个不同行业甲级工程设计的专业资质，且近10年内独立承担大型建设项目工程设计不少于4项。其中，工程设计行业甲级相应业绩不少于1项，工程设计专业甲级相应业绩各不少于1项，并已建成投产。

1-2 技术条件

（1）技术力量雄厚，专业配备合理。

企业具有初级以上专业技术职称且从事工程勘察设计的人员不少于500人，其中具备注册执业资格或高级专业技术职称的不少于200人，且注册专业不少于5个，5个专业的注册人员总数不低于 40 人。

企业从事工程项目管理且具备建造师或监理工程师注册执业资格的人员不少于 4 人。

(2) 企业主要技术负责人或总工程师应当具有大学本科以上学历、15 年以上设计经历，主持过大型项目工程设计不少于 2 项，具备注册执业资格或高级专业技术职称。

(3) 拥有与工程设计有关的专利、专有技术、工艺包（软件包）不少于 3 项。

(4) 近 10 年获得过全国级优秀工程设计奖、全国优秀工程勘察奖、国家级科技进步奖的奖项不少于 5 项，或省部级（行业）优秀工程设计一等奖（金奖）、省部级（行业）科技进步一等奖的奖项不少于 5 项。

(5) 近 10 年主编 2 项或参编过 5 项以上国家、行业工程建设标准、规范，定额。

1-3 技术装备及管理水平

(1) 有完善的技术装备及固定工作场所，且主要固定工作场所建筑面积不少于 10000 平方米。

(2) 有完善的企业技术、质量、安全和档案管理，通过 ISO9000 族标准质量体系认证。

(3) 具有与承担建设项目工程总承包或工程项目管理相适应的组织机构或管理体系。

（二）工程设计行业资质

1. 甲级

1-1 资历和信誉

(1) 具有独立企业法人资格。

(2) 社会信誉良好，注册资本不少于 600 万元人民币。

(3) 企业完成过的工程设计项目应满足所申请行业主要专业技术人员配备表中对工程设计类型业绩考核的要求，且要求考核业绩的每个设计类型的大型项目工程设计不少于 1 项或中型项目工程设计不少于 2 项，并已建成投产。

1-2 技术条件

(1) 专业配备齐全、合理，主要专业技术人员数量不少于所申请行业资质标准中主要专业技术人员配备表规定的人数。

(2) 企业主要技术负责人或总工程师应当具有大学本科以上学历、10 年以上设计经历，主持过所申请行业大型项目工程设计不少于 2 项，具备注册执业资格或高级专业技术职称。

(3) 在主要专业技术人员配备表规定的人员中，主导专业的非注册人员应当作为专业技术负责人主持过所申请行业中型以上项目不少于 3 项，其中大型项目不少于 1 项。

1-3 技术装备及管理水平

(1) 有必要的技术装备及固定的工作场所。

(2) 企业管理组织结构、标准体系、质量体系、档案管理体系健全。

2. 乙级

2-1 资历和信誉

(1) 具有独立企业法人资格。

(2) 社会信誉良好，注册资本不少于 300 万元人民币。

2-2 技术条件

(1) 专业配备齐全、合理，主要专业技术人员数量不少于所申请行业资质标准中主要专业技术人员配备表规定的人数。

（2）企业的主要技术负责人或总工程师应当具有大学本科以上学历、10年以上设计经历，主持过所申请行业大型项目工程设计不少于1项，或中型项目工程设计不少于3项，具备注册执业资格或高级专业技术职称。

（3）在主要专业技术人员配备表规定的人员中，主导专业的非注册人员应当作为专业技术负责人主持过所申请行业中型以上项目不少于2项，或大型项目不少于1项。

2-3 技术装备及管理水平

（1）有必要的技术装备及固定的工作场所。

（2）有完善的质量体系和技术、经营、人事、财务、档案管理制度。

三、承担业务范围

承担资质证书许可范围内的工程设计业务，承担与资质证书许可范围相应的建设工程总承包、工程项目管理和相关的技术、咨询与管理服务业务。承担设计业务的地区不受限制。

（一）工程设计综合甲级资质

承担各行业建设工程项目的设计业务，其规模不受限制；但在承接工程项目设计时，须满足本标准中与该工程项目对应的设计类型对专业及人员配置的要求。

承担其取得的施工总承包（施工专业承包）一级资质证书许可范围内的工程施工总承包（施工专业承包）业务。

（二）工程设计行业资质

1. 甲级

承担本行业建设工程项目主体工程及其配套工程的设计业务，其规模不受限制。

2. 乙级

承担本行业中、小型建设工程项目的主体工程及其配套工程的设计业务。

3. 丙级

承担本行业小型建设项目的工程设计业务。

（三）工程设计专业资质

1. 甲级

承担本专业建设工程项目主体工程及其配套工程的设计业务，其规模不受限制。

2. 乙级

承担本专业中、小型建设工程项目的主体工程及其配套工程的设计业务。

3. 丙级

承担本专业小型建设项目的设计业务。

4. 丁级（限建筑工程设计）

（四）工程设计专项资质

承担规定的专项工程的设计业务，具体规定见有关专项资质标准。

四、附则

（一）本标准主要专业技术人员指下列人员：

（1）注册人员。

注册人员是指参加中华人民共和国统一考试或考核认定，取得执业资格证书，并按照规定注册，取得相应注册执业证书的人员。

注册人员专业包括：

注册建筑师；

注册工程师：结构（房屋结构、塔架、桥梁）、土木（岩土、水利水电、港口与航道、道路、铁路、民航）、公用设备（暖通空调、动力、给水排水）、电气（发输变电、供配电）、机械、化工、电子工程（电子信息、广播电影电视）、航天航空、农业、冶金、采矿/矿物、核工业、石油/天然气、造船、军工、海洋、环保、材料工程师；

注册造价工程师。

（2）非注册人员。

非注册人员须具有中级以上专业技术职称，并从事工程设计实践10年以上。

本节重点：建设工程勘察设计管理条例（★★★）、建设工程勘察设计资质管理规定（★★★）

第二节　注册建筑师执业等方面的规定

注册建筑师是指依法取得注册建筑师证书并从事房屋建筑设计及相关业务的人员。

一、注册建筑师的执业、权利、义务与责任（★★★）

1. 注册建筑师的执业范围

（1）建筑设计。

（2）建筑设计技术咨询。

（3）建筑物调查和鉴定。

（4）对本人主持设计的项目进行施工指导和监督。

（5）国务院建设行政主管部门规定的其他业务。

注册建筑师的执业范围不得超越其所在的建筑设计单位的执业范围。

2. 注册建筑师的权利

（1）以注册建筑师的名义执行注册建筑师业务。

（2）国家规定的一定面积、跨度和高度以上的房屋建筑，应由注册建筑师设计。

（3）任何单位和个人修改注册建筑师的设计图纸应征得该注册建筑师同意（因特殊情况不能征得该注册建筑师同意的除外）。

3. 注册建筑师应履行的义务

（1）遵守法律、法规和职业道德，维护社会公共利益。

（2）保证建筑设计质量，并在其负责的图纸上签字。

（3）保守在执业中知悉的单位和个人的秘密。

（4）不得同时受聘于两个或两个以上的建筑设计单位执行业务。

（5）不得准许他人以本人名义执行业务。

4. 注册建筑师的法律责任

注册建筑师有以下行为之一时要予以处罚：

1）以个人名义承接注册建筑师业务，收取费用的；

2）同时受聘于两个或两个以上建筑设计单位执行业务的；

3）在建筑设计或者相关业务中，侵犯他人合法权益的；

4）准许他人以本人名义执行业务的；

5）二级注册建筑师以一级名义执行业务的，或者超越国家规定的执业范围执行业务的。

因建筑设计质量不合格发生重大责任事故，造成重大损失的，对该建筑设计负有直接责任的注册建筑师，由县级以上人民政府建设行政主管部门责令停止执行业务；情节严重的，由全国注册建筑师管理委员会或者省、自治区、直辖市注册建筑师管理委员会吊销注册建筑师证书。

二、注册建筑师的级别设置（★★★）

我国注册建筑师分为一级注册建筑师和二级注册建筑师。

一级注册建筑师的建筑设计范围不受建筑规模和工程复杂程度的限制，二级注册建筑师的建筑设计范围只限于承担国家规定的民用建筑等级三级（含三级）以下项目。

三、注册建筑师管理体制（★★★）

我国注册建筑师管理体制分为中央和地方两级。

在中央设立全国注册建筑师考试管理委员会，在地方设立省、自治区、直辖市注册建筑师考试管理委员会，负责本行政区域内的注册建筑师管理工作。

四、注册的条件（★★★）

考试合格，取得注册建筑师资格，除注册建筑师条例规定不能注册的之外，均可注册。

不能注册的情形有：

1）不具有完全民事行为能力的；

2）因受刑事处罚，自刑事处罚执行完毕之日起至申请注册之日止不满五年的；

3）因在建筑设计或相关业务中犯有错误，受行政处罚或者撤职以上行政处分，自处罚、处分决定之日起至申请注册之日止不满两年的；

4）受吊销注册建筑师证书的行政处罚，自处罚之日起至申请注册之日止不满五年的；

5）有国务院规定的不予注册的其他情形的。

五、注册机构（★★★）

一级注册建筑师的注册机构是全国注册建筑师考试管理委员会，二级注册建筑师的注册机构是省、自治区、直辖市注册建筑师考试管理委员会。

六、注册建筑师条例（★★★）

1995年9月23日中华人民共和国国务院令第184号——《中华人民共和国注册建筑师条例》发布，并自1995年9月23日起施行。2019年4月23日，根据国务院令第714

号《国务院关于修改部分行政法规的决定》修正了第八条。

2019 年版《中华人民共和国注册建筑师条例》摘录如下。

第一章　总则

第一条　为了加强对注册建筑师的管理，提高建筑设计质量与水平，保障公民生命和财产安全，维护社会公共利益，制定本条例。

第二条　本条例所称注册建筑师，是指依法取得注册建筑师并从事房屋建筑设计及相关业务的人员。注册建筑师分为一级注册建筑和二级注册建筑师。

第三条　注册建筑师的考试、注册和执业，适用本条例。

第四条　国务院建设行政主管部门、人事行政主管部门和省、自治区、直辖市人民政府建设行政主管部门、人事行政主管部门依照本条例的规定对注册建筑师的考试、注册和执业实施指导和监督。

第五条　全国注册建筑师管理委员会和省、自治区、直辖市注册建筑师管理委员会，依照本条例的规定负责注册建筑师的考试和注册的具体工作。全国注册建筑师管理委员会由国务院建设行政主管部门、人事行政主管部门、其他有关行政主管部门的代表和建筑设计专家组成。省、自治区、直辖市注册建筑师管理委员会由省、自治区、直辖市建设行政主管部门、人事行政主管部门、其他有关行政主管部门的代表和建筑设计专家组成。

第六条　注册建筑师可以组建注册建筑师协会，维护会员的合法权益。

第二章　考试和注册

第七条　国家实行注册建筑师全国统一考试制度，注册建筑师全国统一考试办法，由国务院建设行政主管部门会同国务院人事行政主管部门商国务院其他有关行政主管部门共同制定，由全国注册建筑师管理委员会组织实施。

第八条　符合下列条件之一的，可以申请参加一级注册建筑师考试：

（一）取得建筑学硕士以上学位或者相近专业工学博士学位，并从事建筑设计或者相关业务 2 年以上的；

（二）取得建筑学学士学位或者相近专业工学硕士学位，并从事建筑设计或者相关业务 3 年以上的；

（三）具有建筑学专业大学本科毕业学历并从事建筑设计或者相关业务 5 年以上的，或者具有建筑学相近专业大学本科毕业学历并从事建筑设计或者相关业务 7 年以上的；

（四）取得高级工程师技术职称并从事建筑设计或者相关业务 3 年以上的，或者取得工程师技术职称并从事建筑设计或者相关业务 5 年以上的；

（五）不具有前四项规定的条件，但设计成绩突出，经全国注册建筑师管理委员会认定达到前四项规定的专业水平的。

前款第三项至第五项规定的人员应当取得学士学位。

第九条　符合下列条件之一的，可以申请参加二级注册建筑师考试：

（一）具有建筑学或者相近专业大学本科毕业以上学历，并从事建筑设计或者相关业务 2 年以上的；

（二）具有建筑设计技术专业或者相近专业大专毕业以上学历，并从事建筑设计或者相关业务 3 年以上的；

（三）具有建筑设计技术专业 4 年制中专毕业学历，并从事建筑设计或者相关业务 5 年以上的；

（四）具有建筑设计技术相近专业中专毕业学历，并从事建筑设计或者相关业务 7 年以上的；

（五）取得助理工程师以上技术职称，并从事建筑设计或者相关业务 3 年以上的。

第十条　本条例履行前已取得高级、中级技术职称的建筑设计人员，经所在单位推荐，可以按照注册建筑师全国统一考试办法的规定，免予部分科目的考试。

第十一条　注册建筑师考试合格，取得相应的注册建筑师资格的，可以申请注册。

第十二条　一级注册建筑师的注册，由全国注册建筑师管理委员会负责；二级注册建筑师的注册，由省、自治区、直辖市注册建筑师管理委员会负责。

第十三条　有下列情形之一的，不予注册：

（一）不具有完全民事行为能力的；

（二）因受刑事处罚，自刑罚执行完毕之日起至申请注册之日止不满 5 年的；

（三）因在建筑设计或者相关业务中犯有错误受行政处罚或者撤职以上行政处分，自处罚、处分决定之日起至申请注册之日止不满 2 年的；

（四）受吊销注册建筑师证书的行政处罚，自处罚决定之日起至申请注册之日止不满 5 年；

（五）有国务院规定不予注册的其他情形的。

第十四条　全国注册建筑师管理委员会和省、自治区、直辖市注册建筑师管理委员会依照本条例第十三条的规定，决定不予注册的，应当自决定之日起 15 日内书面通知申请人；申请人有异议的，可以自收到通知之日起 15 日内向国务院建设行政主管部门或省、自治区、直辖市人民政府建设行政主管部门申请复议。

第十五条　全国注册建筑师管理委员会应当将准予注册的一级注册建筑师名单报国务院建设行政主管部门备案；省、自治区、直辖市注册建筑师管理委员会应当将准予注册的二级注册建筑师名单报省、自治区、直辖市人民政府建设行政主管部门备案。国务院建设行政主管部门或者省、自治区、直辖市人民政府建设行政主管部门发现有关注册建筑师管理委员会的注册不符合本条例规定的，应当通知有关注册建筑师管理委员会撤销注册，收回注册建筑师证书。

第十六条　准予注册的申请人，分别由全国注册建筑师管理委员会和省、自治区、直辖市注册建筑师管理委员会核发由国务院建设行政主管部门统一制作的一级注册建筑师证书或者二级注册建筑师证书。

第十七条　注册建筑师注册的有效期为 2 年。有效期届满需要继续注册的，应当在期满前 30 日内办理注册手续。

第十八条　已取得注册建筑师证书的人员，除本条例第十五条第二款规定的情形外，注册后有下列情形之一的，由准予注册的全国注册建筑师管理委员会或省、自治区、直辖市注册建筑师管理委员会撤销注册，收回注册建筑师证书：

（一）完全丧失民事行为能力的；

（二）受刑事处罚的；

（三）因在建筑设计或者相关业务中犯有错误，受到行政处罚或者撤职以上行政处分的；

（四）自行停止注册建筑师业务满 2 年的。

被撤销注册的当事人对撤销注册、收回注册建筑师证书有异议的，可以自接到撤销注册、收回注册建筑师证书的通知之日起 15 日内向国务院建设行政主管部门或者省、自治区、直辖市人民政府建设行政主管部门申请复议。

第十九条 被撤销注册的人员可以依照本条例的规定重新注册。

第三章　执业

第二十条 注册建筑师的执业范围：

（一）建筑设计；

（二）建筑设计技术咨询；

（三）建筑物调查与鉴定；

（四）对本人主持设计的项目进行施工指导和监督；

（五）国务院建设行政主管部门规定的其他业务。

第二十一条 注册建筑师执行业务，应当加入建筑设计单位。建筑设计单位的资质等级及其业务范围，由国务院建设行政主管部门规定。

第二十二条 一级注册建筑师的执业范围不受建筑规模和工程复杂程度的限制。二级注册建筑师的执业范围不得超越国家规定的建筑规模和工程复杂程度。

第二十三条 注册建筑师执行业务，由建筑设计单位统一接受委托并统一收费。

第二十四条 因设计质量造成的经济损失，由建筑设计单位承担赔偿责任；建筑设计单位有权向签字的注册建筑师追偿。

第四章　权利和义务

第二十五条 注册建筑师有权以注册建筑师的名义执行注册建筑师业务。非注册建筑师不得以注册建筑师的名义执行注册建筑师业务。二级注册建筑师不得以一级注册建筑师的名义执行业务，也不得超越国家规定的二级注册建筑师的执业范围执行业务。

第二十六条 国家规定的一定跨度、距径和高度以上的房屋建筑，应当由注册建筑师进行设计。

第二十七条 任何单位和个人修改注册建筑师的设计图纸，应当征得该注册建筑师的同意；但是，因特殊情况不能征得该注册建筑师同意的除外。

第二十八条 注册建筑师应当履行下列义务：

（一）遵守法律、法规和职业道德，维护社会公共利益；

（二）保证建设设计的质量，并在其负责的设计图纸上签字；

（三）保守在执业中知悉的单位和个人的秘密；

（四）不得同时受聘于二个以上建筑设计单位执行业务；

（五）不得准许他人以本人名义执行业务。

第五章　法律责任

第二十九条 以不正当手段取得注册建筑师考试合格资格或者注册建筑师证书的，由全国注册建筑师管理委员会或者省、自治区、直辖市注册建筑师管理委员会取消考试合格资格或者吊销注册建筑师证书；对负有直接责任的主管人员和其他直接责任人员，依法给予行政处分。

第三十条 未经注册擅自以注册建筑师名义从事注册建筑师业务的，由县级以上人民政府建设行政主管部门责令停止违法活动，没收违法所得，并可以处以违法所得5倍以下的罚款；造成损失的，应当承担赔偿责任。

第三十一条 注册建筑师违反本条例规定，有下列行为之一的，由县级以上人民政府建设行政主管部门责令停止违法活动，没收违法所得，并可以处以违法所得5倍以下的罚款；情节严重的，可以责令停止执行业务或者由全国注册建筑师管理委员会或者省、自治区、直辖市注册建筑师管理委员会吊销注册建筑师证书：

（一）以个人名义承接注册建筑师业务、收取费用的；

（二）同时受聘于二个以上建筑设计单位执行业务的；

（三）在建筑设计或者相关业务中侵犯他人合法权益的；

（四）准许他人以本人名义执行业务的；

（五）二级注册建筑师以一级注册建筑师的名义执行业务或者超越国家规定的执业范围执行业务的。

第三十二条 因建筑设计质量不合格发生重大责任事故，造成重大损失的，对该建筑设计负有直接责任的注册建筑师，由县级以上人民政府建设行政主管部门责令停止执行业务；情节严重的，由全国注册建筑师管理委员会或者省、自治区、直辖市注册建筑师管理委员会吊销注册建筑师证书。

第三十三条 违反本条例规定，未经注册建筑师同意擅自修改其设计图纸的，由县级以上人民政府建设行政主管部门责令纠正；造成损失的，应当承担赔偿责任。

第三十四条 违反本条例规定的，构成犯罪的，依法追究刑事责任。

七、注册建筑师条例实施细则（★★★）

新版《中华人民共和国注册建筑师条例实施细则》于2008年1月29日发布，自2008年3月15日起施行。1996年10月的原《中华人民共和国注册建筑师条例实施细则》同时作废。

2008年版《中华人民共和国注册建筑师条例实施细则》摘录如下。

第一章 总则

第一条 根据《中华人民共和国行政许可法》和《中华人民共和国注册建筑师条例》（以下简称《条例》），制定本细则。

第二条 中华人民共和国境内注册建筑师的考试、注册、执业、继续教育和监督管理，适用本细则。

第三条 注册建筑师，是指经考试、特许、考核认定取得中华人民共和国注册建筑师执业资格证书（以下简称执业资格证书），或者经资格互认方式取得建筑师互认资格证书（以下简称互认资格证书），并按照本细则注册，取得中华人民共和国注册建筑师注册证书（以下简称注册证书）和中华人民共和国注册建筑师执业印章（以下简称执业印章），从事建筑设计及相关业务活动的专业技术人员。

未取得注册证书和执业印章的人员，不得以注册建筑师的名义从事建筑设计及相关业务活动。

第四条 国务院建设主管部门、人事主管部门按职责分工对全国注册建筑师考试、注册、执业和继续教育实施指导和监督。

省、自治区、直辖市人民政府建设主管部门、人事主管部门按职责分工对本行政区域内注册建筑师考试、注册、执业和继续教育实施指导和监督。

第五条 全国注册建筑师管理委员会负责注册建筑师考试、一级注册建筑师注册、制定颁布注册建筑师有关标准以及相关国际交流等具体工作。

省、自治区、直辖市注册建筑师管理委员会负责本行政区域内注册建筑师考试、注册以及协助全国注册建筑师管理委员会选派专家等具体工作。

第六条 全国注册建筑师管理委员会委员由国务院建设主管部门商人事主管部门聘任。

全国注册建筑师管理委员会由国务院建设主管部门、人事主管部门、其他有关主管部门的代表和建筑设计专家组成，设主任委员一名、副主任委员若干名。全国注册建筑师管理委员会秘书处设在建设部执业资格注册中心。全国注册建筑师管理委员会秘书处承担全国注册建筑师管理委员会的日常工作职责，并承担相应的法律责任。

省、自治区、直辖市注册建筑师管理委员会由省、自治区、直辖市人民政府建设主管部门商同级人事主管部门参照本条第一款、第二款规定成立。

第二章 考试

第七条 注册建筑师考试分为一级注册建筑师考试和二级注册建筑师考试。注册建筑师考试实行全国统一考试，每年进行一次。遇特殊情况，经国务院建设主管部门和人事主管部门同意，可调整该年度考试次数。

注册建筑师考试由全国注册建筑师管理委员会统一部署，省、自治区、直辖市注册建筑师管理委员会组织实施。

第九条 《条例》第八条第（一）、（二）、（三）项，第九条第（一）项中所称相近专业，是指大学本科及以上建筑学的相近专业，包括城市规划、建筑工程和环境艺术等专业。

《条例》第九条第（二）项所称相近专业，是指大学专科建筑设计的相近专业，包括城乡规划、房屋建筑工程、风景园林、建筑装饰技术和环境艺术等专业。

《条例》第九条第（四）项所称相近专业，是指中等专科学校建筑设计技术的相近专业，包括工业与民用建筑、建筑装饰、城镇规划和村镇建设等专业。

《条例》第八条第（五）项所称设计成绩突出，是指获得国家或省部级优秀工程设计铜质或二等奖（建筑）及以上奖励。

第十条 申请参加注册建筑师考试者，可向省、自治区、直辖市注册建筑师管理委员会报名，经省、自治区、直辖市注册建筑师管理委员会审查，符合《条例》第八条或者第九条规定的，方可参加考试。

第十一条 经一级注册建筑师考试，在有效期内全部科目考试合格的，由全国注册建筑师管理委员会核发国务院建设主管部门和人事主管部门共同用印的一级注册建筑师执业资格证书。

经二级注册建筑师考试，在有效期内全部科目考试合格的，由省、自治区、直辖市注册建筑师管理委员会核发国务院建设主管部门和人事主管部门共同用印的二级注册建筑师执业资格证书。

自考试之日起，九十日内公布考试成绩；自考试成绩公布之日起，三十日内颁发执业资格证书。

第十二条　申请参加注册建筑师考试者，应当按规定向省、自治区、直辖市注册建筑师管理委员会交纳考务费和报名费。

第三章　注册

第十三条　注册建筑师实行注册执业管理制度。取得执业资格证书或者互认资格证书的人员，必须经过注册方可以注册建筑师的名义执业。

第十四条　取得一级注册建筑师资格证书并受聘于一个相关单位的人员，应当通过聘用单位向单位工商注册所在地的省、自治区、直辖市注册建筑师管理委员会提出申请；省、自治区、直辖市注册建筑师管理委员会受理后提出初审意见，并将初审意见和申请材料报全国注册建筑师管理委员会审批；符合条件的，由全国注册建筑师管理委员会颁发一级注册建筑师注册证书和执业印章。

第十五条　省、自治区、直辖市注册建筑师管理委员会在收到申请人申请一级注册建筑师注册的材料后，应当即时作出是否受理的决定，并向申请人出具书面凭证；申请材料不齐全或者不符合法定形式的，应当在五日内一次性告知申请人需要补正的全部内容。逾期不告知的，自收到申请材料之日起即为受理。

对申请初始注册的，省、自治区、直辖市注册建筑师管理委员会应当自受理申请之日起二十日内审查完毕，并将申请材料和初审意见报全国注册建筑师管理委员会。全国注册建筑师管理委员会应当自收到省、自治区、直辖市注册建筑师管理委员会上报材料之日起，二十日内审批完毕并作出书面决定。

审查结果由全国注册建筑师管理委员会予以公示，公示时间为十日，公示时间不计算在审批时间内。

全国注册建筑师管理委员会自作出审批决定之日起十日内，在公众媒体上公布审批结果。

对申请变更注册、延续注册的，省、自治区、直辖市注册建筑师管理委员会应当自受理申请之日起十日内审查完毕。全国注册建筑师管理委员会应当自收到省、自治区、直辖市注册建筑师管理委员会上报材料之日起，十五日内审批完毕并作出书面决定。

二级注册建筑师的注册办法由省、自治区、直辖市注册建筑师管理委员会依法制定。

第十六条　注册证书和执业印章是注册建筑师的执业凭证，由注册建筑师本人保管、使用。

注册建筑师由于办理延续注册、变更注册等原因，在领取新执业印章时，应当将原执业印章交回。

禁止涂改、倒卖、出租、出借或者以其他形式非法转让执业资格证书、互认资格证书、注册证书和执业印章。

第十七条　申请注册建筑师初始注册，应当具备以下条件：

（一）依法取得执业资格证书或者互认资格证书；

（二）只受聘于中华人民共和国境内的一个建设工程勘察、设计、施工、监理、招标代理、造价咨询、施工图审查、城乡规划编制等单位（以下简称聘用单位）；

（三）近三年内在中华人民共和国境内从事建筑设计及相关业务一年以上；

（四）达到继续教育要求；

（五）没有本细则第二十一条所列的情形。

第十八条 初始注册者可以自执业资格证书签发之日起三年内提出申请。逾期未申请者，须符合继续教育的要求后方可申请初始注册。

初始注册需要提交下列材料：

（一）初始注册申请表；

（二）资格证书复印件；

（三）身份证明复印件；

（四）聘用单位资质证书副本复印件；

（五）与聘用单位签订的聘用劳动合同复印件；

（六）相应的业绩证明；

（七）逾期初始注册的，应当提交达到继续教育要求的证明材料。

第十九条 注册建筑师每一注册有效期为二年。注册建筑师注册有效期满需继续执业的，应在注册有效期届满三十日前，按照本细则第十五条规定的程序申请延续注册。延续注册有效期为二年。

延续注册需要提交下列材料：

（一）延续注册申请表；

（二）与聘用单位签订的聘用劳动合同复印件；

（三）注册期内达到继续教育要求的证明材料。

第二十条 注册建筑师变更执业单位，应当与原聘用单位解除劳动关系，并按照本细则第十五条规定的程序办理变更注册手续。变更注册后，仍延续原注册有效期。

原注册有效期届满在半年以内的，可以同时提出延续注册申请。准予延续的，注册有效期重新计算。

变更注册需要提交下列材料：

（一）变更注册申请表；

（二）新聘用单位资质证书副本的复印件；

（三）与新聘用单位签订的聘用劳动合同复印件；

（四）工作调动证明或者与原聘用单位解除聘用劳动合同的证明文件、劳动仲裁机构出具的解除劳动关系的仲裁文件、退休人员的退休证明复印件；

（五）在办理变更注册时提出延续注册申请的，还应当提交在本注册有效期内达到继续教育要求的证明材料。

第二十一条 申请人有下列情形之一的，不予注册：

（一）不具有完全民事行为能力的；

（二）申请在两个或者两个以上单位注册的；

（三）未达到注册建筑师继续教育要求的；

（四）因受刑事处罚，自刑事处罚执行完毕之日起至申请注册之日止不满五年的；

（五）因在建筑设计或者相关业务中犯有错误受行政处罚或者撤职以上行政处分，自处罚、处分决定之日起至申请之日止不满二年的；

（六）受吊销注册建筑师证书的行政处罚，自处罚决定之日起至申请注册之日止不满五年的；

（七）申请人的聘用单位不符合注册单位要求的；

（八）法律、法规规定不予注册的其他情形。

第二十二条 注册建筑师有下列情形之一的，其注册证书和执业印章失效：

（一）聘用单位破产的；

（二）聘用单位被吊销营业执照的；

（三）聘用单位相应资质证书被吊销或者撤回的；

（四）已与聘用单位解除聘用劳动关系的；

（五）注册有效期满且未延续注册的；

（六）死亡或者丧失民事行为能力的；

（七）其他导致注册失效的情形。

第二十三条 注册建筑师有下列情形之一的，由注册机关办理注销手续，收回注册证书和执业印章或公告注册证书和执业印章作废：

（一）有本细则第二十二条所列情形发生的；

（二）依法被撤销注册的；

（三）依法被吊销注册证书的；

（四）受刑事处罚的；

（五）法律、法规规定应当注销注册的其他情形。

注册建筑师有前款所列情形之一的，注册建筑师本人和聘用单位应当及时向注册机关提出注销注册申请；有关单位和个人有权向注册机关举报；县级以上地方人民政府建设主管部门或者有关部门应当及时告知注册机关。

第二十四条 被注销注册者或者不予注册者，重新具备注册条件的，可以按照本细则第十五条规定的程序重新申请注册。

第二十五条 高等学校（院）从事教学、科研并具有注册建筑师资格的人员，只能受聘于本校（院）所属建筑设计单位从事建筑设计，不得受聘于其他建筑设计单位。在受聘于本校（院）所属建筑设计单位工作期间，允许申请注册。获准注册的人员，在本校（院）所属建筑设计单位连续工作不得少于二年。具体办法由国务院建设主管部门商教育主管部门规定。

第二十六条 注册建筑师因遗失、污损注册证书或者执业印章，需要补办的，应当持在公众媒体上刊登的遗失声明的证明，或者污损的原注册证书和执业印章，向原注册机关申请补办。原注册机关应当在十日内办理完毕。

第四章 执业

第二十七条 取得资格证书的人员，应当受聘于中华人民共和国境内的一个建设工程勘察、设计、施工、监理、招标代理、造价咨询、施工图审查、城乡规划编制等单位，经注册后方可从事相应的执业活动。

从事建筑工程设计执业活动的，应当受聘并注册于中华人民共和国境内一个具有工程设计资质的单位。

第二十八条 注册建筑师的执业范围具体为：

（一）建筑设计；

（二）建筑设计技术咨询；

（三）建筑物调查与鉴定；

（四）对本人主持设计的项目进行施工指导和监督；

（五）国务院建设主管部门规定的其他业务。

本条第一款所称建筑设计技术咨询包括建筑工程技术咨询，建筑工程招标、采购咨询，建筑工程项目管理，建筑工程设计文件及施工图审查，工程质量评估，以及国务院建设主管部门规定的其他建筑技术咨询业务。

第二十九条 一级注册建筑师的执业范围不受工程项目规模和工程复杂程度的限制。二级注册建筑师的执业范围只限于承担工程设计资质标准中建设项目设计规模划分表中规定的小型规模的项目。

注册建筑师的执业范围不得超越其聘用单位的业务范围。注册建筑师的执业范围与其聘用单位的业务范围不符时，个人执业范围服从聘用单位的业务范围。

第三十条 注册建筑师所在单位承担民用建筑设计项目，应当由注册建筑师任工程项目设计主持人或设计总负责人；工业建筑设计项目，须由注册建筑师任工程项目建筑专业负责人。

第三十一条 凡属工程设计资质标准中建筑工程建设项目设计规模划分表规定的工程项目，在建筑工程设计的主要文件（图纸）中，须由主持该项设计的注册建筑师签字并加盖其执业印章，方为有效。否则设计审查部门不予审查，建设单位不得报建，施工单位不准施工。

第三十二条 修改经注册建筑师签字盖章的设计文件，应当由原注册建筑师进行；因特殊情况，原注册建筑师不能进行修改的，可以由设计单位的法人代表书面委托其他符合条件的注册建筑师修改，并签字、加盖执业印章，对修改部分承担责任。

第三十三条 注册建筑师从事执业活动，由聘用单位接受委托并统一收费。

第五章 继续教育

第三十四条 注册建筑师在每一注册有效期内应当达到全国注册建筑师管理委员会制定的继续教育标准。继续教育作为注册建筑师逾期初始注册、延续注册、重新申请注册的条件之一。

第三十五条 继续教育分为必修课和选修课，在每一注册有效期内各为四十学时。

第六章 监督检查

第三十六条 国务院建设主管部门对注册建筑师注册执业活动实施统一的监督管理。县级以上地方人民政府建设主管部门负责对本行政区域内的注册建筑师注册执业活动实施监督管理。

第三十七条 建设主管部门履行监督检查职责时，有权采取下列措施：

（一）要求被检查的注册建筑师提供资格证书、注册证书、执业印章、设计文件（图纸）；

（二）进入注册建筑师聘用单位进行检查，查阅相关资料；

（三）纠正违反有关法律、法规和本细则及有关规范和标准的行为。

建设主管部门依法对注册建筑师进行监督检查时，应当将监督检查情况和处理结果予以记录，由监督检查人员签字后归档。

第三十八条　建设主管部门在实施监督检查时，应当有两名以上监督检查人员参加，并出示执法证件，不得妨碍注册建筑师正常的执业活动，不得谋取非法利益。

注册建筑师和其聘用单位对依法进行的监督检查应当协助与配合，不得拒绝或者阻挠。

第三十九条　注册建筑师及其聘用单位应当按照要求，向注册机关提供真实、准确、完整的注册建筑师信用档案信息。

注册建筑师信用档案应当包括注册建筑师的基本情况、业绩、良好行为、不良行为等内容。违法违规行为、被投诉举报处理、行政处罚等情况应当作为注册建筑师的不良行为记入其信用档案。

注册建筑师信用档案信息按照有关规定向社会公示。

第七章　法律责任

第四十条　隐瞒有关情况或者提供虚假材料申请注册的，注册机关不予受理，并由建设主管部门给予警告，申请人一年之内不得再次申请注册。

第四十一条　以欺骗、贿赂等不正当手段取得注册证书和执业印章的，由全国注册建筑师管理委员会或省、自治区、直辖市注册建筑师管理委员会撤销注册证书并收回执业印章，三年内不得再次申请注册，并由县级以上人民政府建设主管部门处以罚款。其中没有违法所得的，处以1万元以下罚款；有违法所得的处以违法所得3倍以下且不超过3万元的罚款。

第四十二条　违反本细则，未受聘并注册于中华人民共和国境内一个具有工程设计资质的单位，从事建筑工程设计执业活动的，由县级以上人民政府建设主管部门给予警告，责令停止违法活动，并可处以1万元以上3万元以下的罚款。

第四十三条　违反本细则，未办理变更注册而继续执业的，由县级以上人民政府建设主管部门责令限期改正；逾期未改正的，可处以5000元以下的罚款。

第四十四条　违反本细则，涂改、倒卖、出租、出借或者以其他形式非法转让执业资格证书、互认资格证书、注册证书和执业印章的，由县级以上人民政府建设主管部门责令改正，其中没有违法所得的，处以1万元以下罚款；有违法所得的处以违法所得3倍以下且不超过3万元的罚款。

第四十五条　违反本细则，注册建筑师或者其聘用单位未按照要求提供注册建筑师信用档案信息的，由县级以上人民政府建设主管部门责令限期改正；逾期未改正的，可处以1000元以上1万元以下的罚款。

第四十六条　聘用单位为申请人提供虚假注册材料的，由县级以上人民政府建设主管部门给予警告，责令限期改正；逾期未改正的，可处以1万元以上3万元以下的罚款。

第四十七条　有下列情形之一的，全国注册建筑师管理委员会或者省、自治区、直辖市注册建筑师管理委员可以撤销其注册：

（一）全国注册建筑师管理委员会或者省、自治区、直辖市注册建筑师管理委员的工作人员滥用职权、玩忽职守颁发注册证书和执业印章的；

（二）超越法定职权颁发注册证书和执业印章的；

（三）违反法定程序颁发注册证书和执业印章的；

（四）对不符合法定条件的申请人颁发注册证书和执业印章的；

（五）依法可以撤销注册的其他情形。

第四十八条 县级以上人民政府建设主管部门、人事主管部门及全国注册建筑师管理委员会或者省、自治区、直辖市注册建筑师管理委员的工作人员，在注册建筑师管理工作中，有下列情形之一的，依法给予处分；构成犯罪的，依法追究刑事责任：

（一）对不符合法定条件的申请人颁发执业资格证书、注册证书和执业印章的；

（二）对符合法定条件的申请人不予颁发执业资格证书、注册证书和执业印章的；

（三）对符合法定条件的申请不予受理或者未在法定期限内初审完毕的；

（四）利用职务上的便利，收受他人财物或者其他好处的；

（五）不依法履行监督管理职责，或者发现违法行为不予查处的。

第八章 附则

第四十九条 注册建筑师执业资格证书由国务院人事主管部门统一制作；一级注册建筑师注册证书、执业印章和互认资格证书由全国注册建筑师管理委员会统一制作；二级注册建筑师注册证书和执业印章由省、自治区、直辖市注册建筑师管理委员会统一制作。

第五十条 香港特别行政区、澳门特别行政区、台湾地区的专业技术人员按照国家有关规定和有关协议，报名参加全国统一考试和申请注册。

外籍专业技术人员参加全国统一考试按照对等原则办理；申请建筑师注册的，其所在国应当已与中华人民共和国签署双方建筑师对等注册协议。

第五十一条 本细则自 2008 年 3 月 15 日起施行。1996 年 7 月 1 日建设部颁布的《中华人民共和国注册建筑师条例实施细则》（建设部令第 52 号）同时废止。

例题 3-1： 二级注册建筑师考试内容分成四个科目进行考试。科目考试合格有效期为（ ）。

A. 四年　　　　B. 五年　　　　C. 六年　　　　D. 长期有效

【答案】 A

例题 3-2： 根据《中华人民共和国注册建筑师条例》，注册建筑师注册的有效期是（ ）。

A. 一年　　　　B. 二年　　　　C. 三年　　　　D. 五年

【答案】 B

本节重点： 注册建筑师条例（★★★）、注册建筑师条例实施细则（★★★）

第三节　设计文件编制的有关规定

一、编制建设工程勘察、设计文件的依据（★★★）

根据《建设工程勘察设计管理条例》（2017 年 10 月 7 日修订版）第二十五条的规定编制建设工程勘察、设计文件，应当以下列规定为依据：

1）项目批准文件；

2）城乡规划；

3）工程建设强制性标准；

4）国家规定的建设工程勘察、设计深度要求。

铁路、交通、水利等专业建设工程，还应当以专业规划的要求为依据。

二、建筑工程设计文件编制深度规定（★★★）

2016 年，住房和城乡建设部组织对《建筑工程设计文件编制深度规定》（2008 年版）进行修编，2016 年版的《建筑工程设计文件编制深度规定》于 2017 年 1 月 1 日起施行，2008 年版同时作废。2016 年版与 2008 年版相比主要变化如下：

1）新增绿色建筑技术应用的内容；

2）新增装配式建筑设计内容；

3）新增建筑设备控制相关规定；

4）新增建筑节能设计要求，包括各相关专业的设计文件和计算书深度要求；

5）新增结构工程超限设计可行性论证报告内容；

6）新增建筑幕墙、基坑支护及建筑智能化专项设计内容；

7）根据建筑工程项目在审批、施工等方面对设计文件深度要求的变化，对原规定中的部分条文作了修改，使之更加适用于目前的工程项目设计，尤其是民用建筑工程项目设计。

2016 年版《建筑工程设计文件编制深度规定》摘录如下。

1.0.4 建筑工程一般应分为方案设计、初步设计和施工图设计三个阶段；对于技术要求相对简单的民用建筑工程，当有关主管部门在初步设计阶段没有审查要求，且合同中没有做初步设计的约定时，可在方案设计审批后直接进入施工图设计。

1.0.5 各阶段设计文件编制深度应按以下原则进行（具体应执行第 2、3、4 章条款）；

1 方案设计文件，应满足编制初步设计文件的需要，应满足方案审批或报批的需要。

注：本规定仅适用于报批方案设计文件编制深度。对于投标方案设计文件的编制深度，应执行住房和城乡建设部颁发的相关规定。

2 初步设计文件，应满足编制施工图设计文件的需要，应满足初步设计审批的需要。

3 施工图设计文件，应满足设备材料采购、非标准设备制作和施工的需要。

注：对于将项目分别发包给几个设计单位或实施设计分包的情况，设计文件相互关联处的深度应满足各承包或分包单位设计的需要。

1.0.7 当设计合同对设计文件编制深度另有要求时，设计文件编制深度应同时满足本规定和设计合同的要求。

1.0.11 当建设单位另行委托相关单位承担项目专项设计（包括二次设计）时，主体建筑设计单位应提出专项设计的技术要求并对主体结构和整体安全负责。专项设计单位应依据本规定相关章节的要求以及主体建筑设计单位提出的技术要求进行专项设计并对设计内容负责。

1.0.12 装配式建筑工程设计中宜在方案阶段进行"技术策划"，其深度应符合本规定相关章节的要求。预制构件生产之前应进行装配式建筑专项设计，包括预制混凝土构件加工详图设计。主体建筑设计单位应对预制构件深化设计进行会签，确保其荷载、连接以及对主体结构的影响均符合主体结构设计的要求。

2.1.1 方案设计文件。

1 设计说明书，包括各专业设计说明以及投资估算等内容；对于涉及建筑节能、环保、绿色建筑、人防等设计的专业，其设计说明应有相应的专门内容；

2 总平面图以及相关建筑设计图纸（若为城市区域供热或区域燃气调压站，应提供热能动力专业的设计图纸，具体见2.3.3条）；

3 设计委托或设计合同中规定的透视图、鸟瞰图、模型等。

2.1.2 方案设计文件的编排顺序。

1 封面：写明项目名称、编制单位、编制年月；

2 扉页：写明编制单位法定代表人、技术总负责人、项目总负责人及各专业负责人的姓名，并经上述人员签署或授权盖章；

3 设计文件目录；

4 设计说明书；

5 设计图纸。

2.1.3 装配式建筑技术策划文件。

1 技术策划报告，包括技术策划依据和要求、标准化设计要求、建筑结构体系、建筑围护系统、建筑内装体系、设备管线等内容；

2 技术配置表，装配式结构技术选用及技术要点；

3 经济性评估，包括项目规模、成本、质量、效率等内容；

4 预制构件生产策划，包括构件厂选择、构件制作及运输方案，经济性评估等。

3.1.1 初步设计文件。

1 设计说明书，包括设计总说明、各专业设计说明。对于涉及建筑节能、环保、绿色建筑、人防、装配式建筑等，其设计说明应有相应的专项内容；

2 有关专业的设计图纸；

3 主要设备或材料表；

4 工程概算书；

5 有关专业计算书（计算书不属于必须交付的设计文件，但应按本规定相关条款的要求编制）。

3.1.2 初步设计文件的编排顺序。

1 封面：写明项目名称、编制单位、编制年月；

2 扉页：写明编制单位法定代表人、技术总负责人、项目总负责人和各专业负责人的姓名，并经上述人员签署或授权盖章；

3 设计文件目录；

4 设计说明书；

5 设计图纸（可单独成册）；

6 概算书（应单独成册）。

4.1.1 施工图设计文件。

1 合同要求所涉及的所有专业的设计图纸（含图纸目录、说明和必要的设备、材料表，见第4.2节至第4.8节）以及图纸总封面；对于涉及建筑节能设计的专业，其设计说明应有建筑节能设计的专项内容；涉及装配式建筑设计的专业，其设计说明及图纸应有装配式建筑专项设计内容；

2 合同要求的工程预算书；

注：对于方案设计后直接进入施工图设计的项目，若合同未要求编制工程预算书，施工图设计文件应包括工程概算书。

3 各专业计算书。计算书不属于必须交付的设计文件，但应按本规定相关条款的要求编制并归档保存。

4.1.2 总封面标识内容。

1 项目名称；

2 设计单位名称；

3 项目的设计编号；

4 设计阶段；

5 编制单位法定代表人、技术总负责人和项目总负责人的姓名及其签字或授权盖章；

6 设计日期（即设计文件交付日期）。

5.3.1 方案设计、初步设计和施工图设计阶段应在智能化工程施工招标之前完成，深化设计应在智能化工程施工招标之后完成；

建筑智能化除火灾自动报警及火灾应急广播两个系统外均包含在专项设计范围内。

由于建筑智能化系统关系到建筑的使用功能，未来管理的模式及应用水平，建筑智能化与各专业紧密关联（如：机房位置及面积的确定，电量及供电位置的确定，机电设备的监控方案等），应与建筑设计同期进行设计，并保持进度一致。

智能化专项设计文件应能满足预算专业编制各设计阶段预算文件的要求，满足智能化专业招标的要求。

条文说明

4.1.1-2 工程预算书不是施工图设计文件必须包括的内容。但当合同明确要求编制工程预算书，且合同规定的设计费中包括单独收取的工程预算书编制费时，设计方应按本规定的要求向建设单位提供工程预算书。

例题 3-3：设计概算在（　　　）阶段进行？

A. 方案阶段　　　　　　　　　　B. 初步设计阶段

C. 施工图阶段　　　　　　　　　D. 技术设计阶段

【答案】B

三、有关修改设计文件方面的规定（★）

建设单位、施工单位、监理单位不得修改建设工程勘察、设计文件；确需修改建设工程勘察、设计文件的，应当由原建设工程勘察、设计单位修改。经原建设工程勘察、设计单位书面同意，建设单位也可以委托其他具有相应资质的建设工程勘察、设计单位修改。修改单位对修改的勘察、设计文件承担相应责任。

施工单位、监理单位发现建设工程勘察、设计文件不符合工程建设强制性标准、合同约定的质量要求的，应当报告建设单位，建设单位有权要求建设工程勘察、设计单位对建设工程勘察、设计文件进行补充、修改。

建设工程勘察、设计文件内容需要作重大修改的，建设单位应当报经原审批机关批准后，方可修改。

四、其他规定（★）

建设工程勘察设计文件中规定采用的新技术、新材料，可能影响建设工程质量和安全，又没有国家技术标准的，应当由国家认可的检测机构进行试验、论证，出具检测报告，并经国务院有关部门或者省、自治区、直辖市人民政府有关部门组织的建设工程技术专家委员会审定后，方可使用。

> **本节重点**：编制建设工程勘察、设计文件的依据（★★★）、建筑工程设计文件编制深度规定（★★★）

第四节　工程建设强制性标准的有关规定

工程建设标准是标准、规范、规程的统称。在一些强制性标准中也还存在一些非强制性的技术要求，为此国家从繁杂的条文中挑出一些必须执行的强制性条文。这些条文涉及人民生命财产安全、身体健康、环保和公众利益等方面，违反了就要受到处罚。

一、《实施工程建设强制性标准监督规定》（★★★）

2000 年 8 月 25 日，中华人民共和国建设部令第 81 号首次公布并施行了《实施工程建设强制性标准监督规定》，2015 年 1 月 22 日和 2021 年 3 月 30 日住房和城乡建设部分别对其作了相应的修订。

2021 年版《实施工程建设强制性标准监督规定》摘录如下。

第三条　本规定所称工程建设强制性标准是指直接涉及工程质量、安全、卫生及环境保护等方面的工程建设标准强制性条文。

国家工程建设标准强制性条文由国务院住房城乡建设主管部门会同国务院有关主管部门确定。

第四条　国务院住房城乡建设主管部门负责全国实施工程建设强制性标准的监督管理工作。

国务院有关主管部门按照国务院的职能分工负责实施工程建设强制性标准的监督管理工作。

县级以上地方人民政府住房城乡建设主管部门负责本行政区域内实施工程建设强制性标准的监督管理工作。

第五条　建设工程勘察、设计文件中规定采用的新技术、新材料，可能影响建设工程质量和安全，又没有国家技术标准的，应当由国家认可的检测机构进行试验、论证，出具检测报告，并经国务院有关主管部门或者省、自治区、直辖市人民政府有关主管部门组织的建设工程技术专家委员会审定后，方可使用。

第九条　工程建设标准批准部门应当对工程项目执行强制性标准情况进行监督检查。监督检查可以采取重点检查、抽查和专项检查的方式。

第十条　强制性标准监督检查的内容包括：

（一）有关工程技术人员是否熟悉、掌握强制性标准；

（二）工程项目的规划、勘察、设计、施工、验收等是否符合强制性标准的规定；

（三）工程项目采用的材料、设备是否符合强制性标准的规定；

（四）工程项目的安全、质量是否符合强制性标准的规定；

（五）工程中采用的导则、指南、手册、计算机软件的内容是否符合强制性标准的规定。

第十六条　建设单位有下列行为之一的，责令改正，并处以 20 万元以上 50 万元以下的罚款：

（一）明示或者暗示施工单位使用不合格的建筑材料、建筑构配件和设备的；

（二）明示或者暗示设计单位或者施工单位违反工程建设强制性标准，降低工程质量的。

第十七条　勘察、设计单位违反工程建设强制性标准进行勘察、设计的，责令改正，并处以 10 万元以上 30 万元以下的罚款。

有前款行为，造成工程质量事故的，责令停业整顿，降低资质等级；情节严重的，吊销资质证书；造成损失的，依法承担赔偿责任。

第十八条　施工单位违反工程建设强制性标准的，责令改正，处工程合同价款 2% 以上 4% 以下的罚款；造成建设工程质量不符合规定的质量标准的，负责返工、修理，并赔偿因此造成的损失；情节严重的，责令停业整顿，降低资质等级或者吊销资质证书。

第十九条　工程监理单位违反强制性标准规定，将不合格的建设工程以及建筑材料、建筑构配件和设备按照合格签字的，责令改正，处 50 万元以上 100 万元以下的罚款，降低资质等级或者吊销资质证书；有违法所得的，予以没收；造成损失的，承担连带赔偿责任。

二、《建设工程勘察设计管理条例》对执行强制性标准的相关规定（★）

《建设工程勘察设计管理条例》（2017 年 10 月 7 日修订）对建设工程执行强制性标准的相关规定摘录如下。

第五条　县级以上人民政府建设行政主管部门和交通、水利等有关部门应当依照本条例的规定，加强对建设工程勘察、设计活动的监督管理。

建设工程勘察、设计单位必须依法进行建设工程勘察、设计，严格执行工程建设强制性标准，并对建设工程勘察、设计的质量负责。

第二十五条　编制建设工程勘察、设计文件，应当以下列规定为依据：

（一）项目批准文件；

（二）城乡规划；

（三）工程建设强制性标准；

（四）国家规定的建设工程勘察、设计深度要求。

铁路、交通、水利等专业建设工程，还应当以专业规划的要求为依据。

第二十八条 建设单位、施工单位、监理单位不得修改建设工程勘察、设计文件；确需修改建设工程勘察、设计文件的，应当由原建设工程勘察、设计单位修改。经原建设工程勘察、设计单位书面同意，建设单位也可以委托其他具有相应资质的建设工程勘察、设计单位修改。修改单位对修改的勘察、设计文件承担相应责任。

施工单位、监理单位发现建设工程勘察、设计文件不符合工程建设强制性标准、合同约定的质量要求的，应当报告建设单位，建设单位有权要求建设工程勘察、设计单位对建设工程勘察、设计文件进行补充、修改。

建设工程勘察、设计文件内容需要作重大修改的，建设单位应当报经原审批机关批准后，方可修改。

例题 3-4： 施工单位发现某建设工程的阳台玻璃栏杆不符合强制性标准要求，施工单位该采取以下哪一种措施？（　　　）

A. 修改设计文件，将玻璃栏杆换成符合强制性标准的金属栏杆

B. 报告建设单位，由建设单位要求设计单位进行改正

C. 在征得建设单位同意后，将玻璃栏杆换成符合强制性标准的金属栏杆

D. 签写技术核定单，并交设计单位签字认可

【答案】B

例题 3-5： 工程建设标准批准部门对工程项目执行强制性标准情况进行监督检查的下列内容中，哪一种不属于规定的内容？（　　　）

A. 工程项目的建设程序和进度是否符合强制性标准的规定

B. 工程项目采用的材料是否符合强制性标准的规定

C. 工程项目的安全、质量是否符合强制性标准的规定

D. 工程中采用的手册的内容是否符合强制性标准的规定

【答案】A

本节重点： 实施工程建设强制性标准监督规定（★★★）

第五节　与工程建设有关的法律法规

本节包含以下 13 个与工程建设有关的主要法律法规：《中华人民共和国建筑法》《建设工程质量管理条例》《建设工程勘察设计发包与承包》《必须招标的工程项目规定》《建筑工程设计招标投标管理办法》《设计企业资质资格管理》《工程勘察设计收费标准》《房屋建筑和市政基础设施工程施工图设计文件审查管理办法》《中华人民共和国民法典（第三编，合同）》《中华人民共和国城乡规划法》《中华人民共和国环境保护法》《中华人民共和国节约能源法》以及《中华人民共和国安全生产法》。

一、我国法规的基本体系（★）

按现行立法权限，我国的法规可分为 5 个层次，即：

1）全国人大及其常委会制定的法律；

2）国务院制定的行政法规；

3）国务院各部委制定的部门规章；

4）地方人大制定的地方性法规；

5）地方行政部门制定的地方政府规章。

举例如下（地方性法规、地方政府规章不再举例）。

1. 法律

《中华人民共和国建筑法》《中华人民共和国安全生产法》《中华人民共和国招标投标法》《中华人民共和国民法典》《中华人民共和国行政许可法》《中华人民共和国节约能源法》《中华人民共和国环境保护法》等。

2. 行政法规

《建设工程勘察设计管理条例》《建设工程质量管理条例》《建设工程安全生产管理条例》等。

3. 部门规章

《建设工程勘察设计资质管理规定》《工程监理企业资质管理规定》《建筑业企业资质管理规定》等。

二、建筑法（★）

《中华人民共和国建筑法》自 1998 年 3 月 1 日起施行。2011 年 4 月 22 日，根据第十一届全国人大常委会第 20 次会议《关于修改〈中华人民共和国建筑法〉的决定》进行修改，2011 年 7 月 1 日执行。2019 年全国人大又对第八条做了修改。

2019 年版《中华人民共和国建筑法》摘录如下。

第二章　建筑许可

第一节　建筑工程施工许可

第七条　建筑工程开工前，建设单位应当按照国家有关规定向工程所在地县级以上人民政府建设行政主管部门申请领取施工许可证；但是，国务院建设行政主管部门确定的限额以下的小型工程除外。

按照国务院规定的权限和程序批准开工报告的建筑工程，不再领取施工许可证。

第八条　申请领取施工许可证，应当具备下列条件：

（一）已经办理该建筑工程用地批准手续；

（二）依法应当办理建设工程规划许可证的，已经取得建设工程规划许可证；

（三）需要拆迁的，其拆迁进度符合施工要求；

（四）已经确定建筑施工企业；

（五）有满足施工需要的资金安排、施工图纸及技术资料；

（六）有保证工程质量和安全的具体措施。

建设行政主管部门应当自收到申请之日起七日内，对符合条件的申请颁发施工许可证。

　　第九条　建设单位应当自领取施工许可证之日起三个月内开工。因故不能按期开工的，应当向发证机关申请延期；延期以两次为限，每次不超过三个月。既不开工又不申请延期或者超过延期时限的，施工许可证自行废止。

　　第十条　在建的建筑工程因故中止施工的，建设单位应当自中止施工之日起一个月内，向发证机关报告，并按照规定做好建筑工程的维护管理工作。

　　建筑工程恢复施工时，应当向发证机关报告；中止施工满一年的工程恢复施工前，建设单位应当报发证机关核验施工许可证。

　　第十一条　按照国务院有关规定批准开工报告的建筑工程，因故不能按期开工或者中止施工的，应当及时向批准机关报告情况。因故不能按期开工超过六个月的，应当重新办理开工报告的批准手续。

第二节　从业资格

　　第十二条　从事建筑活动的建筑施工企业、勘察单位、设计单位和工程监理单位，应当具备下列条件：

　　（一）有符合国家规定的注册资本；

　　（二）有与其从事的建筑活动相适应的具有法定执业资格的专业技术人员；

　　（三）有从事相关建筑活动所应有的技术装备；

　　（四）法律、行政法规规定的其他条件。

　　第十三条　从事建筑活动的建筑施工企业、勘察单位、设计单位和工程监理单位，按照其拥有的注册资本、专业技术人员、技术装备和已完成的建筑工程业绩等资质条件，划分为不同的资质等级，经资质审查合格，取得相应等级的资质证书后，方可在其资质等级许可的范围内从事建筑活动。

　　第十四条　从事建筑活动的专业技术人员，应当依法取得相应的执业资格证书，并在执业资格证书许可的范围内从事建筑活动。

　　例题 3-6：建筑工程开工前，哪一个单位应当按照国家有关规定向工程所在地县级以上人民政府建设行政主管部门申请领取施工许可证？（　　）

　　A. 建设单位

　　B. 设计单位

　　C. 施工单位

　　D. 监理单位

　　【答案】 A

　　例题 3-7：根据《中华人民共和国建筑法》的规定，建筑工程保修范围和最低保修期限，由下列何者规定？（　　）

　　A. 由建设方与施工方协议规定

　　B. 由省、自治区、直辖市建设行政主管部门规定

　　C. 在相关施工规程中规定

三、建设工程质量管理条例（★★★）

《建设工程质量管理条例》2000年1月30日发布并实施。根据2017年10月7日中华人民共和国国务院令第687号《国务院关于修改部分行政法规的决定》修订。根据2019年4月23日国务院令第714号《国务院关于修改部分行政法规的决定》修改。

2019年版《建设工程质量管理条例》摘录如下。

第一章　总则

第三条　建设单位、勘察单位、设计单位、施工单位、工程监理单位依法对建设工程质量负责。

第五条　从事建设工程活动，必须严格执行基本建设程序，坚持先勘察、后设计、再施工的原则。

第二章　建设单位的质量责任和义务

第十一条　施工图设计文件审查的具体办法，由国务院建设行政主管部门、国务院其他有关部门制定。

施工图设计文件未经审查批准的，不得使用。

第三章　勘察、设计单位的质量责任和义务

第十八条　从事建设工程勘察、设计的单位应当依法取得相应等级的资质证书，并在其资质等级许可的范围内承揽工程。

禁止勘察、设计单位超越其资质等级许可的范围或者以其他勘察、设计单位的名义承揽工程。禁止勘察、设计单位允许其他单位或者个人以本单位的名义承揽工程。

勘察、设计单位不得转包或者违法分包所承揽的工程。

第十九条　勘察、设计单位必须按照工程建设强制性标准进行勘察、设计，并对其勘察、设计的质量负责。

注册建筑师、注册结构工程师等注册执业人员应当在设计文件上签字，对设计文件负责。

第二十条　勘察单位提供的地质、测量、水文等勘察成果必须真实、准确。

第二十一条　设计单位应当根据勘察成果文件进行建设工程设计。

设计文件应当符合国家规定的设计深度要求，注明工程合理使用年限。

第二十二条　设计单位在设计文件中选用的建筑材料、建筑构配件和设备，应当注明规格、型号、性能等技术指标，其质量要求必须符合国家规定的标准。

除有特殊要求的建筑材料、专用设备、工艺生产线等外，设计单位不得指定生产厂、供应商。

第八章　罚则

第六十条　违反本条例规定，勘察、设计、施工、工程监理单位超越本单位资质等级

承揽工程的，责令停止违法行为，对勘察、设计单位或者工程监理单位处合同约定的勘察费、设计费或者监理酬金1倍以上2倍以下的罚款；对施工单位处工程合同价款百分之二以上百分之四以下的罚款，可以责令停业整顿，降低资质等级；情节严重的，吊销资质证书；有违法所得的，予以没收。

未取得资质证书承揽工程的，予以取缔，依照前款规定处以罚款；有违法所得的，予以没收。

以欺骗手段取得资质证书承揽工程的，吊销资质证书，依照本条第一款规定处以罚款；有违法所得的，予以没收。

第六十一条　违反本条例规定，勘察、设计、施工、工程监理单位允许其他单位或者个人以本单位名义承揽工程的，责令改正，没收违法所得，对勘察、设计单位和工程监理单位处合同约定的勘察费、设计费和监理酬金1倍以上2倍以下的罚款；对施工单位处工程合同价款百分之二以上百分之四以下的罚款；可以责令停业整顿，降低资质等级；情节严重的，吊销资质证书。

第六十二条　违反本条例规定，承包单位将承包的工程转包或者违法分包的，责令改正，没收违法所得，对勘察、设计单位处合同约定的勘察费、设计费百分之二十五以上百分之五十以下的罚款；对施工单位处工程合同价款百分之零点五以上百分之一以下的罚款；可以责令停业整顿，降低资质等级；情节严重的，吊销资质证书。

工程监理单位转让工程监理业务的，责令改正，没收违法所得，处合同约定的监理酬金百分之二十五以上百分之五十以下的罚款；可以责令停业整顿，降低资质等级；情节严重的，吊销资质证书。

第六十三条　违反本条例规定，有下列行为之一的，责令改正，处10万元以上30万元以下的罚款：

（一）勘察单位未按照工程建设强制性标准进行勘察的；

（二）设计单位未根据勘察成果文件进行工程设计的；

（三）设计单位指定建筑材料、建筑构配件的生产厂、供应商的；

（四）设计单位未按照工程建设强制性标准进行设计的。

有前款所列行为，造成工程质量事故的，责令停业整顿，降低资质等级；情节严重的，吊销资质证书；造成损失的，依法承担赔偿责任。

例题3-8：对于在设计文件中指定使用不符合国家规定质量标准的建筑材料造成重大事故的设计单位，应按以下哪条处理？（　　　）

A. 责令改正及停业整顿，处以罚款，对造成损失的应承担相应的赔偿责任

B. 责令改正及停业整顿，处以罚款，对造成损失的应承担相应的赔偿责任，降低资质等级，两年内不得升级

C. 责令停业整顿，对造成损失的应承担相应的赔偿责任，降低资质等级，两年内不得升级

D. 责令停业整顿，对造成损失的应承担相应的赔偿责任，降低资质等级，一年内不得升级

【答案】D

四、建设工程勘察设计发包与承包（★）

（一）《建设工程勘察设计管理条例》（2017年修订版）对建设工程勘察设计发包与承包的规定

第三章 建设工程勘察设计发包与承包

第十六条 下列建设工程的勘察、设计，经有关主管部门批准，可以直接发包：

（一）采用特定的专利或者专有技术的；

（二）建筑艺术造型有特殊要求的；

（三）国务院规定的其他建设工程的勘察、设计。

第二十条 建设工程勘察、设计单位不得将所承揽的建设工程勘察、设计转包。

第二十二条 建设工程勘察、设计的发包方与承包方，应当执行国家规定的建设工程勘察、设计程序。

第二十三条 建设工程勘察、设计的发包方与承包方应当签订建设工程勘察、设计合同。

第二十四条 建设工程勘察、设计发包方与承包方应当执行国家有关建设工程勘察费、设计费的管理规定。

（二）《中华人民共和国建筑法》对建设工程发包与承包的规定

第三章 建筑工程发包与承包
第二节 发包

第十九条 建筑工程依法实行招标发包，对不适于招标发包的可以直接发包。

第二十条 建筑工程实行公开招标的，发包单位应当依照法定程序和方式，发布招标公告，提供载有招标工程的主要技术要求、主要的合同条款、评标的标准和方法以及开标、评标、定标的程序等内容的招标文件。

开标应当在招标文件规定的时间、地点公开进行。开标后应当按照招标文件规定的评标标准和程序对标书进行评价、比较，在具备相应资质条件的投标者中，择优选定中标者。

第二十一条 建筑工程招标的开标、评标、定标由建设单位依法组织实施，并接受有关行政主管部门的监督。

第二十二条 建筑工程实行招标发包的，发包单位应当将建筑工程发包给依法中标的承包单位。建筑工程实行直接发包的，发包单位应当将建筑工程发包给具有相应资质条件的承包单位。

第二十三条 政府及其所属部门不得滥用行政权力，限定发包单位将招标发包的建筑工程发包给指定的承包单位。

第二十四条 提倡对建筑工程实行总承包，禁止将建筑工程肢解发包。

建筑工程的发包单位可以将建筑工程的勘察、设计、施工、设备采购一并发包给一个工程总承包单位，也可以将建筑工程勘察、设计、施工、设备采购的一项或者多项发包给一个工程总承包单位；但是，不得将应当由一个承包单位完成的建筑工程肢解成若干部分发包给几个承包单位。

第二十五条　按照合同约定，建筑材料、建筑构配件和设备由工程承包单位采购的，发包单位不得指定承包单位购入用于工程的建筑材料、建筑构配件和设备或者指定生产厂、供应商。

第三节　承包

第二十六条　承包建筑工程的单位应当持有依法取得的资质证书，并在其资质等级许可的业务范围内承揽工程。

禁止建筑施工企业超越本企业资质等级许可的业务范围或者以任何形式用其他建筑施工企业的名义承揽工程。禁止建筑施工企业以任何形式允许其他单位或者个人使用本企业的资质证书、营业执照，以本企业的名义承揽工程。

第二十七条　大型建筑工程或者结构复杂的建筑工程，可以由两个以上的承包单位联合共同承包。共同承包的各方对承包合同的履行承担连带责任。

两个以上不同资质等级的单位实行联合共同承包的，应当按照资质等级低的单位的业务许可范围承揽工程。

第二十八条　禁止承包单位将其承包的全部建筑工程转包给他人，禁止承包单位将其承包的全部建筑工程肢解以后以分包的名义分别转包给他人。

第二十九条　建筑工程总承包单位可以将承包工程中的部分工程发包给具有相应资质条件的分包单位；但是，除总承包合同中约定的分包外，必须经建设单位认可。施工总承包的，建筑工程主体结构的施工必须由总承包单位自行完成。

建筑工程总承包单位按照总承包合同的约定对建设单位负责；分包单位按照分包合同的约定对总承包单位负责。总承包单位和分包单位就分包工程对建设单位承担连带责任。

禁止总承包单位将工程分包给不具备相应资质条件的单位。禁止分包单位将其承包的工程再分包。

例题 3-9：下列关于设计分包的叙述，哪条是正确的？（　　　）

A. 设计承包人可以将自己的承包工程交由第三人完成，第三人为具备相应资质的设计单位

B. 设计承包人经发包人同意，可以将自己承包的部分工程设计分包给自然人

C. 设计承包人经发包人同意，可以将自己承包的部分工作分包给具备相应资质的第三人

D. 设计承包人经发包人同意，可以将自己的全部工作分包给具有相应资质的第三人

【答案】C

五、对必须招标的工程项目的规定（★★）

（一）《中华人民共和国招标投标法》（2017 年修订版）对必须进行招标的工程建设项目范围的规定

第三条　在中华人民共和国境内进行下列工程建设项目包括项目的勘察、设计、施

工、监理以及与工程建设有关的重要设备、材料等的采购，必须进行招标：

（一）大型基础设施、公用事业等关系社会公共利益、公众安全的项目；

（二）全部或者部分使用国有资金投资或者国家融资的项目；

（三）使用国际组织或者外国政府贷款、援助资金的项目。

（二）《必须招标的工程项目规定》的颁布和施行

2018年3月27日，国家发展和改革委员会印发了第16号令《必须招标的工程项目规定》（以下简称《新规定》），该《新规定》于2018年6月1日起正式施行。《新规定》施行后，《工程建设项目招标范围和规模标准规定》同时废止。

《新规定》全文如下。

第一条 为了确定必须招标的工程项目，规范招标投标活动，提高工作效率、降低企业成本、预防腐败，根据《中华人民共和国招标投标法》第三条的规定，制定本规定。

第二条 全部或者部分使用国有资金投资或者国家融资的项目包括：

（一）使用预算资金200万元人民币以上，并且该资金占投资额10％以上的项目；

（二）使用国有企业事业单位资金，并且该资金占控股或者主导地位的项目。

第三条 使用国际组织或者外国政府贷款、援助资金的项目包括：

（一）使用世界银行、亚洲开发银行等国际组织贷款、援助资金的项目；

（二）使用外国政府及其机构贷款、援助资金的项目。

第四条 不属于本规定第二条、第三条规定情形的大型基础设施、公用事业等关系社会公共利益、公众安全的项目，必须招标的具体范围由国务院发展改革部门会同国务院有关部门按照确有必要、严格限定的原则制订，报国务院批准。

第五条 本规定第二条至第四条规定范围内的项目，其勘察、设计、施工、监理以及与工程建设有关的重要设备、材料等的采购达到下列标准之一的，必须招标：

（一）施工单项合同估算价在400万元人民币以上；

（二）重要设备、材料等货物的采购，单项合同估算价在200万元人民币以上；

（三）勘察、设计、监理等服务的采购，单项合同估算价在100万元人民币以上。同一项目中可以合并进行的勘察、设计、施工、监理以及与工程建设有关的重要设备、材料等的采购，合同估算价合计达到前款规定标准的，必须招标。

六、建筑工程设计招标投标（★★★）

《建筑工程设计招标投标管理办法》（住房和城乡建设部令2017年第33号）2017年1月24日发布，自2017年5月1日起施行。2000年10月18日建设部颁布的《建筑工程设计招标投标管理办法》（建设部令第82号）同时废止。

2017年版《建筑工程设计招标投标管理办法》全文如下。

第一条 为规范建筑工程设计市场，提高建筑工程设计水平，促进公平竞争，繁荣建筑创作，根据《中华人民共和国建筑法》、《中华人民共和国招标投标法》、《建设工程勘察设计管理条例》和《中华人民共和国招标投标法实施条例》等法律法规，制定本办法。

第二条 依法必须进行招标的各类房屋建筑工程，其设计招标投标活动，适用本办法。

第三条 国务院住房城乡建设主管部门依法对全国建筑工程设计招标投标活动实施监督。

县级以上地方人民政府住房城乡建设主管部门依法对本行政区域内建筑工程设计招标投标活动实施监督，依法查处招标投标活动中的违法违规行为。

第四条 建筑工程设计招标范围和规模标准按照国家有关规定执行，有下列情形之一的，可以不进行招标：

（一）采用不可替代的专利或者专有技术的；

（二）对建筑艺术造型有特殊要求，并经有关主管部门批准的；

（三）建设单位依法能够自行设计的；

（四）建筑工程项目的改建、扩建或者技术改造，需要由原设计单位设计，否则将影响功能配套要求的；

（五）国家规定的其他特殊情形。

第五条 建筑工程设计招标应当依法进行公开招标或者邀请招标。

第六条 建筑工程设计招标可以采用设计方案招标或者设计团队招标，招标人可以根据项目特点和实际需要选择。

设计方案招标，是指主要通过对投标人提交的设计方案进行评审确定中标人。

设计团队招标，是指主要通过对投标人拟派设计团队的综合能力进行评审确定中标人。

第七条 公开招标的，招标人应当发布招标公告。邀请招标的，招标人应当向 3 个以上潜在投标人发出投标邀请书。

招标公告或者投标邀请书应当载明招标人名称和地址、招标项目的基本要求、投标人的资质要求以及获取招标文件的办法等事项。

第八条 招标人一般应当将建筑工程的方案设计、初步设计和施工图设计一并招标。确需另行选择设计单位承担初步设计、施工图设计的，应当在招标公告或者投标邀请书中明确。

第九条 鼓励建筑工程实行设计总包。实行设计总包的，按照合同约定或者经招标人同意，设计单位可以不通过招标方式将建筑工程非主体部分的设计进行分包。

第十条 招标文件应当满足设计方案招标或者设计团队招标的不同需求，主要包括以下内容：

（一）项目基本情况；

（二）城乡规划和城市设计对项目的基本要求；

（三）项目工程经济技术要求；

（四）项目有关基础资料；

（五）招标内容；

（六）招标文件答疑、现场踏勘安排；

（七）投标文件编制要求；

（八）评标标准和方法；

（九）投标文件送达地点和截止时间；

（十）开标时间和地点；

（十一）拟签订合同的主要条款；

（十二）设计费或者计费方法；

（十三）未中标方案补偿办法。

第十一条　招标人应当在资格预审公告、招标公告或者投标邀请书中载明是否接受联合体投标。采用联合体形式投标的，联合体各方应当签订共同投标协议，明确约定各方承担的工作和责任，就中标项目向招标人承担连带责任。

第十二条　招标人可以对已发出的招标文件进行必要的澄清或者修改。澄清或者修改的内容可能影响投标文件编制的，招标人应当在投标截止时间至少 15 日前，以书面形式通知所有获取招标文件的潜在投标人，不足 15 日的，招标人应当顺延提交投标文件的截止时间。

潜在投标人或者其他利害关系人对招标文件有异议的，应当在投标截止时间 10 日前提出。招标人应当自收到异议之日起 3 日内作出答复；作出答复前，应当暂停招标投标活动。

第十三条　招标人应当确定投标人编制投标文件所需要的合理时间，自招标文件开始发出之日起至投标人提交投标文件截止之日止，时限最短不少于 20 日。

第十四条　投标人应当具有与招标项目相适应的工程设计资质。境外设计单位参加国内建筑工程设计投标的，按照国家有关规定执行。

第十五条　投标人应当按照招标文件的要求编制投标文件。投标文件应当对招标文件提出的实质性要求和条件作出响应。

第十六条　评标由评标委员会负责。

评标委员会由招标人代表和有关专家组成。评标委员会人数为 5 人以上单数，其中技术和经济方面的专家不得少于成员总数的 2/3。建筑工程设计方案评标时，建筑专业专家不得少于技术和经济方面专家总数的 2/3。

评标专家一般从专家库随机抽取，对于技术复杂、专业性强或者国家有特殊要求的项目，招标人也可以直接邀请相应专业的中国科学院院士、中国工程院院士、全国工程勘察设计大师以及境外具有相应资历的专家参加评标。

投标人或者与投标人有利害关系的人员不得参加评标委员会。

第十七条　有下列情形之一的，评标委员会应当否决其投标：

（一）投标文件未按招标文件要求经投标人盖章和单位负责人签字；

（二）投标联合体没有提交共同投标协议；

（三）投标人不符合国家或者招标文件规定的资格条件；

（四）同一投标人提交两个以上不同的投标文件或者投标报价，但招标文件要求提交备选投标的除外；

（五）投标文件没有对招标文件的实质性要求和条件作出响应；

（六）投标人有串通投标、弄虚作假、行贿等违法行为；

（七）法律法规规定的其他应当否决投标的情形。

第十八条　评标委员会应当按照招标文件确定的评标标准和方法，对投标文件进行评审。

采用设计方案招标的，评标委员会应当在符合城乡规划、城市设计以及安全、绿色、节能、环保要求的前提下，重点对功能、技术、经济和美观等进行评审。

采用设计团队招标的，评标委员会应当对投标人拟从事项目设计的人员构成、人员业绩、人员从业经历、项目解读、设计构思、投标人信用情况和业绩等进行评审。

第十九条 评标委员会应当在评标完成后，向招标人提出书面评标报告，推荐不超过3个中标候选人，并标明顺序。

第二十条 招标人应当公示中标候选人。采用设计团队招标的，招标人应当公示中标候选人投标文件中所列主要人员、业绩等内容。

第二十一条 招标人根据评标委员会的书面评标报告和推荐的中标候选人确定中标人。招标人也可以授权评标委员会直接确定中标人。

采用设计方案招标的，招标人认为评标委员会推荐的候选方案不能最大限度满足招标文件规定的要求的，应当依法重新招标。

第二十二条 招标人应当在确定中标人后及时向中标人发出中标通知书，并同时将中标结果通知所有未中标人。

第二十三条 招标人应当自确定中标人之日起15日内，向县级以上地方人民政府住房城乡建设主管部门提交招标投标情况的书面报告。

第二十四条 县级以上地方人民政府住房城乡建设主管部门应当自收到招标投标情况的书面报告之日起5个工作日内，公开专家评审意见等信息，涉及国家秘密、商业秘密的除外。

第二十五条 招标人和中标人应当自中标通知书发出之日起30日内，按照招标文件和中标人的投标文件订立书面合同。

第二十六条 招标人、中标人使用未中标方案的，应当征得提交方案的投标人同意并付给使用费。

第二十七条 国务院住房城乡建设主管部门，省、自治区、直辖市人民政府住房城乡建设主管部门应当加强建筑工程设计评标专家和专家库的管理。

建筑专业专家库应当按建筑工程类别细化分类。

第二十八条 住房城乡建设主管部门应当加快推进电子招标投标，完善招标投标信息平台建设，促进建筑工程设计招标投标信息化监管。

第二十九条 招标人以不合理的条件限制或者排斥潜在投标人的，对潜在投标人实行歧视待遇的，强制要求投标人组成联合体共同投标的，或者限制投标人之间竞争的，由县级以上地方人民政府住房城乡建设主管部门责令改正，可以处1万元以上5万元以下的罚款。

第三十条 招标人澄清、修改招标文件的时限，或者确定的提交投标文件的时限不符合本办法规定的，由县级以上地方人民政府住房城乡建设主管部门责令改正，可以处10万元以下的罚款。

第三十一条 招标人不按照规定组建评标委员会，或者评标委员会成员的确定违反本办法规定的，由县级以上地方人民政府住房城乡建设主管部门责令改正，可以处10万元以下的罚款，相应评审结论无效，依法重新进行评审。

第三十二条　招标人有下列情形之一的，由县级以上地方人民政府住房城乡建设主管部门责令改正，可以处中标项目金额10‰以下的罚款；给他人造成损失的，依法承担赔偿责任；对单位直接负责的主管人员和其他直接责任人员依法给予处分：

（一）无正当理由未按本办法规定发出中标通知书；

（二）不按照规定确定中标人；

（三）中标通知书发出后无正当理由改变中标结果；

（四）无正当理由未按本办法规定与中标人订立合同；

（五）在订立合同时向中标人提出附加条件。

第三十三条　投标人以他人名义投标或者以其他方式弄虚作假，骗取中标的，中标无效，给招标人造成损失的，依法承担赔偿责任；构成犯罪的，依法追究刑事责任。

投标人有前款所列行为尚未构成犯罪的，由县级以上地方人民政府住房城乡建设主管部门处中标项目金额5‰以上10‰以下的罚款，对单位直接负责的主管人员和其他直接责任人员处单位罚款数额5%以上10%以下的罚款；有违法所得的，并处没收违法所得；情节严重的，取消其1年至3年内参加依法必须进行招标的建筑工程设计招标的投标资格，并予以公告，直至由工商行政管理机关吊销营业执照。

第三十四条　评标委员会成员收受投标人的财物或者其他好处的，评标委员会成员或者参加评标的有关工作人员向他人透露对投标文件的评审和比较、中标候选人的推荐以及与评标有关的其他情况的，由县级以上地方人民政府住房城乡建设主管部门给予警告，没收收受的财物，可以并处3000元以上5万元以下的罚款。

评标委员会成员有前款所列行为的，由有关主管部门通报批评并取消担任评标委员会成员的资格，不得再参加任何依法必须进行招标的建筑工程设计招标投标的评标；构成犯罪的，依法追究刑事责任。

第三十五条　评标委员会成员违反本办法规定，对应当否决的投标不提出否决意见的，由县级以上地方人民政府住房城乡建设主管部门责令改正；情节严重的，禁止其在一定期限内参加依法必须进行招标的建筑工程设计招标投标的评标；情节特别严重的，由有关主管部门取消其担任评标委员会成员的资格。

第三十六条　住房城乡建设主管部门或者有关职能部门的工作人员徇私舞弊、滥用职权或者玩忽职守，构成犯罪的，依法追究刑事责任；不构成犯罪的，依法给予行政处分。

第三十七条　市政公用工程及园林工程设计招标投标参照本办法执行。

第三十八条　本办法自2017年5月1日起施行。2000年10月18日建设部颁布的《建筑工程设计招标投标管理办法》（建设部令第82号）同时废止。

例题 3-10：编制投标文件所需的合理时间不应少于（　　　）。

A. 10 日　　　　　B. 14 日　　　　　C. 20 日　　　　　D. 30 日

【答案】C

七、工程勘察设计收费标准（★）

2002年国家发展计划委员会和建设部联合发布了《工程勘察设计收费标准》（1992年

发布的收费标准同时作废）。投资估算 500 万元以上的实行政府指导价，500 万元以下的实行市场调节价。实行政府指导价的，除《工程勘察设计收费标准》第七条另有规定者外，浮动幅度为上下 20%。

对实行政府指导价者给出了各种工程设计收费的基价：

1）工程设计收费＝工程设计收费基准价×(1±浮动幅度值)

2）工程设计收费基准价＝基本设计收费＋其他收费

3）基本设计收费＝工程设计收费基价×工程复杂程度调整系数×附加调整系数

工程复杂程度调整系数：

1）一般（Ⅰ级）——0.85；

2）较复杂（Ⅱ级）——1.00；

3）复杂（Ⅲ级）——1.15。

基本收费包含的内容是初步设计文件、施工图设计文件，并提供相应的技术交底、解决施工中出现的问题、参与试车和验收。

总体设计费、主体设计协调费、采用标准设计和复用设计费、施工图预算、竣工图编制费等应另行收费。

总体设计费的费率为基本收费的 5%；主体设计协调费的费率为 5%；施工图概算为 10%；竣工图为 8%。

设计单位应免费提供初步设计文件 10 份、施工图 8 份。

八、建筑工程施工图设计文件审查（★★）

施工图审查是指建设主管部门认定的施工图审查机构（以下简称"审查机构"）按照有关法律、法规，对施工图涉及公共利益、公众安全和工程建设强制性标准的内容进行的审查。全国范围内开展施工图审查，始于 2004 年 8 月 23 日，当时的建设部颁发了 134 号令《房屋建筑和市政基础设施工程施工图设计文件审查管理办法》。

2013 年住房和城乡建设部对施工图审查办法作了修改，颁布了住房和城乡建设部第 13 号令，2013 年 8 月 1 日开始执行新的《房屋建筑和市政基础设施工程施工图设计文件审查管理办法》，并废止了原建设部发布的 134 号令，审查内容增加了绿色建筑标准的审查。

2017 年 10 月 23 日，《国务院关于修改部分行政法规的决定》（国务院令第 687 号）公布。为依法推进简政放权、放管结合、优化服务改革，国务院对取消行政审批项目涉及的行政法规进行了清理，决定对 15 部行政法规的部分条款予以修改。修改的内容主要包括：在取消行政审批事项方面，通过修改了《建设工程质量管理条例》《建设工程勘察设计管理条例》等 15 部行政法规的 35 个条款。

将《建设工程质量管理条例》第十一条第一款修改为：施工图设计文件审查的具体办法，由国务院建设行政主管部门、国务院其他有关部门制定。

将《建设工程勘察设计管理条例》第三十三条第一款修改为：施工图设计文件审查机构应当对房屋建筑工程、市政基础设施工程施工图设计文件中涉及公共利益、公众安全、工程建设强制性标准的内容进行审查。县级以上人民政府交通运输等有关部门应当按照职责对施工图设计文件中涉及公共利益、公众安全、工程建设强制性标准的内容进行审查。

从这两处修改可以看出条款中取消了"应当将施工图设计文件报县级以上人民政府建设行政主管部门或者其他有关部门审查"的规定，即政府相关部门对施工图的审查没有了法定义务和责任。

住房和城乡建设部于2018年12月29日又一次修订《房屋建筑和市政基础设施工程施工图设计文件审查管理办法》，提出"逐步推行以政府购买服务方式开展施工图设计文件审查"并将消防设计审核、人防设计审查等技术审查并入施工图设计文件审查，相关部门不再进行技术审查。

2018年版《房屋建筑和市政基础设施工程施工图设计文件审查管理办法》摘录如下。

第一条 为了加强对房屋建筑工程、市政基础设施工程施工图设计文件审查的管理，提高工程勘察设计质量，根据《建设工程质量管理条例》《建设工程勘察设计管理条例》等行政法规，制定本办法。

第二条 在中华人民共和国境内从事房屋建筑工程、市政基础设施工程施工图设计文件审查和实施监督管理的，应当遵守本办法。

第三条 国家实施施工图设计文件（含勘察文件，以下简称施工图）审查制度。

本办法所称施工图审查，是指施工图审查机构（以下简称审查机构）按照有关法律、法规，对施工图涉及公共利益、公众安全和工程建设强制性标准的内容进行的审查。施工图审查应当坚持先勘察、后设计的原则。

施工图未经审查合格的，不得使用。从事房屋建筑工程、市政基础设施工程施工、监理等活动，以及实施对房屋建筑和市政基础设施工程质量安全监督管理，应当以审查合格的施工图为依据。

第四条 国务院住房城乡建设主管部门负责对全国的施工图审查工作实施指导、监督。

县级以上地方人民政府住房城乡建设主管部门负责对本行政区域内的施工图审查工作实施监督管理。

第五条 省、自治区、直辖市人民政府住房城乡建设主管部门应当会同有关主管部门按照本办法规定的审查机构条件，结合本行政区域内的建设规模，确定相应数量的审查机构，逐步推行以政府购买服务方式开展施工图设计文件审查。具体办法由国务院住房城乡建设主管部门另行规定。

审查机构是专门从事施工图审查业务，不以营利为目的的独立法人。

省、自治区、直辖市人民政府住房城乡建设主管部门应当将审查机构名录报国务院住房城乡建设主管部门备案，并向社会公布。

第六条 审查机构按承接业务范围分两类，一类机构承接房屋建筑、市政基础设施工程施工图审查业务范围不受限制；二类机构可以承接中型及以下房屋建筑、市政基础设施工程的施工图审查。

房屋建筑、市政基础设施工程的规模划分，按照国务院住房城乡建设主管部门的有关规定执行。

第七条 一类审查机构应当具备下列条件：

（一）有健全的技术管理和质量保证体系。

（二）审查人员应当有良好的职业道德；有 15 年以上所需专业勘察、设计工作经历；主持过不少于 5 项大型房屋建筑工程、市政基础设施工程相应专业的设计或者甲级工程勘察项目相应专业的勘察；已实行执业注册制度的专业，审查人员应当具有一级注册建筑师、一级注册结构工程师或者勘察设计注册工程师资格，并在本审查机构注册；未实行执业注册制度的专业，审查人员应当具有高级工程师职称；近 5 年内未因违反工程建设法律法规和强制性标准受到行政处罚。

（三）在本审查机构专职工作的审查人员数量：从事房屋建筑工程施工图审查的，结构专业审查人员不少于 7 人，建筑专业不少于 3 人，电气、暖通、给排水、勘察等专业审查人员各不少于 2 人；从事市政基础设施工程施工图审查的，所需专业的审查人员不少于 7 人，其他必须配套的专业审查人员各不少于 2 人；专门从事勘察文件审查的，勘察专业审查人员不少于 7 人。

承担超限高层建筑工程施工图审查的，还应当具有主持过超限高层建筑工程或者 100 米以上建筑工程结构专业设计的审查人员不少于 3 人。

（四）60 岁以上审查人员不超过该专业审查人员规定数的 1/2。

第八条 二类审查机构应当具备下列条件：

（一）有健全的技术管理和质量保证体系。

（二）审查人员应当有良好的职业道德；有 10 年以上所需专业勘察、设计工作经历；主持过不少于 5 项中型以上房屋建筑工程、市政基础设施工程相应专业的设计或者乙级以上工程勘察项目相应专业的勘察；已实行执业注册制度的专业，审查人员应当具有一级注册建筑师、一级注册结构工程师或者勘察设计注册工程师资格，并在本审查机构注册；未实行执业注册制度的专业，审查人员应当具有高级工程师职称；近 5 年内未因违反工程建设法律法规和强制性标准受到行政处罚。

（三）在本审查机构专职工作的审查人员数量：从事房屋建筑工程施工图审查的，结构专业审查人员不少于 3 人，建筑、电气、暖通、给排水、勘察等专业审查人员各不少于 2 人；从事市政基础设施工程施工图审查的，所需专业的审查人员不少于 4 人，其他必须配套的专业审查人员各不少于 2 人；专门从事勘察文件审查的，勘察专业审查人员不少于 4 人。

（四）60 岁以上审查人员不超过该专业审查人员规定数的 1/2。

第九条 建设单位应当将施工图送审查机构审查，但审查机构不得与所审查项目的建设单位、勘察设计企业有隶属关系或者其他利害关系。送审管理的具体办法由省、自治区、直辖市人民政府住房城乡建设主管部门按照"公开、公平、公正"的原则规定。

建设单位不得明示或者暗示审查机构违反法律法规和工程建设强制性标准进行施工图审查，不得压缩合理审查周期、压低合理审查费用。

第十条 建设单位应当向审查机构提供下列资料并对所提供资料的真实性负责：

（一）作为勘察、设计依据的政府有关部门的批准文件及附件；

（二）全套施工图；

（三）其他应当提交的材料。

第十一条 审查机构应当对施工图审查下列内容：

（一）是否符合工程建设强制性标准；

（二）地基基础和主体结构的安全性；

（三）消防安全性；

（四）人防工程（不含人防指挥工程）防护安全性；

（五）是否符合民用建筑节能强制性标准，对执行绿色建筑标准的项目，还应当审查是否符合绿色建筑标准；

（六）勘察设计企业和注册执业人员以及相关人员是否按规定在施工图上加盖相应的图章和签字；

（七）法律、法规、规章规定必须审查的其他内容。

第十二条 施工图审查原则上不超过下列时限：

（一）大型房屋建筑工程、市政基础设施工程为 15 个工作日，中型及以下房屋建筑工程、市政基础设施工程为 10 个工作日。

（二）工程勘察文件，甲级项目为 7 个工作日，乙级及以下项目为 5 个工作日。

以上时限不包括施工图修改时间和审查机构的复审时间。

第十三条 审查机构对施工图进行审查后，应当根据下列情况分别作出处理：

（一）审查合格的，审查机构应当向建设单位出具审查合格书，并在全套施工图上加盖审查专用章。审查合格书应当有各专业的审查人员签字，经法定代表人签发，并加盖审查机构公章。审查机构应当在出具审查合格书后 5 个工作日内，将审查情况报工程所在地县级以上地方人民政府住房城乡建设主管部门备案。

（二）审查不合格的，审查机构应当将施工图退建设单位并出具审查意见告知书，说明不合格原因。同时，应当将审查意见告知书及审查中发现的建设单位、勘察设计企业和注册执业人员违反法律、法规和工程建设强制性标准的问题，报工程所在地县级以上地方人民政府住房城乡建设主管部门。

施工图退建设单位后，建设单位应当要求原勘察设计企业进行修改，并将修改后的施工图送原审查机构复审。

第十四条 任何单位或者个人不得擅自修改审查合格的施工图；确需修改的，凡涉及本办法第十一条规定内容的，建设单位应当将修改后的施工图送原审查机构审查。

第十五条 勘察设计企业应当依法进行建设工程勘察、设计，严格执行工程建设强制性标准，并对建设工程勘察、设计的质量负责。

审查机构对施工图审查工作负责，承担审查责任。施工图经审查合格后，仍有违反法律、法规和工程建设强制性标准的问题，给建设单位造成损失的，审查机构依法承担相应的赔偿责任。

第十六条 审查机构应当建立、健全内部管理制度。施工图审查应当有经各专业审查人员签字的审查记录。审查记录、审查合格书、审查意见告知书等有关资料应当归档保存。

第十七条 已实行执业注册制度的专业，审查人员应当按规定参加执业注册继续教育。

未实行执业注册制度的专业，审查人员应当参加省、自治区、直辖市人民政府住房城乡建设主管部门组织的有关法律、法规和技术标准的培训，每年培训时间不少于 40 学时。

第十八条 按规定应当进行审查的施工图，未经审查合格的，住房城乡建设主管部门不得颁发施工许可证。

第十九条 县级以上人民政府住房城乡建设主管部门应当加强对审查机构的监督检查，主要检查下列内容：

（一）是否符合规定的条件；

（二）是否超出范围从事施工图审查；

（三）是否使用不符合条件的审查人员；

（四）是否按规定的内容进行审查；

（五）是否按规定上报审查过程中发现的违法违规行为；

（六）是否按规定填写审查意见告知书；

（七）是否按规定在审查合格书和施工图上签字盖章；

（八）是否建立健全审查机构内部管理制度；

（九）审查人员是否按规定参加继续教育。

县级以上人民政府住房城乡建设主管部门实施监督检查时，有权要求被检查的审查机构提供有关施工图审查的文件和资料，并将监督检查结果向社会公布。

涉及消防安全性、人防工程（不含人防指挥工程）防护安全性的，由县级以上人民政府有关部门按照职责分工实施监督检查和行政处罚，并将监督检查结果向社会公布。

第二十四条 审查机构违反本办法规定，有下列行为之一的，由县级以上地方人民政府住房城乡建设主管部门责令改正，处3万元罚款，并记入信用档案；情节严重的，省、自治区、直辖市人民政府住房城乡建设主管部门不再将其列入审查机构名录：

（一）超出范围从事施工图审查的；

（二）使用不符合条件审查人员的；

（三）未按规定的内容进行审查的；

（四）未按规定上报审查过程中发现的违法违规行为的；

（五）未按规定填写审查意见告知书的；

（六）未按规定在审查合格书和施工图上签字盖章的；

（七）已出具审查合格书的施工图，仍有违反法律、法规和工程建设强制性标准的。

第二十五条 审查机构出具虚假审查合格书的，审查合格书无效，县级以上地方人民政府住房城乡建设主管部门处3万元罚款，省、自治区、直辖市人民政府住房城乡建设主管部门不再将其列入审查机构名录。

审查人员在虚假审查合格书上签字的，终身不得再担任审查人员；对于已实行执业注册制度的专业的审查人员，还应当依照《建设工程质量管理条例》第七十二条、《建设工程安全生产管理条例》第五十八条规定予以处罚。

第二十六条 建设单位违反本办法规定，有下列行为之一的，由县级以上地方人民政府住房城乡建设主管部门责令改正，处3万元罚款；情节严重的，予以通报：

（一）压缩合理审查周期的；

（二）提供不真实送审资料的；

（三）对审查机构提出不符合法律、法规和工程建设强制性标准要求的。

建设单位为房地产开发企业的，还应当依照《房地产开发企业资质管理规定》进行处理。

第二十七条　依照本办法规定，给予审查机构罚款处罚的，对机构的法定代表人和其他直接责任人员处机构罚款数额 5‰以上 10‰以下的罚款，并记入信用档案。

第二十八条　省、自治区、直辖市人民政府住房城乡建设主管部门未按照本办法规定确定审查机构的，国务院住房城乡建设主管部门责令改正。

第二十九条　国家机关工作人员在施工图审查监督管理工作中玩忽职守、滥用职权、徇私舞弊，构成犯罪的，依法追究刑事责任；尚不构成犯罪的，依法给予行政处分。

第三十条　省、自治区、直辖市人民政府住房城乡建设主管部门可以根据本办法，制定实施细则。

第三十一条　本办法自 2013 年 8 月 1 日起施行。原建设部 2004 年 8 月 23 日发布的《房屋建筑和市政基础设施工程施工图设计文件审查管理办法》（建设部令第 134 号）同时废止。

2019 年 3 月 26 日国务院办公厅发布《关于全面开展工程建设项目审批制度改革的实施意见》（以下简称《实施意见》）。为了实现在 2019 年上半年将工程项目审批时限压缩在 120 个工作日内，《实施意见》提出要进一步精简审批环节，要求"试点地区在加快探索取消施工图审查（或缩小审查范围）、实行告知承诺制和设计人员终身负责制等方面，尽快形成可复制、可推广的经验"。

这是近年来国务院首次明确提出要取消施工图审查制度，而且对取消施工图审查之后的责任落地提出了解决办法，即告知承诺制以及设计师终身负责制。

九、民法典　第三编　合同（★）

《中华人民共和国民法典》（简称《民法典》）于 2020 年 5 月 28 日第十三届全国人民代表大会第三次会议通过，2021 年 1 月 1 日起实施，其第三编"合同"摘录如下。

第三编　合同

第一分编　通则
第一章　一般规定

第四百六十三条　本编调整因合同产生的民事关系。

第四百六十四条　合同是民事主体之间设立、变更、终止民事法律关系的协议。

婚姻、收养、监护等有关身份关系的协议，适用有关该身份关系的法律规定；没有规定的，可以根据其性质参照适用本编规定。

第四百六十五条　依法成立的合同，受法律保护。

依法成立的合同，仅对当事人具有法律约束力，但是法律另有规定的除外。

第四百六十六条　当事人对合同条款的理解有争议的，应当依据本法第一百四十二条第一款的规定，确定争议条款的含义。

（第一百四十二条第一款的表述是：有相对人的意思表示的解释，应当按照所使用的词句，结合相关条款、行为的性质和目的、习惯以及诚信原则，确定意思表示的含义。）

合同文本采用两种以上文字订立并约定具有同等效力的，对各文本使用的词句推定具有相同含义。各文本使用的词句不一致的，应当根据合同的相关条款、性质、目的以及诚信原则等予以解释。

第四百六十七条 本法或者其他法律没有明文规定的合同，适用本编通则的规定，并可以参照适用本编或者其他法律最相类似合同的规定。

在中华人民共和国境内履行的中外合资经营企业合同、中外合作经营企业合同、中外合作勘探开发自然资源合同，适用中华人民共和国法律。

第四百六十八条 非因合同产生的债权债务关系，适用有关该债权债务关系的法律规定；没有规定的，适用本编通则的有关规定，但是根据其性质不能适用的除外。

第二章 合同的订立

第四百六十九条 当事人订立合同，可以采用书面形式、口头形式或者其他形式。书面形式是合同书、信件、电报、电传、传真等可以有形地表现所载内容的形式。以电子数据交换、电子邮件等方式能够有形地表现所载内容，并可以随时调取查用的。

数据电文，视为书面形式。

第四百七十条 合同的内容由当事人约定，一般包括下列条款：

（一）当事人的姓名或者名称和住所；

（二）标的；

（三）数量；

（四）质量；

（五）价款或者报酬；

（六）履行期限、地点和方式；

（七）违约责任；

（八）解决争议的方法。

当事人可以参照各类合同的示范文本订立合同。

第四百七十一条 当事人订立合同，可以采取要约、承诺方式或者其他方式。

第四百七十二条 要约是希望与他人订立合同的意思表示，该意思表示应当符合下列条件：

（一）内容具体确定；

（二）表明经受要约人承诺，要约人即受该意思表示约束。

第四百七十三条 要约邀请是希望他人向自己发出要约的表示。拍卖公告、招标公告、招股说明书、债券募集办法、基金招募说明书、商业广告和宣传、寄送的价目表等为要约邀请。

商业广告和宣传的内容符合要约条件的，构成要约。

第四百七十四条 要约生效的时间适用本法第一百三十七条的规定。

（第一百三十七条的规定是：以对话方式作出的意思表示，相对人知道其内容时生效。）

以非对话方式作出的意思表示，到达相对人时生效。以非对话方式作出的采用数据电文形式的意思表示，相对人指定特定系统接收数据电文的，该数据电文进入该特定系统时生效；未指定特定系统的，相对人知道或者应当知道该数据电文进入其系统时生效。当事人对采用数据电文形式的意思表示的生效时间另有约定的，按照其约定。

第四百七十五条　要约可以撤回。要约的撤回适用本法第一百四十一条的规定。

（第一百四十一条的规定是：行为人可以撤回意思表示。撤回意思表示的通知应当在意思表示到达相对人前或者与意思表示同时到达相对人。）

第四百七十六条　要约可以撤销，但是有下列情形之一的除外：

（一）要约人以确定承诺期限或者其他形式明示要约不可撤销；

（二）受要约人有理由认为要约是不可撤销的，并已经为履行合同做了合理准备工作。

第四百七十七条　撤销要约的意思表示以对话方式作出的，该意思表示的内容应当在受要约人作出承诺之前为受要约人所知道；撤销要约的意思表示以非对话方式作出的，应当在受要约人作出承诺之前到达受要约人。

第四百七十八条　有下列情形之一的，要约失效：

（一）要约被拒绝；

（二）要约被依法撤销；

（三）承诺期限届满，受要约人未作出承诺；

（四）受要约人对要约的内容作出实质性变更。

第四百七十九条　承诺是受要约人同意要约的意思表示。

第四百八十条　承诺应当以通知的方式作出；但是，根据交易习惯或者要约表明可以通过行为作出承诺的除外。

第四百八十一条　承诺应当在要约确定的期限内到达要约人。

要约没有确定承诺期限的，承诺应当依照下列规定到达：

（一）要约以对话方式作出的，应当即时作出承诺；

（二）要约以非对话方式作出的，承诺应当在合理期限内到达。

第四百八十二条　要约以信件或者电报作出的，承诺期限自信件载明的日期或者电报交发之日开始计算。信件未载明日期的，自投寄该信件的邮戳日期开始计算。要约以电话、传真、电子邮件等快速通讯方式作出的，承诺期限自要约到达受要约人时开始计算。

第四百八十三条　承诺生效时合同成立，但是法律另有规定或者当事人另有约定的除外。

第四百八十四条　以通知方式作出的承诺，生效的时间适用本法第一百三十七条的规定（见第四百七十四条补充内容）。

承诺不需要通知的，根据交易习惯或者要约的要求作出承诺的行为时生效。

第四百八十五条　承诺可以撤回。承诺的撤回适用本法第一百四十一条的规定。

（见四百七十五条补充内容）

第四百八十六条　受要约人超过承诺期限发出承诺，或者在承诺期限内发出承诺，照通常情形不能及时到达要约人的，为新要约；但是，要约人及时通知受要约人该承诺有效的除外。

第四百八十七条　受要约人在承诺期限内发出承诺，按照通常情形能够及时到达要约人，但是因其他原因致使承诺到达要约人时超过承诺期限的，除要约人及时通知受要约人因承诺超过期限不接受该承诺外，该承诺有效。

第四百八十八条　承诺的内容应当与要约的内容一致。受要约人对要约的内容作出质性变更的，为新要约。有关合同标的、数量、质量、价款或者报酬、履行期限、履行地点和方式、违约责任和解决争议方法等的变更，是对要约内容的实质性变更。

第四百八十九条 承诺对要约的内容作出非实质性变更的，除要约人及时表示反对者要约表明承诺不得对要约的内容作出任何变更外，该承诺有效，合同的内容以承诺的内容为准。

第四百九十条 当事人采用合同书形式订立合同的，自当事人均签名、盖章或者按印时合同成立。在签名、盖章或者按指印之前，当事人一方已经履行主要义务，对方接受时，该合同成立。

法律、行政法规规定或者当事人约定合同应当采用书面形式订立，当事人未采用书面形式但是一方已经履行主要义务，对方接受时，该合同成立。

第四百九十一条 当事人采用信件、数据电文等形式订立合同要求签订确认书的，订确认书时合同成立。

当事人一方通过互联网等信息网络发布的商品或者服务信息符合要约条件的，对方选择该商品或者服务并提交订单成功时合同成立，但是当事人另有约定的除外。

第四百九十二条 承诺生效的地点为合同成立的地点。

采用数据电文形式订立合同的，收件人的主营业地为合同成立的地点；没有主营业的，其住所地为合同成立的地点。当事人另有约定的，按照其约定。

第四百九十三条 当事人采用合同书形式订立合同的，最后签名、盖章或者按指印的地点为合同成立的地点，但是当事人另有约定的除外。

第四百九十四条 国家根据抢险救灾、疫情防控或者其他需要下达国家订货任务、指令性任务的，有关民事主体之间应当依照有关法律、行政法规规定的权利和义务订立合同。

依照法律、行政法规的规定负有发出要约义务的当事人，应当及时发出合理的要约。依照法律、行政法规的规定负有作出承诺义务的当事人，不得拒绝对方合理的订立合同要求。

第四百九十五条 当事人约定在将来一定期限内订立合同的认购书、订购书、预订书等，构成预约合同。

当事人一方不履行预约合同约定的订立合同义务的，对方可以请求其承担预约合同的违约责任。

第四百九十六条 格式条款是当事人为了重复使用而预先拟定，并在订立合同时未与对方协商的条款。

采用格式条款订立合同的，提供格式条款的一方应当遵循公平原则确定当事人之间的权利和义务，并采取合理的方式提示对方注意免除或者减轻其责任等与对方有重大利害关系的条款，按照对方的要求，对该条款予以说明。提供格式条款的一方未履行提示或者说明义务，致使对方没有注意或者理解与其有重大利害关系的条款的，对方可以主张该条款不成为合同的内容。

第四百九十七条 有下列情形之一的，该格式条款无效：

（一）具有本法第一编第六章第三节（见第五百零八条补充内容）和本法第五百零六条规定的无效情形；

（二）提供格式条款一方不合理地免除或者减轻其责任、加重对方责任、限制对方主要权利；

（三）提供格式条款一方排除对方主要权利。

第四百九十八条 对格式条款的理解发生争议的，应当按照通常理解予以解释。对格式条款有两种以上解释的，应当作出不利于提供格式条款一方的解释。格式条款和非格式条款不一致的，应当采用非格式条款。

第四百九十九条 悬赏人以公开方式声明对完成特定行为的人支付报酬的，完成该行为的人可以请求其支付。

第五百条 当事人在订立合同过程中有下列情形之一，造成对方损失的，应当承担赔偿责任：

（一）假借订立合同，恶意进行磋商；

（二）故意隐瞒与订立合同有关的重要事实或者提供虚假情况；

（三）有其他违背诚信原则的行为。

第五百零一条 当事人在订立合同过程中知悉的商业秘密或者其他应当保密的信息，无论合同是否成立，不得泄漏或者不正当地使用；泄漏、不正当地使用该商业秘密或者信息，造成对方损失的，应当承担赔偿责任。

第三章　合同的效力

第五百零二条 依法成立的合同，自成立时生效，但是法律另有规定或者当事人另有约定的除外。

依照法律、行政法规的规定，合同应当办理批准等手续的，依照其规定。未办理批准等手续影响合同生效的，不影响合同中履行报批等义务条款以及相关条款的效力。应当办理申请批准等手续的当事人未履行义务的，对方可以请求其承担违反该义务的责任。

依照法律、行政法规的规定，合同的变更、转让、解除等情形应当办理批准等手续的，适用前款规定。

第五百零三条 无权代理人以被代理人的名义订立合同，被代理人已经开始履行合同义务或者接受相对人履行的，视为对合同的追认。

第五百零四条 法人的法定代表人或者非法人组织的负责人超越权限订立的合同，除相对人知道或者应当知道其超越权限外，该代表行为有效，订立的合同对法人或者非法人组织发生效力。

第五百零五条 当事人超越经营范围订立的合同的效力，应当依照本法第一编第六章第三节（见第五百零八条补充内容）和本编的有关规定确定，不得仅以超越经营范围确认合同无效。

第五百零六条 合同中的下列免责条款无效：

（一）造成对方人身损害的；

（二）因故意或者重大过失造成对方财产损失的。

第五百零七条 合同不生效、无效、被撤销或者终止的，不影响合同中有关解决争议方法的条款的效力。

第五百零八条 本编对合同的效力没有规定的，适用本法第一编第六章的有关规定。

（民法典第一编第六章的内容如下。

第六章 民事法律行为

第一节 一般规定

第一百三十三条 民事法律行为是民事主体通过意思表示设立、变更、终止民事法律关系的行为。

第一百三十四条 民事法律行为可以基于双方或者多方的意思表示一致成立，也可以基于单方的意思表示成立。

法人、非法人组织依照法律或者章程规定的议事方式和表决程序作出决议的，该决议行为成立。

第一百三十五条 民事法律行为可以采用书面形式、口头形式或者其他形式；法律、行政法规规定或者当事人约定采用特定形式的，应当采用特定形式。

第一百三十六条 民事法律行为自成立时生效，但是法律另有规定或者当事人另有约定的除外。

行为人非依法律规定或者未经对方同意，不得擅自变更或者解除民事法律行为。

第二节 意思表示

第一百三十七条 以对话方式作出的意思表示，相对人知道其内容时生效。

以非对话方式作出的意思表示，到达相对人时生效。以非对话方式作出的采用数据电文形式的意思表示，相对人指定特定系统接收数据电文的，该数据电文进入该特定系统时生效；未指定特定系统的，相对人知道或者应当知道该数据电文进入其系统时生效。当事人对采用数据电文形式的意思表示的生效时间另有约定的，按照其约定。

第一百三十八条 无相对人的意思表示，表示完成时生效。法律另有规定的，依照其规定。

第一百三十九条 以公告方式作出的意思表示，公告发布时生效。

第一百四十条 行为人可以明示或者默示作出意思表示。

沉默只有在有法律规定、当事人约定或者符合当事人之间的交易习惯时，才可以视为意思表示。

第一百四十一条 行为人可以撤回意思表示。撤回意思表示的通知应当在意思表示到达相对人前或者与意思表示同时到达相对人。

第一百四十二条 有相对人的意思表示的解释，应当按照所使用的词句，结合相关条款、行为的性质和目的、习惯以及诚信原则，确定意思表示的含义。

无相对人的意思表示的解释，不能完全拘泥于所使用的词句，而应当结合相关条款、行为的性质和目的、习惯以及诚信原则，确定行为人的真实意思。

第三节 民事法律行为的效力

第一百四十三条 具备下列条件的民事法律行为有效：

（一）行为人具有相应的民事行为能力；

（二）意思表示真实；

（三）不违反法律、行政法规的强制性规定，不违背公序良俗。

第一百四十四条 无民事行为能力人实施的民事法律行为无效。

第一百四十五条 限制民事行为能力人实施的纯获利益的民事法律行为或者与其年龄、智力、精神健康状况相适应的民事法律行为有效；实施的其他民事法律行为经法定代理人同意或者追认后有效。

相对人可以催告法定代理人自收到通知之日起三十日内予以追认。法定代理人未作表示的，视为拒绝追认。民事法律行为被追认前，善意相对人有撤销的权利。撤销应当以通知的方式作出。

第一百四十六条　行为人与相对人以虚假的意思表示实施的民事法律行为无效。

以虚假的意思表示隐藏的民事法律行为的效力，依照有关法律规定处理。

第一百四十七条　基于重大误解实施的民事法律行为，行为人有权请求人民法院或者仲裁机构予以撤销。

第一百四十八条　一方以欺诈手段，使对方在违背真实意思的情况下实施的民事法律行为，受欺诈方有权请求人民法院或者仲裁机构予以撤销。

第一百四十九条　第三人实施欺诈行为，使一方在违背真实意思的情况下实施的民事法律行为，对方知道或者应当知道该欺诈行为的，受欺诈方有权请求人民法院或者仲裁机构予以撤销。

第一百五十条　一方或者第三人以胁迫手段，使对方在违背真实意思的情况下实施的民事法律行为，受胁迫方有权请求人民法院或者仲裁机构予以撤销。

第一百五十一条　一方利用对方处于危困状态、缺乏判断能力等情形，致使民事法律行为成立时显失公平的，受损害方有权请求人民法院或者仲裁机构予以撤销。

第一百五十二条　有下列情形之一的，撤销权消灭：

（一）当事人自知道或者应当知道撤销事由之日起一年内、重大误解的当事人自知道或者应当知道撤销事由之日起九十日内没有行使撤销权；

（二）当事人受胁迫，自胁迫行为终止之日起一年内没有行使撤销权；

（三）当事人知道撤销事由后明确表示或者以自己的行为表明放弃撤销权。

当事人自民事法律行为发生之日起五年内没有行使撤销权的，撤销权消灭。

第一百五十三条　违反法律、行政法规的强制性规定的民事法律行为无效。但是，该强制性规定不导致该民事法律行为无效的除外。

违背公序良俗的民事法律行为无效。

第一百五十四条　行为人与相对人恶意串通，损害他人合法权益的民事法律行为无效。

第一百五十五条　无效的或者被撤销的民事法律行为自始没有法律约束力。

第一百五十六条　民事法律行为部分无效，不影响其他部分效力的，其他部分仍然有效。

第一百五十七条　民事法律行为无效、被撤销或者确定不发生效力后，行为人因该行为取得的财产，应当予以返还；不能返还或者没有必要返还的，应当折价补偿。有过错的一方应当赔偿对方由此所受到的损失；各方都有过错的，应当各自承担相应的责任。法律另有规定的，依照其规定。

第四节　民事法律行为的附条件和附期限

第一百五十八条　民事法律行为可以附条件，但是根据其性质不得附条件的除外。附生效条件的民事法律行为，自条件成就时生效。附解除条件的民事法律行为，自条件成就时失效。

第一百五十九条　附条件的民事法律行为，当事人为自己的利益不正当地阻止条件成就的，视为条件已经成就；不正当地促成条件成就的，视为条件不成就。

第一百六十条　民事法律行为可以附期限，但是根据其性质不得附期限的除外。附生效期限的民事法律行为，自期限届至时生效。附终止期限的民事法律行为，自期限届满时失效。）

第四章　合同的履行

第五百零九条　当事人应当按照约定全面履行自己的义务。

当事人应当遵循诚信原则，根据合同的性质、目的和交易习惯履行通知、协助、保密等义务。

当事人在履行合同过程中，应当避免浪费资源、污染环境和破坏生态。

第五百一十条　合同生效后，当事人就质量、价款或者报酬、履行地点等内容没有约定或者约定不明确的，可以协议补充；不能达成补充协议的，按照合同相关条款或者交易习惯确定。

第五百一十一条　当事人就有关合同内容约定不明确，依据前条规定仍不能确定的，适用下列规定：

（一）质量要求不明确的，按照强制性国家标准履行；没有强制性国家标准的，按照推荐性国家标准履行；没有推荐性国家标准的，按照行业标准履行；没有国家标准、行业标准的，按照通常标准或者符合合同目的的特定标准履行。

（二）价款或者报酬不明确的，按照订立合同时履行地的市场价格履行；依法应当执行政府定价或者政府指导价的，依照规定履行。

（三）履行地点不明确，给付货币的，在接受货币一方所在地履行；交付不动产的，在不动产所在地履行；其他标的，在履行义务一方所在地履行。

（四）履行期限不明确的，债务人可以随时履行，债权人也可以随时请求履行，但是应当给对方必要的准备时间。

（五）履行方式不明确的，按照有利于实现合同目的的方式履行。

（六）履行费用的负担不明确的，由履行义务一方负担；因债权人原因增加的履行费用，由债权人负担。

第五百一十二条　通过互联网等信息网络订立的电子合同的标的为交付商品并采用快递物流方式交付的，收货人的签收时间为交付时间。电子合同的标的为提供服务的，生成的电子凭证或者实物凭证中载明的时间为提供服务时间；前述凭证没有载明时间或者载明时间与实际提供服务时间不一致的，以实际提供服务的时间为准。

电子合同的标的物为采用在线传输方式交付的，合同标的物进入对方当事人指定的特定系统且能够检索识别的时间为交付时间。

电子合同当事人对交付商品或者提供服务的方式、时间另有约定的，按照其约定。第五百一十三条　执行政府定价或者政府指导价的，在合同约定的交付期限内政府价格调整时，按照交付时的价格计价。逾期交付标的物的，遇价格上涨时，按照原价格执行；价格下降时，按照新价格执行。逾期提取标的物或者逾期付款的，遇价格上涨时，按照新价格执行；价格下降时，按照原价格执行。

第五百一十四条　以支付金钱为内容的债，除法律另有规定或者当事人另有约定外，债权人可以请求债务人以实际履行地的法定货币履行。

第五百一十五条　标的有多项而债务人只需履行其中一项的，债务人享有选择权；但是，法律另有规定、当事人另有约定或者另有交易习惯的除外。

享有选择权的当事人在约定期限内或者履行期限届满未作选择，经催告后在合理期限内仍未选择的，选择权转移至对方。

第五百一十六条　当事人行使选择权应当及时通知对方，通知到达对方时，标的确定。标的确定后不得变更，但是经对方同意的除外。

可选择的标的发生不能履行情形的，享有选择权的当事人不得选择不能履行的标的，但是该不能履行的情形是由对方造成的除外。

第五百一十七条　债权人为二人以上，标的可分，按照份额各自享有债权的，为按份债权；债务人为二人以上，标的可分，按照份额各自负担债务的，为按份债务。

按份债权人或者按份债务人的份额难以确定的，视为份额相同。

第五百一十八条　债权人为二人以上，部分或者全部债权人均可以请求债务人履行债务的，为连带债权；债务人为二人以上，债权人可以请求部分或者全部债务人履行全部债务的，为连带债务。

连带债权或者连带债务，由法律规定或者当事人约定。

第五百一十九条　连带债务人之间的份额难以确定的，视为份额相同。

实际承担债务超过自己份额的连带债务人，有权就超出部分在其他连带债务人未履行的份额范围内向其追偿，并相应地享有债权人的权利，但是不得损害债权人的利益。其他连带债务人对债权人的抗辩，可以向该债务人主张。

被追偿的连带债务人不能履行其应分担份额的，其他连带债务人应当在相应范围内按比例分担。

第五百二十条　部分连带债务人履行、抵销债务或者提存标的物的，其他债务人对债权人的债务在相应范围内消灭；该债务人可以依据前条规定向其他债务人追偿。

部分连带债务人的债务被债权人免除的，在该连带债务人应当承担的份额范围内，其他债务人对债权人的债务消灭。

部分连带债务人的债务与债权人的债权同归于一人的，在扣除该债务人应当承担的份额后，债权人对其他债务人的债权继续存在。

债权人对部分连带债务人的给付受领迟延的，对其他连带债务人发生效力。

第五百二十一条　连带债权人之间的份额难以确定的，视为份额相同。

实际受领债权的连带债权人，应当按比例向其他连带债权人返还。

连带债权参照适用本章连带债务的有关规定。

第五百二十二条　当事人约定由债务人向第三人履行债务，债务人未向第三人履行债务或者履行债务不符合约定的，应当向债权人承担违约责任。

法律规定或者当事人约定第三人可以直接请求债务人向其履行债务，第三人未在合理期限内明确拒绝，债务人未向第三人履行债务或者履行债务不符合约定的，第三人可以请求债务人承担违约责任；债务人对债权人的抗辩，可以向第三人主张。

第五百二十三条　当事人约定由第三人向债权人履行债务，第三人不履行债务或者履行债务不符合约定的，债务人应当向债权人承担违约责任。

第五百二十四条　债务人不履行债务，第三人对履行该债务具有合法利益的，第三人有权向债权人代为履行；但是，根据债务性质、按照当事人约定或者依照法律规定只能由债务人履行的除外。

债权人接受第三人履行后，其对债务人的债权转让给第三人，但是债务人和第三人另有约定的除外。

第五百二十五条　当事人互负债务，没有先后履行顺序的，应当同时履行。一方在对方履行之前有权拒绝其履行请求。一方在对方履行债务不符合约定时，有权拒绝其相应的履行请求。

第五百二十六条　当事人互负债务，有先后履行顺序，应当先履行债务一方未履行的，后履行一方有权拒绝其履行请求。先履行一方履行债务不符合约定的，后履行一方有权拒绝其相应的履行请求。

第五百二十七条　应当先履行债务的当事人，有确切证据证明对方有下列情形之一的，可以中止履行：

（一）经营状况严重恶化；

（二）转移财产、抽逃资金，以逃避债务；

（三）丧失商业信誉；

（四）有丧失或者可能丧失履行债务能力的其他情形。

当事人没有确切证据中止履行的，应当承担违约责任。

第五百二十八条　当事人依据前条规定中止履行的，应当及时通知对方。对方提供适当担保的，应当恢复履行。中止履行后，对方在合理期限内未恢复履行能力且未提供适当担保的，视为以自己的行为表明不履行主要债务，中止履行的一方可以解除合同并可以请求对方承担违约责任。

第五百二十九条　债权人分立、合并或者变更住所没有通知债务人，致使履行债务发生困难的，债务人可以中止履行或者将标的物提存。

第五百三十条　债权人可以拒绝债务人提前履行债务，但是提前履行不损害债权人利益的除外。

债务人提前履行债务给债权人增加的费用，由债务人负担。

第五百三十一条　债权人可以拒绝债务人部分履行债务，但是部分履行不损害债权人利益的除外。

债务人部分履行债务给债权人增加的费用，由债务人负担。

第五百三十二条　合同生效后，当事人不得因姓名、名称的变更或者法定代表人、负责人、承办人的变动而不履行合同义务。

第五百三十三条　合同成立后，合同的基础条件发生了当事人在订立合同时无法预见的、不属于商业风险的重大变化，继续履行合同对于当事人一方明显不公平的，受不利影响的当事人可以与对方重新协商；在合理期限内协商不成的，当事人可以请求人民法院或者仲裁机构变更或者解除合同。

人民法院或者仲裁机构应当结合案件的实际情况，根据公平原则变更或者解除合同。

第五百三十四条　对当事人利用合同实施危害国家利益、社会公共利益行为的，市场监督管理和其他有关行政主管部门依照法律、行政法规的规定负责监督处理。

第五章 合同的保全

第五百三十五条 因债务人怠于行使其债权或者与该债权有关的从权利，影响债权人的到期债权实现的，债权人可以向人民法院请求以自己的名义代位行使债务人对相对人的权利，但是该权利专属于债务人自身的除外。

代位权的行使范围以债权人的到期债权为限。债权人行使代位权的必要费用，由债务人负担。

相对人对债务人的抗辩，可以向债权人主张。

第五百三十六条 债权人的债权到期前，债务人的债权或者与该债权有关的从权利存在诉讼时效期间即将届满或者未及时申报破产债权等情形，影响债权人的债权实现的，债权人可以代位向债务人的相对人请求其向债务人履行、向破产管理人申报或者作出其他必要的行为。

第五百三十七条 人民法院认定代位权成立的，由债务人的相对人向债权人履行义务，债权人接受履行后，债权人与债务人、债务人与相对人之间相应的权利义务终止。债务人对相对人的债权或者与该债权有关的从权利被采取保全、执行措施，或者债务人破产的，依照相关法律的规定处理。

第五百三十八条 债务人以放弃其债权、放弃债权担保、无偿转让财产等方式无偿处分财产权益，或者恶意延长其到期债权的履行期限，影响债权人的债权实现的，债权人可以请求人民法院撤销债务人的行为。

第五百三十九条 债务人以明显不合理的低价转让财产、以明显不合理的高价受让他人财产或者为他人的债务提供担保，影响债权人的债权实现，债务人的相对人知道或者应当知道该情形的，债权人可以请求人民法院撤销债务人的行为。

第五百四十条 撤销权的行使范围以债权人的债权为限。债权人行使撤销权的必要费用，由债务人负担。

第五百四十一条 撤销权自债权人知道或者应当知道撤销事由之日起一年内行使。自债务人的行为发生之日起五年内没有行使撤销权的，该撤销权消灭。

第五百四十二条 债务人影响债权人的债权实现的行为被撤销的，自始没有法律约束力。

第六章 合同的变更和转让

第五百四十三条 当事人协商一致，可以变更合同。

第五百四十四条 当事人对合同变更的内容约定不明确的，推定为未变更。

第五百四十五条 债权人可以将债权的全部或者部分转让给第三人，但是有下列情形之一的除外：

（一）根据债权性质不得转让；

（二）按照当事人约定不得转让；

（三）依照法律规定不得转让。

当事人约定非金钱债权不得转让的，不得对抗善意第三人。当事人约定金钱债权不得转让的，不得对抗第三人。

第五百四十六条 债权人转让债权，未通知债务人的，该转让对债务人不发生效力。债权转让的通知不得撤销，但是经受让人同意的除外。

第五百四十七条　债权人转让债权的，受让人取得与债权有关的从权利，但是该从权利专属于债权人自身的除外。

受让人取得从权利不应该从权利未办理转移登记手续或者未转移占有而受到影响。

第五百四十八条　债务人接到债权转让通知后，债务人对让与人的抗辩，可以向受让人主张。

第五百四十九条　有下列情形之一的，债务人可以向受让人主张抵销：

（一）债务人接到债权转让通知时，债务人对让与人享有债权，且债务人的债权先于转让的债权到期或者同时到期；

（二）债务人的债权与转让的债权是基于同一合同产生。

第五百五十条　因债权转让增加的履行费用，由让与人负担。

第五百五十一条　债务人将债务的全部或者部分转移给第三人的，应当经债权人同意。

债务人或者第三人可以催告债权人在合理期限内予以同意，债权人未作表示的，视为不同意。

第五百五十二条　第三人与债务人约定加入债务并通知债权人，或者第三人向债权人表示愿意加入债务，债权人未在合理期限内明确拒绝的，债权人可以请求第三人在其愿意承担的债务范围内和债务人承担连带债务。

第五百五十三条　债务人转移债务的，新债务人可以主张原债务人对债权人的抗辩；原债务人对债权人享有债权的，新债务人不得向债权人主张抵销。

第五百五十四条　债务人转移债务的，新债务人应当承担与主债务有关的从债务，但是该从债务专属于原债务人自身的除外。

第五百五十五条　当事人一方经对方同意，可以将自己在合同中的权利和义务一并转让给第三人。

第五百五十六条　合同的权利和义务一并转让的，适用债权转让、债务转移的有关规定。

第七章　合同的权利义务终止

第五百五十七条　有下列情形之一的，债权债务终止：

（一）债务已经履行；

（二）债务相互抵销；

（三）债务人依法将标的物提存；

（四）债权人免除债务；

（五）债权债务同归于一人；

（六）法律规定或者当事人约定终止的其他情形。

合同解除的，该合同的权利义务关系终止。

第五百五十八条　债权债务终止后，当事人应当遵循诚信等原则，根据交易习惯履行通知、协助、保密、旧物回收等义务。

第五百五十九条　债权债务终止时，债权的从权利同时消灭，但是法律另有规定或者当事人另有约定的除外。

第五百六十条　债务人对同一债权人负担的数项债务种类相同，债务人的给付不足以清偿全部债务的，除当事人另有约定外，由债务人在清偿时指定其履行的债务。

债务人未作指定的，应当优先履行已经到期的债务；数项债务均到期的，优先履行对债权人缺乏担保或者担保最少的债务；均无担保或者担保相等的，优先履行债务人负担较重的债务；负担相同的，按照债务到期的先后顺序履行；到期时间相同的，按照债务比例履行。

第五百六十一条 债务人在履行主债务外还应当支付利息和实现债权的有关费用，其给付不足以清偿全部债务的，除当事人另有约定外，应当按照下列顺序履行：

（一）实现债权的有关费用；

（二）利息；

（三）主债务。

第五百六十二条 当事人协商一致，可以解除合同。

当事人可以约定一方解除合同的事由。解除合同的事由发生时，解除权人可以解除合同。

第五百六十三条 有下列情形之一的，当事人可以解除合同：

（一）因不可抗力致使不能实现合同目的；

（二）在履行期限届满前，当事人一方明确表示或者以自己的行为表明不履行主要债务；

（三）当事人一方迟延履行主要债务，经催告后在合理期限内仍未履行；

（四）当事人一方迟延履行债务或者有其他违约行为致使不能实现合同目的；

（五）法律规定的其他情形。

以持续履行的债务为内容的不定期合同，当事人可以随时解除合同，但是应当在合理期限之前通知对方。

第五百六十四条 法律规定或者当事人约定解除权行使期限，期限届满当事人不行使的，该权利消灭。

法律没有规定或者当事人没有约定解除权行使期限，自解除权人知道或者应当知道解除事由之日起一年内不行使，或者经对方催告后在合理期限内不行使的，该权利消灭。

第五百六十五条 当事人一方依法主张解除合同的，应当通知对方。合同自通知到达对方时解除；通知载明债务人在一定期限内不履行债务则合同自动解除，债务人在该期限内未履行债务的，合同自通知载明的期限届满时解除。对方对解除合同有异议的，任何一方当事人均可以请求人民法院或者仲裁机构确认解除行为的效力。

当事人一方未通知对方，直接以提起诉讼或者申请仲裁的方式依法主张解除合同，人民法院或者仲裁机构确认该主张的，合同自起诉状副本或者仲裁申请书副本送达对方时解除。

第五百六十六条 合同解除后，尚未履行的，终止履行；已经履行的，根据履行情况和合同性质，当事人可以请求恢复原状或者采取其他补救措施，并有权请求赔偿损失。合同因违约解除的，解除权人可以请求违约方承担违约责任，但是当事人另有约定的除外。

主合同解除后，担保人对债务人应当承担的民事责任仍应当承担担保责任，但是担保合同另有约定的除外。

第五百六十七条 合同的权利义务关系终止，不影响合同中结算和清理条款的效力。

第五百六十八条 当事人互负债务，该债务的标的物种类、品质相同的，任何一方可以将自己的债务与对方的到期债务抵销；但是，根据债务性质、按照当事人约定或者依照法律规定不得抵销的除外。

当事人主张抵销的，应当通知对方。通知自到达对方时生效。抵销不得附条件或者附期限。

第五百六十九条 当事人互负债务，标的物种类、品质不相同的，经协商一致，也可以抵销。

第五百七十条 有下列情形之一，难以履行债务的，债务人可以将标的物提存：

（一）债权人无正当理由拒绝受领；

（二）债权人下落不明；

（三）债权人死亡未确定继承人、遗产管理人，或者丧失民事行为能力未确定监护人；

（四）法律规定的其他情形。

标的物不适于提存或者提存费用过高的，债务人依法可以拍卖或者变卖标的物，提存所得的价款。

第五百七十一条 债务人将标的物或者将标的物依法拍卖、变卖所得价款交付提存部门时，提存成立。

提存成立的，视为债务人在其提存范围内已经交付标的物。

第五百七十二条 标的物提存后，债务人应当及时通知债权人或者债权人的继承人、遗产管理人、监护人、财产代管人。

第五百七十三条 标的物提存后，毁损、灭失的风险由债权人承担。提存期间，标的物的孳息归债权人所有。提存费用由债权人负担。

第五百七十四条 债权人可以随时领取提存物。但是，债权人对债务人负有到期债务的，在债权人未履行债务或者提供担保之前，提存部门根据债务人的要求应当拒绝其领取提存物。

债权人领取提存物的权利，自提存之日起五年内不行使而消灭，提存物扣除提存费用后归国家所有。但是，债权人未履行对债务人的到期债务，或者债权人向提存部门书面表示放弃领取提存物权利的，债务人负担提存费用后有权取回提存物。

第五百七十五条 债权人免除债务人部分或者全部债务的，债权债务部分或者全部终止，但是债务人在合理期限内拒绝的除外。

第五百七十六条 债权和债务同归于一人的，债权债务终止，但是损害第三人利益的除外。

第八章 违约责任

第五百七十七条 当事人一方不履行合同义务或者履行合同义务不符合约定的，应当承担继续履行、采取补救措施或者赔偿损失等违约责任。

第五百七十八条 当事人一方明确表示或者以自己的行为表明不履行合同义务的，对方可以在履行期限届满前请求其承担违约责任。

第五百七十九条 当事人一方未支付价款、报酬、租金、利息，或者不履行其他金钱债务的，对方可以请求其支付。

第五百八十条 当事人一方不履行非金钱债务或者履行非金钱债务不符合约定的，对方可以请求履行，但是有下列情形之一的除外：

（一）法律上或者事实上不能履行；

（二）债务的标的不适于强制履行或者履行费用过高；

（三）债权人在合理期限内未请求履行。

有前款规定的除外情形之一，致使不能实现合同目的的，人民法院或者仲裁机构可以根据当事人的请求终止合同权利义务关系，但是不影响违约责任的承担。

第五百八十一条 当事人一方不履行债务或者履行债务不符合约定，根据债务的性质不得强制履行的，对方可以请求其负担由第三人替代履行的费用。

第五百八十二条 履行不符合约定的，应当按照当事人的约定承担违约责任。对违约责任没有约定或者约定不明确，依据本法第五百一十条的规定仍不能确定的，受损害方根据标的的性质以及损失的大小，可以合理选择请求对方承担修理、重作、更换、退货、减少价款或者报酬等违约责任。

第五百八十三条 当事人一方不履行合同义务或者履行合同义务不符合约定的，在履行义务或者采取补救措施后，对方还有其他损失的，应当赔偿损失。

第五百八十四条 当事人一方不履行合同义务或者履行合同义务不符合约定，造成对方损失的，损失赔偿额应当相当于因违约所造成的损失，包括合同履行后可以获得的利益；但是，不得超过违约一方订立合同时预见到或者应当预见到的因违约可能造成的损失。

第五百八十五条 当事人可以约定一方违约时应当根据违约情况向对方支付一定数额的违约金，也可以约定因违约产生的损失赔偿额的计算方法。

约定的违约金低于造成的损失的，人民法院或者仲裁机构可以根据当事人的请求予以增加；约定的违约金过分高于造成的损失的，人民法院或者仲裁机构可以根据当事人的请求予以适当减少。

当事人就迟延履行约定违约金的，违约方支付违约金后，还应当履行债务。

第五百八十六条 当事人可以约定一方向对方给付定金作为债权的担保。定金合同自实际交付定金时成立。

定金的数额由当事人约定；但是，不得超过主合同标的额的百分之二十，超过部分不产生定金的效力。实际交付的定金数额多于或者少于约定数额的，视为变更约定的定金数额。

第五百八十七条 债务人履行债务的，定金应当抵作价款或者收回。给付定金的一方不履行债务或者履行债务不符合约定，致使不能实现合同目的的，无权请求返还定金；收受定金的一方不履行债务或者履行债务不符合约定，致使不能实现合同目的的，应当双倍返还定金。

第五百八十八条 当事人既约定违约金，又约定定金的，一方违约时，对方可以选择适用违约金或者定金条款。

定金不足以弥补一方违约造成的损失的，对方可以请求赔偿超过定金数额的损失。

第五百八十九条 债务人按照约定履行债务，债权人无正当理由拒绝受领的，债务人可以请求债权人赔偿增加的费用。

在债权人受领迟延期间，债务人无须支付利息。

第五百九十条　当事人一方因不可抗力不能履行合同的，根据不可抗力的影响，部分或者全部免除责任，但是法律另有规定的除外。因不可抗力不能履行合同的，应当及时通知对方，以减轻可能给对方造成的损失，并应当在合理期限内提供证明。

当事人迟延履行后发生不可抗力的，不免除其违约责任。

第五百九十一条　当事人一方违约后，对方应当采取适当措施防止损失的扩大；没有采取适当措施致使损失扩大的，不得就扩大的损失请求赔偿。

当事人因防止损失扩大而支出的合理费用，由违约方负担。

第五百九十二条　当事人都违反合同的，应当各自承担相应的责任。

当事人一方违约造成对方损失，对方对损失的发生有过错的，可以减少相应的损失赔偿额。

第五百九十三条　当事人一方因第三人的原因造成违约的，应当依法向对方承担违约责任。当事人一方和第三人之间的纠纷，依照法律规定或者按照约定处理。

第五百九十四条　因国际货物买卖合同和技术进出口合同争议提起诉讼或者申请仲裁的时效期间为四年。

第二分编　典型合同

......

第十八章　建设工程合同

第七百八十八条　建设工程合同是承包人进行工程建设，发包人支付价款的合同。

建设工程合同包括工程勘察、设计、施工合同。

第七百八十九条　建设工程合同应当采用书面形式。

第七百九十条　建设工程的招标投标活动，应当依照有关法律的规定公开、公平、公正进行。

第七百九十一条　发包人可以与总承包人订立建设工程合同，也可以分别与勘察人、设计人、施工人订立勘察、设计、施工承包合同。发包人不得将应当由一个承包人完成的建设工程支解成若干部分发包给数个承包人。

总承包人或者勘察、设计、施工承包人经发包人同意，可以将自己承包的部分工作交由第三人完成。第三人就其完成的工作成果与总承包人或者勘察、设计、施工承包人向发包人承担连带责任。承包人不得将其承包的全部建设工程转包给第三人或者将其承包的全部建设工程支解以后以分包的名义分别转包给第三人。

禁止承包人将工程分包给不具备相应资质条件的单位。禁止分包单位将其承包的工程再分包。建设工程主体结构的施工必须由承包人自行完成。

第七百九十二条　国家重大建设工程合同，应当按照国家规定的程序和国家批准的投资计划、可行性研究报告等文件订立。

第七百九十三条　建设工程施工合同无效，但是建设工程经验收合格的，可以参照合同关于工程价款的约定折价补偿承包人。

建设工程施工合同无效，且建设工程经验收不合格的，按照以下情形处理：

（一）修复后的建设工程经验收合格的，发包人可以请求承包人承担修复费用；

（二）修复后的建设工程经验收不合格的，承包人无权请求参照合同关于工程价款的约定折价补偿。

发包人对因建设工程不合格造成的损失有过错的，应当承担相应的责任。

第七百九十四条 勘察、设计合同的内容一般包括提交有关基础资料和概预算等文件的期限、质量要求、费用以及其他协作条件等条款。

第七百九十五条 施工合同的内容一般包括工程范围、建设工期、中间交工工程的开工和竣工时间、工程质量、工程造价、技术资料交付时间、材料和设备供应责任、拨款和结算、竣工验收、质量保修范围和质量保证期、相互协作等条款。

第七百九十六条 建设工程实行监理的，发包人应当与监理人采用书面形式订立委托监理合同。发包人与监理人的权利和义务以及法律责任，应当依照本编委托合同以及其他有关法律、行政法规的规定。

第七百九十七条 发包人在不妨碍承包人正常作业的情况下，可以随时对作业进度、质量进行检查。

第七百九十八条 隐蔽工程在隐蔽以前，承包人应当通知发包人检查。发包人没有及时检查的，承包人可以顺延工程日期，并有权请求赔偿停工、窝工等损失。

第七百九十九条 建设工程竣工后，发包人应当根据施工图纸及说明书、国家须发的施工验收规范和质量检验标准及时进行验收。验收合格的，发包人应当按照约定支付价款，并接收该建设工程。

建设工程竣工经验收合格后，方可交付使用；未经验收或者验收不合格的，不得交付使用。

第八百条 勘察、设计的质量不符合要求或者未按照期限提交勘察、设计文件拖延工期，造成发包人损失的，勘察人、设计人应当继续完善勘察、设计，减收或者免收勘察、设计费并赔偿损失。

第八百零一条 因施工人的原因致使建设工程质量不符合约定的，发包人有权请求施工人在合理期限内无偿修理或者返工、改建。经过修理或者返工、改建后，造成逾期交付的，施工人应当承担违约责任。

第八百零二条 因承包人的原因致使建设工程在合理使用期限内造成人身损害和财产损失的，承包人应当承担赔偿责任。

第八百零三条 发包人未按照约定的时间和要求提供原材料、设备、场地、资金、技术资料的，承包人可以顺延工程日期，并有权请求赔偿停工、窝工等损失。

第八百零四条 因发包人的原因致使工程中途停建、缓建的，发包人应当采取措施弥补或者减少损失，赔偿承包人因此造成的停工、窝工、倒运、机械设备调迁、材料和构件积压等损失和实际费用。

第八百零五条 因发包人变更计划，提供的资料不准确，或者未按照期限提供必需的勘察、设计工作条件而造成勘察、设计的返工、停工或者修改设计，发包人应当按照勘察人、设计人实际消耗的工作量增付费用。

第八百零六条 承包人将建设工程转包、违法分包的，发包人可以解除合同。

发包人提供的主要建筑材料、建筑构配件和设备不符合强制性标准或者不履行协助义务，致使承包人无法施工，经催告后在合理期限内仍未履行相应义务的，承包人可以解除合同。

合同解除后，已经完成的建设工程质量合格的，发包人应当按照约定支付相应的工程价款；已经完成的建设工程质量不合格的，参照本法第七百九十三条的规定处理。

第八百零七条 发包人未按照约定支付价款的，承包人可以催告发包人在合理期限内支付价款。发包人逾期不支付的，除根据建设工程的性质不宜折价、拍卖外，承包人可以与发包人协议将该工程折价，也可以请求人民法院将该工程依法拍卖。建设工程的价款就该工程折价或者拍卖的价款优先受偿。

第八百零八条 本章没有规定的，适用承揽合同的有关规定。

……

附则

第一千二百六十条 本法自 2021 年 1 月 1 日起施行。《中华人民共和国婚姻法》《中华人民共和国继承法》《中华人民共和国民法通则》《中华人民共和国收养法》《中华人民共和国担保法》《中华人民共和国合同法》《中华人民共和国物权法》《中华人民共和国侵权责任法》《中华人民共和国民法总则》同时废止。

例题 3-11：《民法典》规定的建设工程合同，是指以下哪几类合同？（　　）
Ⅰ. 勘察合同；Ⅱ. 设计合同；Ⅲ. 施工合同；Ⅳ. 监理合同；Ⅴ. 采购合同
A．Ⅰ、Ⅱ、Ⅲ　　　B．Ⅱ、Ⅲ、Ⅳ　　　C．Ⅲ、Ⅳ、Ⅴ　　　D．Ⅲ、Ⅳ、Ⅴ
【答案】A

例题 3-12：《民法典》规定，建筑工程合同只能用书面形式，书面形式合同书在履行下列哪项手续后有效？（　　）
A．盖章或签字有效　　　　　　　　B．盖章和签字有效
C．只有签字有效　　　　　　　　　D．只有盖章有效
【答案】A

十、安全生产法（★）

（一）《中华人民共和国安全生产法》

《中华人民共和国安全生产法》（简称《安全生产法》）自 2002 年 11 月 1 日起实施。2021 年 6 月 10 日，中华人民共和国第十三届全国人民代表大会常务委员会第二十九次会议通过《全国人民代表大会常务委员会关于修改〈中华人民共和国安全生产法〉的决定》，新修订的《安全生产法》自 2021 年 9 月 1 日起施行。

2021 年版《安全生产法》摘录如下。

第三条 安全生产工作坚持中国共产党的领导。

安全生产工作应当以人为本，坚持人民至上、生命至上，把保护人民生命安全摆在首位，树牢安全发展理念，坚持安全第一、预防为主、综合治理的方针，从源头上防范化解重大安全风险。

安全生产工作实行管行业必须管安全、管业务必须管安全、管生产经营必须管安全，强化和落实生产经营单位主体责任与政府监管责任，建立生产经营单位负责、职工参与、政府监管、行业自律和社会监督的机制。

第四条 生产经营单位必须遵守本法和其他有关安全生产的法律、法规，加强安全生产管理，建立健全全员安全生产责任制和安全生产规章制度，加大对安全生产资金、物资、技术、人员的投入保障力度，改善安全生产条件，加强安全生产标准化、信息化建设，构建安全风险分级管控和隐患排查治理双重预防机制，健全风险防范化解机制，提高安全生产水平，确保安全生产。

平台经济等新兴行业、领域的生产经营单位应当根据本行业、领域的特点，建立健全并落实全员安全生产责任制，加强从业人员安全生产教育和培训，履行本法和其他法律、法规规定的有关安全生产义务。

第五条 生产经营单位的主要负责人是本单位安全生产第一责任人，对本单位的安全生产工作全面负责。其他负责人对职责范围内的安全生产工作负责。

第十条 国务院应急管理部门依照本法，对全国安全生产工作实施综合监督管理；县级以上地方各级人民政府应急管理部门依照本法，对本行政区域内安全生产工作实施综合监督管理。

（二）《建设工程安全生产管理条例》

《建设工程安全生产管理条例》2003 年 11 月 24 日发布，自 2004 年 2 月 1 日起施行。《建设工程安全生产管理条例》摘录如下。

第十三条 设计单位应当按照法律、法规和工程建设强制性标准进行设计，防止因设计不合理导致生产安全事故的发生。

设计单位应当考虑施工安全操作和防护的需要，对涉及施工安全的重点部位和环节在设计文件中注明，并对防范生产安全事故提出指导意见。

采用新结构、新材料、新工艺的建设工程和特殊结构的建设工程，设计单位应当在设计中提出保障施工作业人员安全和预防生产安全事故的措施建议。设计单位和注册建筑师等注册执业人员应当对其设计负责。

本节重点： 建设工程质量管理条例（★★★）、建设工程设计招标投标（★★★）

第六节 历史文化保护、环境保护和节约能源的有关规定

一、历史文化保护（★★）

我国历史悠久，幅员辽阔，境内遗存有大量文物古迹。这些文物古迹记载着中华民族的历史进程，是增强民族凝聚力、促进民族文化发展的基础。

《中华人民共和国文物保护法》自 1982 年 11 月 19 日起施行，2017 年 11 月 4 日第五次修改。《中华人民共和国文物保护法实施条例》自 2003 年 7 月 1 日起施行，2017 年 3 月

1日第四次修改。

（一）《中华人民共和国文物保护法》摘录

第一章　总则

第一条　为了加强对文物的保护，继承中华民族优秀的历史文化遗产，促进科学研究工作，进行爱国主义和革命传统教育，建设社会主义精神文明和物质文明，根据宪法，制定本法。

第二条　在中华人民共和国境内，下列文物受国家保护：

（一）具有历史、艺术、科学价值的古文化遗址、古墓葬、古建筑、石窟寺和石刻、壁画；

（二）与重大历史事件、革命运动或者著名人物有关的以及具有重要纪念意义、教育意义或者史料价值的近代现代重要史迹、实物、代表性建筑；

（三）历史上各时代珍贵的艺术品、工艺美术品；

（四）历史上各时代重要的文献资料以及具有历史、艺术、科学价值的手稿和图书资料等；

（五）反映历史上各时代、各民族社会制度、社会生产、社会生活的代表性实物。

文物认定的标准和办法由国务院文物行政部门制定，并报国务院批准。

具有科学价值的古脊椎动物化石和古人类化石同文物一样受国家保护。

第三条　古文化遗址、古墓葬、古建筑、石窟寺、石刻、壁画、近代现代重要史迹和代表性建筑等不可移动文物，根据它们的历史、艺术、科学价值，可以分别确定为全国重点文物保护单位，省级文物保护单位，市、县级文物保护单位。

历史上各时代重要实物、艺术品、文献、手稿、图书资料、代表性实物等可移动文物，分为珍贵文物和一般文物；珍贵文物分为一级文物、二级文物、三级文物。

第五条　中华人民共和国境内地下、内水和领海中遗存的一切文物，属于国家所有。

古文化遗址、古墓葬、石窟寺属于国家所有。国家指定保护的纪念建筑物、古建筑、石刻、壁画、近代现代代表性建筑等不可移动文物，除国家另有规定的以外，属于国家所有。

国有不可移动文物的所有权不因其所依附的土地所有权或者使用权的改变而改变。

下列可移动文物，属于国家所有：

（一）中国境内出土的文物，国家另有规定的除外；

（二）国有文物收藏单位以及其他国家机关、部队和国有企业、事业组织等收藏、保管的文物；

（三）国家征集、购买的文物；

（四）公民、法人和其他组织捐赠给国家的文物；

（五）法律规定属于国家所有的其他文物。

属于国家所有的可移动文物的所有权不因其保管、收藏单位的终止或者变更而改变。

国有文物所有权受法律保护，不容侵犯。

第三章　考古发掘

第十三条　国务院文物行政部门在省级、市、县级文物保护单位中，选择具有重大历史、艺术、科学价值的确定为全国重点文物保护单位，或者直接确定为全国重点文物保护单位，报国务院核定公布。

省级文物保护单位，由省、自治区、直辖市人民政府核定公布，并报国务院备案。

市级和县级文物保护单位，分别由设区的市、自治州和县级人民政府核定公布，并报省、自治区、直辖市人民政府备案。

尚未核定公布为文物保护单位的不可移动文物，由县级人民政府文物行政部门予以登记并公布。

第十四条 保存文物特别丰富并且具有重大历史价值或者革命纪念意义的城市，由国务院核定公布为历史文化名城。

保存文物特别丰富并且具有重大历史价值或者革命纪念意义的城镇、街道、村庄，由省、自治区、直辖市人民政府核定公布为历史文化街区、村镇，并报国务院备案。

历史文化名城和历史文化街区、村镇所在地的县级以上地方人民政府应当组织编制专门的历史文化名城和历史文化街区、村镇保护规划，并纳入城市总体规划。

历史文化名城和历史文化街区、村镇的保护办法，由国务院制定。

第十七条 文物保护单位的保护范围内不得进行其他建设工程或者爆破、钻探、挖掘等作业。但是，因特殊情况需要在文物保护单位的保护范围内进行其他建设工程或者爆破、钻探、挖掘等作业的，必须保证文物保护单位的安全，并经核定公布该文物保护单位的人民政府批准，在批准前应当征得上一级人民政府文物行政部门同意；在全国重点文物保护单位的保护范围内进行其他建设工程或者爆破、钻探、挖掘等作业的，必须经省、自治区、直辖市人民政府批准，在批准前应当征得国务院文物行政部门同意。

第十八条 根据保护文物的实际需要，经省、自治区、直辖市人民政府批准，可以在文物保护单位的周围划出一定的建设控制地带，并予以公布。

在文物保护单位的建设控制地带内进行建设工程，不得破坏文物保护单位的历史风貌；工程设计方案应当根据文物保护单位的级别，经相应的文物行政部门同意后，报城乡建设规划部门批准。

第二十条 建设工程选址，应当尽可能避开不可移动文物；因特殊情况不能避开的，对文物保护单位应当尽可能实施原址保护。

实施原址保护的，建设单位应当事先确定保护措施，根据文物保护单位的级别报相应的文物行政部门批准；未经批准的，不得开工建设。

无法实施原址保护，必须迁移异地保护或者拆除的，应当报省、自治区、直辖市人民政府批准；迁移或者拆除省级文物保护单位的，批准前须征得国务院文物行政部门同意。全国重点文物保护单位不得拆除；需要迁移的，须由省、自治区、直辖市人民政府报国务院批准。

依照前款规定拆除的国有不可移动文物中具有收藏价值的壁画、雕塑、建筑构件等，由文物行政部门指定的文物收藏单位收藏。

本条规定的原址保护、迁移、拆除所需费用，由建设单位列入建设工程预算。

第三章 考古发掘

第二十九条 进行大型基本建设工程，建设单位应当事先报请省、自治区、直辖市人民政府文物行政部门组织从事考古发掘的单位在工程范围内有可能埋藏文物的地方进行考古调查、勘探。

考古调查、勘探中发现文物的，由省、自治区、直辖市人民政府文物行政部门根据文物保护的要求会同建设单位共同商定保护措施；遇有重要发现的，由省、自治区、直辖市人民政府文物行政部门及时报国务院文物行政部门处理。

第三十条 需要配合建设工程进行的考古发掘工作，应当由省、自治区、直辖市文物行政部门在勘探工作的基础上提出发掘计划，报国务院文物行政部门批准。国务院文物行政部门在批准前，应当征求社会科学研究机构及其他科研机构和有关专家的意见。

确因建设工期紧迫或者有自然破坏危险，对古文化遗址、古墓葬急需进行抢救发掘的，由省、自治区、直辖市人民政府文物行政部门组织发掘，并同时补办审批手续。

第三十一条 凡因进行基本建设和生产建设需要的考古调查、勘探、发掘，所需费用由建设单位列入建设工程预算。

第三十二条 在进行建设工程或者在农业生产中，任何单位或者个人发现文物，应当保护现场，立即报告当地文物行政部门，文物行政部门接到报告后，如无特殊情况，应当在二十四小时内赶赴现场，并在七日内提出处理意见。文物行政部门可以报请当地人民政府通知公安机关协助保护现场；发现重要文物的，应当立即上报国务院文物行政部门，国务院文物行政部门应当在接到报告后十五日内提出处理意见。

依照前款规定发现的文物属于国家所有，任何单位或者个人不得哄抢、私分、藏匿。

第七章 法律责任

第六十六条 有下列行为之一，尚不构成犯罪的，由县级以上人民政府文物主管部门责令改正，造成严重后果的，处五万元以上五十万元以下的罚款；情节严重的，由原发证机关吊销资质证书：

（一）擅自在文物保护单位的保护范围内进行建设工程或者爆破、钻探、挖掘等作业的；

（二）在文物保护单位的建设控制地带内进行建设工程，其工程设计方案未经文物行政部门同意、报城乡建设规划部门批准，对文物保护单位的历史风貌造成破坏的；

（三）擅自迁移、拆除不可移动文物的；

（四）擅自修缮不可移动文物，明显改变文物原状的；

（五）擅自在原址重建已全部毁坏的不可移动文物，造成文物破坏的；

（六）施工单位未取得文物保护工程资质证书，擅自从事文物修缮、迁移、重建的。

刻划、涂污或者损坏文物尚不严重的，或者损毁依照本法第十五条第一款规定设立的文物保护单位标志的，由公安机关或者文物所在单位给予警告，可以并处罚款。

（二）《中华人民共和国文物保护法实施条例》摘录

第二章 不可移动文物

第七条 历史文化名城，由国务院建设行政主管部门会同国务院文物行政主管部门报国务院核定公布。

历史文化街区、村镇，由省、自治区、直辖市人民政府城乡规划行政主管部门会同文物行政主管部门报本级人民政府核定公布。

第八条 全国重点文物保护单位和省级文物保护单位自核定公布之日起1年内，由省、自治区、直辖市人民政府划定必要的保护范围，作出标志说明，建立记录档案，设置专门机构或者指定专人负责管理。

设区的市、自治州级和县级文物保护单位自核定公布之日起1年内，由核定公布该文物保护单位的人民政府划定保护范围，作出标志说明，建立记录档案，设置专门机构或者指定专人负责管理。

第九条 文物保护单位的保护范围，是指对文物保护单位本体及周围一定范围实施重点保护的区域。

第十三条 文物保护单位的建设控制地带，是指在文物保护单位的保护范围外，为保护文物保护单位的安全、环境、历史风貌对建设项目加以限制的区域。

文物保护单位的建设控制地带，应当根据文物保护单位的类别、规模、内容以及周围环境的历史和现实情况合理划定。

第十四条 全国重点文物保护单位的建设控制地带，经省、自治区、直辖市人民政府批准，由省、自治区、直辖市人民政府的文物行政主管部门会同城乡规划行政主管部门划定并公布。

省级、设区的市、自治州级和县级文物保护单位的建设控制地带，经省、自治区、直辖市人民政府批准，由核定公布该文物保护单位的人民政府的文物行政主管部门会同城乡规划行政主管部门划定并公布。

第十五条 承担文物保护单位的修缮、迁移、重建工程的单位，应当同时取得文物行政主管部门发给的相应等级的文物保护工程资质证书和建设行政主管部门发给的相应等级的资质证书。其中，不涉及建筑活动的文物保护单位的修缮、迁移、重建，应当由取得文物行政主管部门发给的相应等级的文物保护工程资质证书的单位承担。

第三章 考古发掘

第二十三条 配合建设工程进行的考古调查、勘探、发掘，由省、自治区、直辖市人民政府文物行政主管部门组织实施。跨省、自治区、直辖市的建设工程范围内的考古调查、勘探、发掘，由建设工程所在地的有关省、自治区、直辖市人民政府文物行政主管部门联合组织实施；其中，特别重要的建设工程范围内的考古调查、勘探、发掘，由国务院文物行政主管部门组织实施。

建设单位对配合建设工程进行的考古调查、勘探、发掘，应当予以协助，不得妨碍考古调查、勘探、发掘。

二、环境保护（★★）

（一）《中华人民共和国环境保护法》

《中华人民共和国环境保护法》自1989年12月26日起实施；2014年4月24日人大常委会第八次会议通过修订，自2015年1月1日起实施。

2014年版《中华人民共和国环境保护法》摘录如下。

第一章 总则

第四条 保护环境是国家的基本国策。国家采取有利于节约和循环利用资源、保护和改善环境、促进人与自然和谐的经济、技术政策和措施，使经济社会发展与环境保护相协调。

第五条　环境保护坚持保护优先、预防为主、综合治理、公众参与、损害担责的原则。

第二章　监督管理

第十七条　国家建立、健全环境监测制度。国务院环境保护主管部门制定监测规范，会同有关部门组织监测网络，统一规划国家环境质量监测站（点）的设置，建立监测数据共享机制，加强对环境监测的管理。

第十九条　编制有关开发利用规划，建设对环境有影响的项目，应当依法进行环境影响评价。

未依法进行环境影响评价的开发利用规划，不得组织实施；未依法进行环境影响评价的建设项目，不得开工建设。

第二十条　国家建立跨行政区域的重点区域、流域环境污染和生态破坏联合防治协调机制，实行统一规划、统一标准、统一监测、统一的防治措施。

第二十四条　县级以上人民政府环境保护主管部门及其委托的环境监察机构和其他负有环境保护监督管理职责的部门，有权对排放污染物的企业事业单位和其他生产经营者进行现场检查。被检查者应当如实反映情况，提供必要的资料。实施现场检查的部门、机构及其工作人员应当为被检查者保守商业秘密。

第二十五条　企业事业单位和其他生产经营者违反法律法规规定排放污染物，造成或者可能造成严重污染的，县级以上人民政府环境保护主管部门和其他负有环境保护监督管理职责的部门，可以查封、扣押造成污染物排放的设施、设备。

第二十六条　国家实行环境保护目标责任制和考核评价制度。县级以上人民政府应当将环境保护目标完成情况纳入对本级人民政府负有环境保护监督管理职责的部门及其负责人和下级人民政府及其负责人的考核内容，作为对其考核评价的重要依据。考核结果应当向社会公开。

第三章　保护和改善环境

第三十二条　国家加强对大气、水、土壤等的保护，建立和完善相应的调查、监测、评估和修复制度。

第三十三条　各级人民政府应当加强对农业环境的保护，促进农业环境保护新技术的使用，加强对农业污染源的监测预警，统筹有关部门采取措施，防治土壤污染和土地沙化、盐渍化、贫瘠化、石漠化、地面沉降以及防治植被破坏、水土流失、水体富营养化、水源枯竭、种源灭绝等生态失调现象，推广植物病虫害的综合防治。

第三十六条　国家鼓励和引导公民、法人和其他组织使用有利于保护环境的产品和再生产品，减少废弃物的产生。

国家机关和使用财政资金的其他组织应当优先采购和使用节能、节水、节材等有利于保护环境的产品、设备和设施。

第三十七条　地方各级人民政府应当采取措施，组织对生活废弃物的分类处置、回收利用。

第四章　防治污染和其他公害

第四十条　国家促进清洁生产和资源循环利用。

第四十一条　建设项目中防治污染的设施，应当与主体工程同时设计、同时施工、同时投产使用。防治污染的设施应当符合经批准的环境影响评价文件的要求，不得擅自拆除或者闲置。

第四十三条　排放污染物的企业事业单位和其他生产经营者，应当按照国家有关规定缴纳排污费。排污费应当全部专项用于环境污染防治，任何单位和个人不得截留、挤占或者挪作他用。

第四十四条　国家实行重点污染物排放总量控制制度。重点污染物排放总量控制指标由国务院下达，省、自治区、直辖市人民政府分解落实。企业事业单位在执行国家和地方污染物排放标准的同时，应当遵守分解落实到本单位的重点污染物排放总量控制指标。

第四十五条　国家依照法律规定实行排污许可管理制度。实行排污许可管理的企业事业单位和其他生产经营者应当按照排污许可证的要求排放污染物；未取得排污许可证的，不得排放污染物。

第四十八条　生产、储存、运输、销售、使用、处置化学物品和含有放射性物质的物品，应当遵守国家有关规定，防止污染环境。

第六章　法律责任

第五十九条　企业事业单位和其他生产经营者违法排放污染物，受到罚款处罚，被责令改正，拒不改正的，依法作出处罚决定的行政机关可以自责令改正之日的次日起，按照原处罚数额按日连续处罚。

第六十一条　建设单位未依法提交建设项目环境影响评价文件或者环境影响评价文件未经批准，擅自开工建设的，由负有环境保护监督管理职责的部门责令停止建设，处以罚款，并可以责令恢复原状。

第六十三条　企业事业单位和其他生产经营者有下列行为之一，尚不构成犯罪的，除依照有关法律法规规定予以处罚外，由县级以上人民政府环境保护主管部门或者其他有关部门将案件移送公安机关，对其直接负责的主管人员和其他直接责任人员，处十日以上十五日以下拘留；情节较轻的，处五日以上十日以下拘留：

（一）建设项目未依法进行环境影响评价，被责令停止建设，拒不执行的；

（二）违反法律规定，未取得排污许可证排放污染物，被责令停止排污，拒不执行的；

（三）通过暗管、渗井、渗坑、灌注或者篡改、伪造监测数据，或者不正常运行防治污染设施等逃避监管的方式违法排放污染物的；

（四）生产、使用国家明令禁止生产、使用的农药，被责令改正，拒不改正的。

第六十八条　地方各级人民政府、县级以上人民政府环境保护主管部门和其他负有环境保护监督管理职责的部门有下列行为之一的，对直接负责的主管人员和其他直接责任人员给予记过、记大过或者降级处分；造成严重后果的，给予撤职或者开除处分，其主要负责人应当引咎辞职：

（一）不符合行政许可条件准予行政许可的；

（二）对环境违法行为进行包庇的；

（三）依法应当作出责令停业、关闭的决定而未作出的；

（四）对超标排放污染物、采用逃避监管的方式排放污染物、造成环境事故以及不落实生态保护措施造成生态破坏等行为，发现或者接到举报未及时查处的；

（五）违反本法规定，查封、扣押企业事业单位和其他生产经营者的设施、设备的；

（六）篡改、伪造或者指使篡改、伪造监测数据的；

（七）应当依法公开环境信息而未公开的；

（八）将征收的排污费截留、挤占或者挪作他用的；

（九）法律法规规定的其他违法行为。

（二）《中华人民共和国环境影响评价法》

《中华人民共和国环境影响评价法》自 2003 年 9 月 1 日起施行。2016 年 7 月 2 日第十二届全国人民代表大会常务委员会第二十一次会议重新修订，自 2016 年 9 月 1 日施行。2018 年 12 月 29 日，第二十四号主席令发布，《全国人民代表大会常务委员会关于修改（中华人民共和国劳动法）等七部法律的决定》由全国人大常委会第七次会议通过。其中对《中华人民共和国环境影响评价法》作出修改，环境影响评价资质正式取消。

2018 年版《中华人民共和国环境影响评价法》摘录如下。

第二章　规划的环境影响评价

第七条　国务院有关部门、设区的市级以上地方人民政府及其有关部门，对其组织编制的土地利用的有关规划，区域、流域、海域的建设、开发利用规划，应当在规划编制过程中组织进行环境影响评价，编写该规划有关环境影响的篇章或者说明。

规划有关环境影响的篇章或者说明，应当对规划实施后可能造成的环境影响作出分析、预测和评估，提出预防或者减轻不良环境影响的对策和措施，作为规划草案的组成部分一并报送规划审批机关。

未编写有关环境影响的篇章或者说明的规划草案，审批机关不予审批。

第八条　国务院有关部门、设区的市级以上地方人民政府及其有关部门，对其组织编制的工业、农业、畜牧业、林业、能源、水利、交通、城市建设、旅游、自然资源开发的有关专项规划（以下简称专项规划），应当在该专项规划草案上报审批前，组织进行环境影响评价，并向审批该专项规划的机关提出环境影响报告书。

前款所列专项规划中的指导性规划，按照本法第七条的规定进行环境影响评价。

第九条　依照本法第七条、第八条的规定进行环境影响评价的规划的具体范围，由国务院环境保护行政主管部门会同国务院有关部门规定，报国务院批准。

第十条　专项规划的环境影响报告书应当包括下列内容：

（一）实施该规划对环境可能造成影响的分析、预测和评估；

（二）预防或者减轻不良环境影响的对策和措施；

（三）环境影响评价的结论。

第十一条　专项规划的编制机关对可能造成不良环境影响并直接涉及公众环境权益的规划，应当在该规划草案报送审批前，举行论证会、听证会，或者采取其他形式，征求有关单位、专家和公众对环境影响报告书草案的意见。但是，国家规定需要保密的情形除外。

编制机关应当认真考虑有关单位、专家和公众对环境影响报告书草案的意见，并应当在报送审查的环境影响报告书中附具对意见采纳或者不采纳的说明。

第十二条 专项规划的编制机关在报批规划草案时，应当将环境影响报告书一并附送审批机关审查；未附送环境影响报告书的，审批机关不予审批。

第十三条 设区的市级以上人民政府在审批专项规划草案，作出决策前，应当先由人民政府指定的环境保护行政主管部门或者其他部门召集有关部门代表和专家组成审查小组，对环境影响报告书进行审查。审查小组应当提出书面审查意见。

参加前款规定的审查小组的专家，应当从按照国务院环境保护行政主管部门的规定设立的专家库内的相关专业的专家名单中，以随机抽取的方式确定。

由省级以上人民政府有关部门负责审批的专项规划，其环境影响报告书的审查办法，由国务院环境保护行政主管部门会同国务院有关部门制定。

第十四条 审查小组提出修改意见的，专项规划的编制机关应当根据环境影响报告书结论和审查意见对规划草案进行修改完善，并对环境影响报告书结论和审查意见的采纳情况作出说明；不采纳的，应当说明理由。设区的市级以上人民政府或者省级以上人民政府有关部门在审批专项规划草案时，应当将环境影响报告书结论以及审查意见作为决策的重要依据。

在审批中未采纳环境影响报告书结论以及审查意见的，应当作出说明，并存档备查。

第十五条 对环境有重大影响的规划实施后，编制机关应当及时组织环境影响的跟踪评价，并将评价结果报告审批机关；发现有明显不良环境影响的，应当及时提出改进措施。

第三章　建设项目的环境影响评价

第十六条 国家根据建设项目对环境的影响程度，对建设项目的环境影响评价实行分类管理。建设单位应当按照下列规定组织编制环境影响报告书、环境影响报告表或者填报环境影响登记表（以下统称环境影响评价文件）：

（一）可能造成重大环境影响的，应当编制环境影响报告书，对产生的环境影响进行全面评价；

（二）可能造成轻度环境影响的，应当编制环境影响报告表，对产生的环境影响进行分析或者专项评价；

（三）对环境影响很小、不需要进行环境影响评价的，应当填报环境影响登记表。建设项目的环境影响评价分类管理名录，由国务院环境保护行政主管部门制定并公布。

第十七条 建设项目的环境影响报告书应当包括下列内容：

（一）建设项目概况；

（二）建设项目周围环境现状；

（三）建设项目对环境可能造成影响的分析、预测和评估；

（四）建设项目环境保护措施及其技术、经济论证；

（五）建设项目对环境影响的经济损益分析；

（六）对建设项目实施环境监测的建议；

（七）环境影响评价的结论。

环境影响报告表和环境影响登记表的内容和格式，由国务院环境保护行政主管部门制定。

第十八条　建设项目的环境影响评价，应当避免与规划的环境影响评价相重复。作为一项整体建设项目的规划，按照建设项目进行环境影响评价，不进行规划的环境影响评价。已经进行了环境影响评价的规划包含具体建设项目的，规划的环境影响评价结论应当作为建设项目环境影响评价的重要依据，建设项目环境影响评价的内容应当根据规划的环境影响评价审查意见予以简化。

第十九条　建设单位可以委托技术单位对其建设项目开展环境影响评价，编制建设项目环境影响报告书、环境影响报告表；建设单位具备环境影响评价技术能力的，可以自行对其建设项目开展环境影响评价，编制建设项目环境影响报告书、环境影响报告表。

编制建设项目环境影响报告书、环境影响报告表应当遵守国家有关环境影响评价标准、技术规范等规定。

国务院生态环境主管部门应当制定建设项目环境影响报告书、环境影响报告表编制的能力建设指南和监管办法。

接受委托为建设单位编制建设项目环境影响报告书、环境影响报告表的技术单位，不得与负责审批建设项目环境影响报告书、环境影响报告表的生态环境主管部门或者其他有关审批部门存在任何利益关系。

第二十条　建设单位应当对建设项目环境影响报告书、环境影响报告表的内容和结论负责，接受委托编制建设项目环境影响报告书、环境影响报告表的技术单位对其编制的建设项目环境影响报告书、环境影响报告表承担相应责任。

设区的市级以上人民政府生态环境主管部门应当加强对建设项目环境影响报告书、环境影响报告表编制单位的监督管理和质量考核。

负责审批建设项目环境影响报告书、环境影响报告表的生态环境主管部门应当将编制单位、编制主持人和主要编制人员的相关违法信息记入社会诚信档案，并纳入全国信用信息共享平台和国家企业信用信息公示系统向社会公布。

任何单位和个人不得为建设单位指定编制建设项目环境影响报告书、环境影响报告表的技术单位。

第二十一条　除国家规定需要保密的情形外，对环境可能造成重大影响、应当编制环境影响报告书的建设项目，建设单位应当在报批建设项目环境影响报告书前，举行论证会、听证会，或者采取其他形式，征求有关单位、专家和公众的意见。

建设单位报批的环境影响报告书应当附具对有关单位、专家和公众的意见采纳或者不采纳的说明。

第二十二条　建设项目的环境影响报告书、报告表，由建设单位按照国务院的规定报有审批权的环境保护行政主管部门审批。

审批部门应当自收到环境影响报告书之日起六十日内，收到环境影响报告表之日起三十日内，分别作出审批决定并书面通知建设单位。

国家对环境影响登记表实行备案管理。

第二十三条　国务院环境保护行政主管部门负责审批下列建设项目的环境影响评价文件：

（一）核设施、绝密工程等特殊性质的建设项目；

（二）跨省、自治区、直辖市行政区域的建设项目；

（三）由国务院审批的或者由国务院授权有关部门审批的建设项目。

前款规定以外的建设项目的环境影响评价文件的审批权限，由省、自治区、直辖市人民政府规定。

建设项目可能造成跨行政区域的不良环境影响，有关环境保护行政主管部门对该项目的环境影响评价结论有争议的，其环境影响评价文件由共同的上一级环境保护行政主管部门审批。

第二十四条　建设项目的环境影响评价文件经批准后，建设项目的性质、规模、地点、采用的生产工艺或者防治污染、防止生态破坏的措施发生重大变动的，建设单位应当重新报批建设项目的环境影响评价文件。

建设项目的环境影响评价文件自批准之日起超过五年，方决定该项目开工建设的，其环境影响评价文件应当报原审批部门重新审核；原审批部门应当自收到建设项目环境影响评价文件之日起十日内，将审核意见书面通知建设单位。

第二十五条　建设项目的环境影响评价文件未依法经审批部门审查或者审查后未予批准的，建设单位不得开工建设。

第二十六条　建设项目建设过程中，建设单位应当同时实施环境影响报告书、环境影响报告表以及环境影响评价文件审批部门审批意见中提出的环境保护对策措施。

第二十七条　在项目建设、运行过程中产生不符合经审批的环境影响评价文件的情形的，建设单位应当组织环境影响的后评价，采取改进措施，并报原环境影响评价文件审批部门和建设项目审批部门备案；原环境影响评价文件审批部门也可以责成建设单位进行环境影响的后评价，采取改进措施。

第二十八条　生态环境主管部门应当对建设项目投入生产或者使用后所产生的环境影响进行跟踪检查，对造成严重环境污染或者生态破坏的，应当查清原因、查明责任。对属于建设项目环境影响报告书、环境影响报告表存在基础资料明显不实，内容存在重大缺陷、遗漏或者虚假，环境影响评价结论不正确或者不合理等严重质量问题的，依照本法第三十二条的规定追究建设单位及其相关责任人员和接受委托编制建设项目环境影响报告书、环境影响报告表的技术单位及其相关人员的法律责任；属于审批部门工作人员失职、渎职，对依法不应批准的建设项目环境影响报告书、环境影响报告表予以批准的，依照本法第三十四条的规定追究其法律责任。

第三十二条　建设项目环境影响报告书、环境影响报告表存在基础资料明显不实，内容存在重大缺陷、遗漏或者虚假，环境影响评价结论不正确或者不合理等严重质量问题的，由设区的市级以上人民政府生态环境主管部门对建设单位处五十万元以上二百万元以下的罚款，并对建设单位的法定代表人、主要负责人、直接负责的主管人员和其他直接责任人员，处五万元以上二十万元以下的罚款。

接受委托编制建设项目环境影响报告书、环境影响报告表的技术单位违反国家有关环境影响评价标准和技术规范等规定，致使其编制的建设项目环境影响报告书、环境影响报告表存在基础资料明显不实，内容存在重大缺陷、遗漏或者虚假，环境影响评价结论不正确或者不合理等严重质量问题的，由设区的市级以上人民政府生态环境主管部门对技术单位处所收费用三倍以上五倍以下的罚款；情节严重的，禁止从事环境影响报告书、环境影响报告表编制工作；有违法所得的，没收违法所得。

编制单位有本条第一款、第二款规定的违法行为的，编制主持人和主要编制人员五年内禁止从事环境影响报告书、环境影响报告表编制工作；构成犯罪的，依法追究刑事责任，并终身禁止从事环境影响报告书、环境影响报告表编制工作。

第三十三条　负责审核、审批、备案建设项目环境影响评价文件的部门在审批、备案中收取费用的，由其上级机关或者监察机关责令退还；情节严重的，对直接负责的主管人员和其他直接责任人员依法给予行政处分。

（三）建设项目各阶段的环保举措

建设项目的污染防治设施与主体工程应同时设计，同时施工，同时建成投产使用（建设项目中的安全技术措施和设施也应与主体工程同时设计、同时施工、同时投产使用）。

可行性研究阶段完成建设项目的环境影响报告书。

初步设计阶段完成环保设计专篇。

施工图阶段，各种环保措施同时完成。

三、节约能源（★★）

《中华人民共和国节约能源法》（简称《节约能源法》）自 2008 年 4 月 1 日正式施行。根据 2016 年 7 月 2 日《全国人民代表大会常务委员会关于修改〈中华人民共和国节约能源法〉等六部法律的决定》作了第一次修正，新修订的《节约能源法》自 2016 年 9 月 1 日起施行。根据 2018 年 10 月 26 日第十三届全国人民代表大会常务委员会第六次会议《关于修改〈中华人民共和国野生动物保护法〉等十五部法律的决定》作了第二次修正，把条文中的"产品质量监督部门"修改为"市场监督管理部门"。

2018 年版《节约能源法》摘录如下。

第三十四条　国务院建设主管部门负责全国建筑节能的监督管理工作。

县级以上地方各级人民政府建设主管部门负责本行政区域内建筑节能的监督管理工作。

县级以上地方各级人民政府建设主管部门会同同级管理节能工作的部门编制本行政区域内的建筑节能规划。建筑节能规划应当包括既有建筑节能改造计划。

第三十五条　建筑工程的建设、设计、施工和监理单位应当遵守建筑节能标准。

不符合建筑节能标准的建筑工程，建设主管部门不得批准开工建设；已经开工建设的，应当责令停止施工，限期改正；已经建成的，不得销售或者使用。

建设主管部门应当加强对在建建筑工程执行建筑节能标准情况的监督检查。

第三十六条　房地产开发企业在销售房屋时，应当向购买人明示所售房屋的节能措施、保温工程保修期等信息，在房屋买卖合同、质量保证书和使用说明书中载明，并对其真实性、准确性负责。

第三十七条　使用空调采暖、制冷的公共建筑应当实行室内温度控制制度。具体办法由国务院建设主管部门制定。

第三十八条　国家采取措施，对实行集中供热的建筑分步骤实行供热分户计量、按用热量收费的制度。新建建筑或者对既有建筑进行节能改造，应当按照规定安装用热计量装置、室内温度调控装置和供热系统调控装置。具体办法由国务院建设主管部门会同国务院有关部门制定。

第三十九条 县级以上地方各级人民政府有关部门应当加强城市节约用电管理，严格控制公用设施和大型建筑物装饰性景观照明的能耗。

第四十条 国家鼓励在新建建筑和既有建筑节能改造中使用新型墙体材料等节能建筑材料和节能设备，安装和使用太阳能等可再生能源利用系统。

> **本节重点：节约能源（★★）**

第七节 工程监理的有关规定

一、监理的由来与发展（★★）

1988 年 7 月建设部颁发了《关于开展监理工作的通知》，对建设监理的范围、对象、监理的内容、开展监理的步骤等做出明确规定，并选择了八个城市和部委开始了监理试点。1996 年监理进入全面推行阶段。

（一）《中华人民共和国建筑法》对建筑工程监理的相关规定

第三十条 国家推行建筑工程监理制度。国务院可以规定实行强制监理的建筑工程的范围。

第三十二条 建筑工程监理应当依照法律、行政法规及有关的技术标准、设计文件和建筑工程承包合同，对承包单位在施工质量、建设工期和建设资金使用等方面，代表建设单位实施监督。

工程监理人员认为工程施工不符合工程设计要求、施工技术标准和合同约定的，有权要求建筑施工企业改正。

工程监理人员发现工程设计不符合建筑工程质量标准或者合同约定的质量要求的，应当报告建设单位要求设计单位改正。

（二）《建设工程监理范围和规模标准的规定》（2001 年 1 月 17 日施行）的相关规定

第二条 下列建设工程必须实行监理：

（一）国家重点建设工程；

（二）大中型公用事业工程；

（三）成片开发建设的住宅小区工程；

（四）利用外国政府或者国际组织贷款、援助资金的工程；

（五）国家规定必须实行监理的其他工程。

第三条 国家重点建设工程是指依据《国家重点建设项目管理办法》所确定的对国民经济和社会发展有重大影响的骨干项目。

第四条 大中型公用事业工程是指项目总投资额在 3000 万元以上的下列工程项目：

（一）供水、供电、供气、供热等市政工程项目；

（二）科技、教育、文化等项目；

（三）体育、旅游、商业等项目；

（四）卫生、社会福利等项目；

（五）其他公用事业项目。

第五条 成片开发建设的住宅小区工程，建筑面积在5万平方米以上的住宅建设工程必须实行监理；5万平方米以下的住宅建设工程，可以实行监理，具体范围和规模标准，由省、自治区、直辖市人民政府建设行政主管部门规定。

为了保证住宅质量，对高层住宅及地基、结构复杂的多层住宅建设工程应当实行监理。

第六条 利用外国政府或者国际组织贷款、援助资金的工程范围包括：

（一）使用世界银行、亚洲开发银行等国际组织贷款资金的项目；

（二）用国外政府及其机构贷款资金的项目；

（三）使用国际组织或者国外政府援助资金的项目。

第七条 国家规定必须实行监理的其他工程是指：

（一）项目总投资额在3000万元以上关系社会公共利益、公众安全的下列基础设施项目：

（1）煤炭、石油、化工、天然气、电力、新能源等项目；

（2）铁路、公路、管道、水运、民航以及其他交通运输业等项目；

（3）邮政、电信枢纽、通信、信息网络等项目；

（4）防洪、灌溉、排涝、发电、引（供）水、滩涂治理、水资源保护、水土保持等水利建设项目；

（5）道路、桥梁、地铁和轻轨交通、污水排放及处理、垃圾处理、地下管道、公共停车场等城市基础设施项目；

（6）生态环境保护项目；

（7）其他基础设施项目。

（二）学校、影剧院、体育场馆项目。

二、监理的任务及工作内容（★）

三控两管一协调：

1）投资控制；

2）质量控制；

3）进度控制；

4）合同管理；

5）信息管理；

6）协调各方关系并履行建设工程安全生产管理法定职责的服务活动。

施工阶段监理工作的范围：依据建设单位与监理单位签订的建设监理合同文本中所涉及的范围。施工阶段是从施工前准备、开工审批手续、分包审查、材料设备厂家选定、施工进度、施工质量及工程造价控制到竣工结算、缺损责任认定和工程保修的全过程。

1. 施工准备阶段的监理工作内容

（1）参与设计交底。

（2）审定施工组织设计。

（3）查验施工测量放线成果。

（4）第一次工地会议。

（5）施工监理交底。

（6）核查开工条件并签发开工令。

2. 施工阶段的监理工作内容

（1）施工进度控制

1）审批施工进度计划；

2）监督实施进度计划；

3）及时调整进度计划。

（2）施工质量控制

1）对施工现场有目的地进行巡视检查和旁站监理；

2）核查并认定工程的预检项目；

3）核查验收并签认隐蔽工程；

4）核查验收并签认进场的材料；

5）核查并签认分项工程验收；

6）核查并签认分部工程验收；

7）参与竣工验收并签发有关文件；

8）参与或协助质量问题和质量事故的处理。

（3）造价控制

1）依据概预算合同，建立工程量台账；

2）审查承包单位编制的各阶段资金使用计划；

3）严格做好工程量计量和工程款的支付；

4）做好竣工结算。

（4）合同管理

1）采取动态管理合同的办法，对不符合合同约定的行为，提前向建设单位和承包单位发出通报，防止偏离合同约定的事件发生；

2）设计变更，设计洽商的管理；

3）工程暂停及复工令；

4）工程延期的审批；

5）违约处理；

6）对合同争议的调节。

（5）工程保修期的监理

1）在保修期内监理要定期回访，检查出现的各种问题，并备案归档；

2）检查保修合同规定的缺损修复质量；

3）对缺损原因及责任进行调查和确认；

4）协助建设单位结算保修抵押金。

三、监理单位的资质与管理（★★）

按照《建设工程企业资质管理制度改革方案》（建市〔2020〕94 号）的规定，对工程监理资质进行改革，保留综合资质，取消专业资质中的水利水电工程、公路工程、港口与航道工程、农林工程资质，保留其余 10 类专业资质，取消事务所资质。综合资质不分等级，专业资质等级压减为甲、乙两级。改革后的工程监理资质分为综合资质和专业资质。

根据 2022 年 2 月 25 日住房城乡建设部《工程监理企业资质标准（征求意见稿）》，工程监理企业的资质等级标准如下。

（一）综合资质标准

1. 企业资信能力

（1）净资产 5000 万元以上。

（2）近 3 年每年上缴工程监理增值税 600 万元以上。

（3）近 3 年每年科技活动经费支出 100 万元以上。

（4）具有 5 项不同类别的工程监理专业甲级资质。

2. 企业主要人员

（1）技术负责人具有注册监理工程师执业资格，且具有 15 年以上从事工程监理工作的经历。

（2）注册监理工程师 30 人以上。

3. 企业工程业绩

近 5 年完成涵盖 5 个不同专业的 10 项大型工程的监理，其中铁路工程专业、市政公用工程专业、通信工程专业、民航工程专业项目工程投资额应在 1 亿元以上，工程质量合格。

（二）专业资质标准

专业资质设有 10 个类别，分别是：建筑工程专业、铁路工程专业、市政公用工程专业、电力工程专业、矿山工程专业、冶金工程专业、石油化工工程专业、通信工程专业、机电工程专业、民航工程专业。以建筑工程专业资质标准为例。

1. 甲级

（1）企业资信能力

1）净资产 1000 万元以上；

2）近 3 年每年上缴工程监理增值税 100 万元以上。

（2）企业主要人员

1）技术负责人具有建筑工程专业注册监理工程师执业资格，且具有 10 年以上从事工程监理工作的经历；

2）建筑工程专业注册监理工程师 6 人以上。

（3）企业工程业绩

近 5 年完成下列 4 类中的 2 类工程的监理，工程质量合格。

1）地上 25 层以上的民用建筑工程 1 项或地上 18～24 层的民用建筑工程 2 项；

2）高度 100m 以上的构筑物工程 1 项或高度 80～100m（不含）的构筑物工程 2 项；

3）建筑面积 12 万 m² 以上的民用建筑工程 1 项，或建筑面积 10 万 m² 以上的民用建筑工程 2 项，或建筑面积 10 万 m² 以上的装配式建筑（仅限民用建筑工程）1 项，或建筑面积 8 万 m² 以上的钢结构住宅 1 项；

4）工程投资额 1 亿元以上的民用建筑工程。

2. 乙级

（1）企业资信能力

净资产 300 万元以上。

（2）企业主要人员

1）技术负责人具有建筑工程专业注册监理工程师执业资格，且具有 10 年以上从事工程监理工作的经历；

2）建筑工程专业注册监理工程师 3 人以上。

（3）企业人员业绩

近 10 年，技术负责人作为总监理工程师主持完成过下列 3 类中的 2 类工程的监理，工程质量合格。

1）地上 12 层以上的民用建筑工程 1 项或地上 8～11 层的民用建筑工程 2 项；

2）高度 50m 以上的构筑物工程 1 项或高度 35～50m（不含）的构筑物工程 2 项；

3）建筑面积 1 万 m² 以上的民用建筑工程 1 项或建筑面积 0.6 万～1 万 m²（不含）的民用建筑工程 2 项。

四、工程监理企业资质相应许可的业务范围（★）

综合资质可以承担所有专业工程类别建设工程项目的工程监理业务。专业资质可承担相应专业工程类别建设工程项目的工程监理业务。

五、监理工程师注册制度（★）

监理工程师资格考试报名条件：高级工程师或有三年经验的工程师，经过培训可报考。

参加监理工程师资格考试者，由所在单位向本地区监理工程师资格委员会提出书面申请，经审查批准后，方可参加考试。考试合格者，由监理工程师注册机关核发监理工程师资格证书。取得监理工程师资格证书后，可到当地注册机关注册取得监理工程师岗位证书。已经取得监理工程师资格证书但未经注册的人员，不得以监理工程师的名义从事工程建设监理业务。已经注册的监理工程师，不得以个人名义私自承接工程建设监理业务。

监理工程师注册机关每五年对持监理工程师岗位证书者复查一次。对不符合条件的，注销注册，并收回监理工程师岗位证书。国家行政机关的现职人员不得申请注册监理工程师。

六、从事工程监理活动的原则（★）

公平、独立、诚信、科学。

> **本节重点**：监理单位的资质与管理（★★）

第八节 建设工程项目管理和总承包管理的内容

建设工程项目管理是运用系统的理论和方法，对建设工程项目进行的计划、组织、指挥、协调和控制等专业化活动。工程总承包是依据合同约定对建设项目的设计、采购、施工和试运行实行全过程或若干阶段的承包。

一、建设工程项目管理（★）

（一）基本规定

（1）组织应识别项目需求和项目范围，根据自身项目管理能力、相关方约定及项目目标之间的内在联系，确定项目管理目标。组织应遵循策划、实施、检查、处置的动态管理原理，确定项目管理流程，建立项目管理制度，实施项目系统管理，持续改进管理绩效，提高相关方满意水平，确保实现项目管理目标。

（2）项目范围管理的过程包括：范围计划；范围界定；范围确认；范围变更控制。

（3）项目管理流程是动态管理原理在项目管理的具体应用。项目管理流程应包括启动、策划、实施、监控和收尾过程。

（4）组织应建立项目管理制度。项目管理制度的内容：

1）规章制度，包括工作内容、范围和工作程序、方式，如管理细则、行政管理制度、生产经营管理制度等；

2）责任制度，包括工作职责、职权和利益的界限及其关系，如组织管理职责制度、人力资源与劳务管理制度、劳动工资与劳动待遇管理制度等。

（5）项目系统管理是围绕项目整体目标而实施管理措施的集成，包括：质量、进度、成本、安全、环境等管理相互兼容、相互支持的动态过程。系统管理不仅要满足每个目标的实施需求，而且要确保整个系统整体目标的有效实现。

（6）组织应识别项目的所有相关方，了解其需求和期望，确保项目管理要求与相关方的期望相一致。内外部相关方是指建设、勘察、设计、施工、监理、供应单位及政府、媒体、协会、相关社区居民等。

（二）项目管理责任制度

（1）建设工程项目各实施主体和参与方应建立项目管理责任制度，明确项目管理组织和人员分工，建立各方相互协调的管理机制。

（2）建设工程项目各实施主体和参与方法定代表人应书面授权委托项目管理机构负责

人，并实行项目负责人责任制。项目管理机构负责人应根据法定代表人的授权范围、期限和内容，履行管理职责。

（3）项目管理机构应在项目启动前建立，在项目完成后或按合同约定解体。建立项目管理机构应遵循下列步骤：

1）根据项目管理规划大纲、项目管理目标责任书及合同要求明确管理任务；

2）根据管理任务分解和归类，明确组织结构；

3）根据组织结构，确定岗位职责、权限以及人员配置；

4）制定工作程序和管理制度；

5）由组织管理层审核认定。

（4）项目团队建设应开展绩效管理，利用团队成员集体的协作成果。

（5）项目管理目标责任书应在项目实施之前，由组织法定代表人或其授权人与项目管理机构负责人协商制定。项目管理目标责任书宜包括下列内容：

1）项目管理实施目标；

2）组织和项目管理机构职责、权限和利益的划分；

3）项目现场质量、安全、环保、文明、职业健康和社会责任目标；

4）项目设计、采购、施工、试运行管理的内容和要求；

5）项目所需资源的获取和核算办法；

6）法定代表人向项目管理机构负责人委托的相关事项；

7）项目管理机构负责人和项目管理机构应承担的风险；

8）项目应急事项和突发事件处理的原则和方法；

9）项目管理效果和目标实现的评价原则、内容和方法；

10）项目实施过程中相关责任和问题的认定和处理原则；

11）项目完成后对项目管理机构负责人的奖惩依据、标准和办法；

12）项目管理机构负责人解职和项目管理机构解体的条件及办法；

13）缺陷责任期、质量保修期及之后对项目管理机构负责人的相关要求。

（6）项目管理目标责任书应根据项目实施变化进行补充和完善。

（三）项目管理策划

（1）项目管理策划应由项目管理规划策划和项目管理配套策划组成。项目管理规划应包括项目管理规划大纲和项目管理实施规划，项目管理配套策划应包括项目管理规划策划以外的所有项目管理策划内容。

（2）项目管理策划应遵循下列程序：识别项目管理范围；进行项目工作分解；确定项目的实施方法；规定项目需要的各种资源；测算项目成本；对各个项目管理过程进行策划。

（四）采购与投标管理

（1）组织应根据项目立项报告、工程合同、设计文件、项目管理实施规划和采购管理制度编制采购计划。采购计划应包括下列内容：采购工作范围、内容及管理标准；采购信息，包括产品或服务的数量、技术标准和质量规范；检验方式和标准；供方资质审查要求；采购控制目标及措施。

（2）组织应进行投标文件评审。评审应包括：商务标满足招标要求的程度；技术标和实施方案的竞争力；投标报价的经济合理性；投标风险的分析与应对。

（五）合同管理

（1）项目合同管理应遵循下列程序：合同评审；合同订立；合同实施计划；合同实施控制；合同管理总结。

（2）合同评审应包括下列内容：合法性、合规性评审；合理性、可行性评审；合同严密性、完整性评审；与产品或过程有关要求的评审；合同风险评估。

（六）设计与技术管理

（1）设计管理应根据项目实施过程，划分为下列阶段：项目方案设计；项目初步设计；项目施工图设计；项目施工；项目竣工验收与竣工图；项目后评价。

（2）项目管理机构应实施项目技术管理策划，确定项目技术管理措施，进行项目技术应用活动。项目技术管理措施应包括下列主要内容：技术规格书（技术要求）；技术管理规划；施工组织设计、施工措施、施工技术方案；采购计划。

（七）进度管理

（1）项目进度管理应遵循下列程序：编制进度计划；进度计划交底，落实管理责任；实施进度计划，进行进度控制和变更管理。

（2）组织应提出项目控制性进度计划。项目管理机构应根据组织的控制性进度计划，编制项目的作业性进度计划。

（3）各类进度计划应包括下列内容：编制说明；进度安排；资源需求计划；进度保证措施。

（4）进度计划的检查应包括下列内容：工作完成数量；工作时间的执行情况；工作顺序的执行情况；资源使用及其与进度计划的匹配情况；前次检查提出问题的整改情况。

（5）进度计划变更可包括下列内容：工程量或工作量；工作的起止时间；工作关系；资源供应。

（6）项目管理机构应识别进度计划变更风险，并在进度计划变更前制定下列预防风险的措施：组织措施；技术措施；经济措施；沟通协调措施。

（八）质量管理

（1）项目质量管理应坚持缺陷预防的原则，按照策划、实施、检查、处置的循环方式进行系统运作。

（2）项目质量管理程序：确定质量计划；实施质量控制；开展质量检查与处置；落实质量改进。

（3）项目质量计划应包括下列内容：质量目标和质量要求；质量管理体系和管理职责；质量管理与协调的程序；法律法规和标准规范；质量控制点的设置与管理；项目生产要素的质量控制；实施质量目标和质量要求所采取的措施；项目质量文件管理。

（4）项目管理机构应在质量控制的过程中，跟踪、收集、整理实际数据，与质量要求进行比较，分析偏差，采取措施予以纠正和处置，并对处置效果复查。

（九）成本管理

（1）项目成本管理应遵循下列程序：掌握生产要素的价格信息；确定项目合同价；编制成本计划，确定成本实施目标；进行成本控制；进行项目过程成本分析；进行项目过程成本考核；编制项目成本报告；项目成本管理资料归档。

（2）项目管理机构应按规定的会计周期进行项目成本核算。项目成本核算应坚持形象进度、产值统计、成本归集同步的原则，项目管理机构应编制项目成本报告。

（3）成本分析宜包括下列内容：时间节点成本分析；工作任务分解单元成本分析；组织单元成本分析；单项指标成本分析；综合项目成本分析。

（4）组织应以项目成本降低额、项目成本降低率作为对项目管理机构成本考核的主要指标。

（十）安全生产管理

（1）组织应建立安全生产管理制度，坚持以人为本、预防为主，确保项目处于本质安全状态。

（2）组织应按规定提供安全生产资源和安全文明施工费用，定期对安全生产状况进行评价，确定并实施项目安全生产管理计划，落实整改措施。

（3）项目安全生产管理计划应满足事故预防的管理要求，并应符合下列规定：

1）针对项目危险源和不利环境因素进行辨识与评估的结果，确定对策和控制方案；

2）对危险性较大的分部分项工程编制专项施工方案，按照要求进行专家论证；

3）对分包人的项目安全生产管理、教育和培训提出要求；

4）对项目安全生产交底、有关分包人制定的项目安全生产方案进行控制的措施；

5）准备应急与救援预案。

（4）项目安全生产管理计划应按规定审核、批准后实施。项目管理机构应根据项目安全生产管理计划和专项施工方案要求，分级进行安全技术交底。对项目安全生产管理计划进行补充、调整时，仍应按原审批程序执行。

（5）施工现场的安全生产管理应符合下列要求：

1）应落实各项安全管理制度和操作规程，确定各级安全生产责任人；

2）各级管理人员和施工人员应进行相应的安全教育，依法取得必要的岗位资格证书；

3）各施工过程应配置齐全劳动防护设施和设备，确保施工场所安全；

4）作业活动严禁使用国家及地方政府明令淘汰的技术、工艺、设备、设施和材料；

5）作业场所应设置消防通道、消防水源，配备消防设施和灭火器材，并在现场入口处设置明显标志；

6）作业现场场容、场貌、环境和生活设施应满足安全文明达标要求；

7）食堂应取得卫生许可证，并应定期检查食品卫生，预防食物中毒；

8）项目管理团队应确保各类人员的职业健康需求，防治可能产生的职业和心理疾病；

9）应落实减轻劳动强度、改善作业条件的施工措施。

（6）项目管理机构应识别可能的紧急情况和突发过程的风险因素，编制项目应急准备与响应预案。应急准备与响应预案应包括：应急目标和部门职责；突发过程的风险因素及评估；应急响应程序和措施；应急准备与响应能力测试；需要准备的相关资源。项目管理机构应对应急预案进行专项演练，对其有效性和可操作性实施评价并修改完善。

（7）项目管理机构在事故应急响应的同时，应按规定上报上级和地方主管部门，及时成立事故调查组对事故进行分析，查清事故发生原因和责任，进行全员安全教育，采取必要措施防止事故再次发生。

（十一）绿色建造与环境管理

（1）项目管理机构应通过项目管理策划确定绿色建造计划并经批准后实施。绿色建造计划应包括下列内容：绿色建造范围和管理职责分工；绿色建造目标和控制指标；重要环境因素控制计划及响应方案；节能减排及污染物控制的主要技术措施；绿色建造所需的资源和费用。

（2）施工项目管理机构应实施下列绿色施工活动：选用符合绿色建造要求的绿色技术、建材和机具，实施节能降耗措施；进行节约土地的施工平面布置；确定节约水资源的施工方法；确定降低材料消耗的施工措施；确定施工现场固体废弃物的回收利用和处置措施；确保施工产生的粉尘、污水、废气、噪声、光污染的控制效果。

（3）建设单位项目管理机构应协调设计与施工单位，落实绿色设计或绿色施工的相关标准和规定，对绿色建造实施情况进行检查，进行绿色建造设计或绿色施工评价。

（4）项目管理机构应根据环境管理计划进行环境管理交底，实施环境管理培训，落实环境管理手段、设施和设备。

（5）施工现场应符合下列环境管理要求：

1）工程施工方案和专项措施应保证施工现场及周边环境安全、文明，减少噪声污染、光污染、水污染及大气污染，杜绝重大污染事件的发生；

2）在施工过程中应进行垃圾分类，实现固体废弃物的循环利用，设专人按规定处置有毒有害物质，禁止将有毒、有害废弃物用于现场回填或混入建筑垃圾中外运；

3）按照分区划块原则，规范施工污染排放和资源消耗管理，进行定期检查或测量，实施预控和纠偏措施，保持现场良好的作业环境和卫生条件；

4）针对施工污染源或污染因素，进行环境风险分析，制定环境污染应急预案，预防可能出现的非预期损害；在发生环境事故时，进行应急响应以消除或减少污染，隔离污染源并采取相应措施防止二次污染。

（6）组织应在施工过程及竣工后，进行环境管理绩效评价。

（十二）资源管理

（1）项目管理机构应编制人力资源需求计划、人力资源配置计划和人力资源培训计划。项目管理人员应在意识、培训、经验、能力方面满足规定要求。

（2）施工现场应实行劳务实名制管理，建立劳务突发事件应急管理预案。组织宜为从事危险作业的劳务人员购买意外伤害保险。

（3）项目管理机构应制定材料管理制度，规定材料的使用、限额领料，使用监督、回收过程，并应建立材料使用台账。项目管理机构应编制工程材料与设备的需求计划和使用计划。

（4）施工机具与设施操作人员应具备相应技能并符合持证上岗的要求。项目管理机构应确保投入使用的施工机具与设施性能和状态合格，并定期进行维护和保养，形成运行使用记录。

（5）项目管理机构应编制项目资金需求计划、收入计划和使用计划。应按资金使用计划控制资金使用，节约开支；应按会计制度规定设立资金台账，记录项目资金收支情况，实施财务核算和盈亏盘点。项目管理机构应进行资金使用分析，对比计划收支与实际收支的差异，分析原因，改进资金管理。

（十三）信息与知识管理

（1）信息管理应包括下列内容：信息计划管理；信息过程管理；信息安全管理；文件与档案管理；信息技术应用管理。

（2）项目信息需求应明确实施项目相关方所需的信息，包括：信息的类型、内容、格式、传递要求，并应进行信息价值分析。

（3）项目管理机构应配备专职或兼职的文件与档案管理人员。项目文件与档案管理宜应用信息系统，重要项目文件和档案应有纸介质备份。

（十四）沟通管理

（1）项目管理机构应在项目运行之前，由项目负责人组织编制项目沟通管理计划。

（2）项目沟通管理计划应包括下列内容：沟通范围、对象、内容与目标；沟通方法、手段及人员职责；信息发布时间与方式；项目绩效报告安排及沟通需要的资源；沟通效果检查与沟通管理计划的调整。项目沟通管理计划应由授权人批准后实施，项目管理机构应定期对项目沟通管理计划进行检查、评价和改进。

（十五）风险管理

（1）项目风险管理应包括下列程序：风险识别，风险评估，风险应对，风险监控。

（2）项目管理机构应采取下列措施应对负面风险：风险规避；风险减轻；风险转移；风险自留。

（十六）收尾管理

（1）发包人接到工程承包人提交的工程竣工验收申请后，组织工程竣工验收，验收合格后编写竣工验收报告。工程竣工验收后，承包人应在合同约定的期限内进行工程移交。

（2）工程竣工结算应由承包人实施，发包人审查，双方共同确认后支付。

（3）发包人应依据规定编制并实施工程竣工决算。工程竣工决算书应包括下列内容：工程竣工财务决算说明书；工程竣工财务决算报表；工程造价分析表。

（十七）管理绩效评价

（1）项目管理绩效评价应包括下列内容：项目管理特点；项目管理理念、模式；主要管理对策、调整和改进；合同履行与相关方满意度；项目管理过程检查、考核、评价；项目管理实施成果。

（2）组织应根据项目管理绩效评价需求规定适宜的评价结论等级，以百分制形式进行项目管理绩效评价的结论，宜分为优秀、良好、合格、不合格四个等级。

二、建设工程总承包管理（★）

（一）工程总承包管理的内容与程序

工程总承包项目管理包括项目部和总承包企业职能部门参与的项目管理活动，其主要内容应包括：任命项目经理，组建项目部，进行项目策划并编制项目计划；实施设计管理，采购管理，施工管理，试运行管理；进行项目范围管理，进度管理，费用管理，设备材料管理，资金管理，质量管理，安全、职业健康和环境管理，人力资源管理，风险管理，沟通与信息管理，合同管理，现场管理，项目收尾等。

项目部应严格执行项目管理程序，并使每一管理过程都体现计划、实施、检查、处理（PDCA）的持续改进过程。

（二）工程总承包管理的组织

建设项目工程总承包应实行项目经理负责制。工程总承包企业宜采用"项目管理目标责任书"的形式，明确项目目标和项目经理的职责、权限和利益。

项目部应具有对工程总承包项目进行组织、实施和控制的职能。项目部应对项目的质量、安全、费用、进度、职业健康和环境保护目标负责。项目部应具有与内外部沟通与协调管理的职能。

工程总承包的项目经理应符合以下条件：取得工程建设类注册职业资格或高级专业技术职称；具有决策、组织、领导和沟通能力，能正确处理和协调与项目发包方、相关方之间及企业内部各专业、各部门之间的关系；具有工程总承包项目管理及相关的经济、法律法规和标准化知识；具有类似项目的管理经验；具有良好的信誉。

（三）项目策划

工程总承包项目策划属于项目初始阶段的工作，项目策划的输出文件是项目计划，包括项目管理计划和项目实施计划。项目策划应结合项目特点，依据合同和总承包企业管理的要求，明确项目目标和工作范围，分析项目的风险以及采取的应对措施，确定项目管理的各项管理原则、措施和进程。

项目策划应包括下列内容：明确项目策划原则；明确项目技术、质量、安全、费用、进度、职业健康和环境保护等目标，并制定相关管理程序；确定项目的管理模式、组织机构和职责分工；制定资源配置计划；制定项目协调程序；制定风险管理计划；制定分包计划。

（四）项目设计管理

工程总承包项目应设置设计管理部门，并应将采购纳入设计程序。设计管理部门应负责采购文件的编制、报价技术评审和技术谈判、供应厂商图纸资料的审查和确认等工作。

设计执行计划宜包括如下内容：设计依据；设计范围；设计的原则和要求；组织机构及职责分工；适用标准规范清单；质量保证程序和要求；进度计划和主要控制点；技术经济要求；安全、职业健康和环境保护要求；与采购、施工和试运行的接口关系及要求。

设计管理部门应负责设计质量控制，其设计质量控制点主要包括：设计人员资格的管理；设计输入的控制；设计策划的控制（包括组织、技术、条件接口）；设计技术方案的评审；设计文件的校审与会签；设计输出的控制；设计确认的控制；设计变更的控制；设计技术支持与服务的控制。设计人员应根据项目文件管理规定，收集整理设计图纸、资料和有关记录，组织编制项目设计文件总目录并存档。

（五）项目施工管理

施工执行计划应由施工经理组织编制，经项目经理批准后组织实施，并报业主确认。施工执行计划宜包括以下内容：工程概况；施工组织原则；施工质量计划；施工安全、职业健康和环境保护计划；施工进度计划；施工费用计划；施工技术管理计划，包括施工技术方案要求；资源供应计划；施工准备工作要求。

项目施工部门应根据施工执行计划组织编制施工进度计划。施工进度计划应包括施工总进度计划、单项工程进度计划和单位工程进度计划。施工总进度计划应报业主确认。编制施工进度计划宜遵循下列程序：收集编制依据资料；确定进度控制目标；计算工程量；确定分部分项、单位工程的施工期限；确定施工流程；形成施工进度计划；编写施工进度计划说明书。

施工部门宜采用赢得值法（挣值法）等技术，测量施工进度，分析进度偏差，预测进度趋势，采取纠正措施。

施工部门应监督施工过程质量，并对特殊过程和关键工序进行识别和质量控制，并应保存质量记录；还应监督质量不合格品的处置，验证其实施效果。

施工部门应根据项目安全管理实施计划进行施工阶段安全策划，编制施工安全计划，建立施工安全管理制度，明确安全职责，落实施工安全管理目标。施工中应对施工各阶段、部位和场所的危险源进行识别和风险分析，制定应对措施，并对其实施管理和控制。

项目部应按国家有关规定和合同约定办理人身意外伤害保险，为从业人员缴纳保险费。

项目部应建立施工现场卫生防疫管理制度。

（六）项目试运行管理

试运行执行计划的主要内容应包括：总体说明；组织机构；进度计划；资源计划；费用计划；试运行文件编制要求；试运行准备工作要求；培训计划；考核计划；质量、安全、职业健康和环境保护要求及业主和相关方的责任分工等内容。

试运行经理或负责人应按合同约定，负责组织或协助业主编制试运行方案。试运行方案宜包括以下主要内容：工程概况；编制依据和原则；目标与采用标准；试运行应具备的条件；组织指挥系统；试运行进度安排；试运行资源配置；环境保护设施投运安排；安全及职业健康要求；试运行预计的技术难点和采取的应对措施等。

（七）项目进度管理

项目部应对进度控制、费用控制和质量控制等进行协调管理。项目进度管理应按项目工作分解结构逐级管理，用控制基本活动的进度来达到控制整个项目的进度。

项目的进度计划文件应由下列两部分组成：

（1）进度计划图表。可选择采用单代号网络图、双代号网络图、时标网络计划和隐含有活动逻辑关系的横道图。进度计划图表中宜有资源分配。

（2）进度计划编制说明。主要内容有进度计划编制依据、计划目标、关键线路说明、资源要求、外部约束条件、风险分析和控制措施。

项目总进度计划应依据合同约定的工作范围和进度目标进行编制。项目分进度计划在总进度计划的约束条件下，根据细分的工作内容、逻辑关系和资源条件进行编制。

当项目工作进度拖延时，项目计划工期的变更规定：提出工作推迟的时间和原因；分析该工作进度的推迟对计划工期的影响；向项目经理报告处理意见，并转发给费用和质量管理人员；项目经理作出修改计划工期的决定；修改的工期大于合同工期时，应报业主确认并按合同变更处理。

（八）项目质量管理

项目质量管理应贯穿项目管理的全过程，接"策划、实施、检查、处置"循环的工作方法进行全过程的质量控制。项目质量管理应遵循下列程序：明确项目质量目标；建立项目质量管理体系；实施项目质量管理体系；监督检查项目质量管理体系的执行情况；收集、分析、反馈质量信息并制定纠正措施。

项目质量计划应包括下列主要内容：质量目标、指标和要求；质量管理组织与职责；

质量管理所需要的过程、文件和资源；实施项目质量目标和要求采取的措施。

项目部应按规定对项目实施过程中形成的质量记录进行标识、收集、保存和归档。

项目部所有人员均应收集和反馈项目的各种质量信息。对收集的质量信息进行数据分析；召开质量分析会，找出影响工程质量的原因，采取纠正措施，定期评价其有效性，并及时向上级反馈。

（九）项目费用管理

项目部应设置费用估算和费用控制人员，负责编制工程总承包项目费用估算，制定费用计划和实施费用控制。项目部可采用赢得值管理技术及相应的项目管理软件进行费用和进度管理。

编制费用估算的主要依据应包括以下内容：项目合同；工程设计文件；工程总承包企业决策；有关的估算基础资料；有关法律文件和规定。

费用计划编制的主要依据为经批准的项目费用估算、工作分解结构和项目进度计划。项目部应将批准的费用估算按项目进度计划分配到各个工作单元，形成项目费用预算，作为项目费用控制基准。

项目部应根据项目进度报告、费用计划及工程变更，采用动态管理方法对实施费用进行控制。费用控制应按以下步骤进行。

（1）检查：对工程项目费用执行情况进行跟踪和监测，采集相关数据。

（2）比较：已完成工作的预算费用和实际费用进行比较，发现费用偏差。

（3）分析：对比较的结果进行分析，确定偏差幅度、偏差产生的原因及对项目费用目标的影响程度。

（4）纠偏：根据工程的具体情况和偏差分析结果，对整体项目竣工时的费用进行预测，对可能的超支进行预警，采取适当的措施，使费用偏差控制在允许的范围内。

（十）项目安全、职业健康与环境管理

项目安全管理必须坚持"安全第一，预防为主，综合治理"的方针。项目安全管理应进行危险源辨识和风险评价，制定安全管理计划，并进行有效控制。

项目职业健康管理应进行职业健康危险源辨识和风险评价，制定职业健康管理计划，并进行控制。

项目环境保护应贯彻执行环境保护设施工程与主体工程同时设计、同时施工、同时投入使用的"三同时"原则。应根据建设项目环境影响报告和总体环境保护规划，制定环境保护计划，并进行控制。

项目经理应为项目安全生产主要负责人，并应负有下列职责：建立健全项目安全生产责任制；组织制定项目安全生产规章制度和操作规程；组织制定并实施项目安全生产教育和培训计划；保证项目安全生产投入的有效实施；督促检查项目的安全生产工作，及时消除生产安全事故隐患；组织制定并实施项目的生产安全事故应急救援预案；及时如实报告项目生产安全事故。

项目部应根据项目的安全管理目标，制订项目安全管理计划，并按规定程序批准后实施。项目安全管理计划内容包括：项目安全管理目标；项目安全管理组织机构和职责；项目危险源辨识、风险评估与控制；对从事危险环境下作业人员的培训教育计划；对危险源及其风险规避的宣传与警示方式；项目安全管理的主要措施与要求；项目生产安全事故应急救援预案的演练计划。

项目安全管理必须贯穿于工程设计、采购、施工、试运行各阶段。

在分包合同中，项目承包人应明确相应的安全要求，项目分包人应按要求履行其安全职责。项目部应制定并执行项目安全日常巡视检查和定期检查的制度，记录并保存检查的结果，对不符合的状况进行处理。如果发生安全事故，项目部应按规定及时报告并处置。

项目部应按工程总承包企业的职业健康方针，制定项目职业健康管理计划，按规定程序经批准后实施。项目职业健康管理计划内容包括：职业健康管理目标；职业健康管理组织结构和职责；职业健康管理的主要措施。

项目部应根据批准的建设项目环境影响评价文件，编制用于指导项目实施过程的项目环境保护计划，其主要内容应包括：项目环境保护的目标及主要指标；项目环境保护的实施方案；项目环境保护所需的人力、物力、财力和技术等资源的专项计划；项目环境保护所需的技术研发和技术攻关等工作；落实防治环境污染和生态破坏的措施，以及环境保护设施的投资估算。

（十一）项目资源管理

项目资源管理应在满足工程总承包项目的质量、安全、费用、进度以及其他目标需要的基础上，进行项目资源的优化配置。项目资源管理的全过程应包括项目资源的计划、配置、控制和调整。

项目部应对项目人力资源进行优化配置与成本控制，并对项目人员的从业资格和能力进行管理。项目部应根据工程总承包企业要求，制定项目绩效考核和奖惩制度，对项目部人员实施考核和奖惩。项目部应编制设备、材料控制计划，建立项目设备、材料控制程序和现场管理规定，对设备、材料进行管理和控制。

项目部应做好施工现场机具使用的统一管理工作，切实履行工程机具报验程序。项目部应对设计、采购、施工和试运行过程中涉及的技术资源与技术活动进行过程管理。

项目部应严格管理项目资金计划。项目财务管理人员应根据项目进度计划、费用计划、合同价款及支付条件，编制项目资金流动计划和项目财务用款计划，按规定程序审批和实施。

项目部应对资金风险进行管理。分析项目资金收入和支出情况，降低资金使用成本，提高资金使用效率，规避资金风险。

（十二）项目合同管理

工程总承包合同和分包合同，以及项目实施过程中的合同变更和协议，应以书面形式订立，并成为合同的组成部分。

总承包合同管理的主要内容宜包括：接收合同文本并检查、确认其完整性和有效性；熟悉和研究合同文本，了解和明确业主的要求；确定项目合同控制目标，制定实施计划和保证措施；检查、跟踪合同履行情况；对项目合同变更进行管理；对合同履行中发生的违约、争议、索赔等事宜进行处理；对合同文件进行管理；进行合同收尾。

项目部应建立合同变更管理程序。合同变更应按下列程序进行：提出合同变更申请；合同经理组织相关人员开展合同变更评审并提出实施和控制计划；报项目经理审查和批准，重大的合同变更须报企业负责人签认；经业主签认，形成书面文件；组织实施。

项目部应按以下程序进行合同争议处理：准备并提供合同争议事件的证据和详细报

告；通过和解或调解达成协议，解决争议；通过和解或调解无效时，按合同约定提交仲裁或诉讼处理。项目部应按下列规定进行索赔处理：应执行合同约定的索赔程序和规定；在规定时限内向对方发出索赔通知，并提出书面赔偿报告和证据；对索赔费用和工期的真实性、合理性及正确性进行核定；应按最终商定或裁定的索赔结果进行处理，索赔金额可作为合同总价的增补款或扣减款。

项目部应建立并执行分包合同管理程序。分包合同管理宜包括下列的主要内容：明确分包合同的管理职责；分包招标的准备和实施；分包合同订立；对分包合同实施监控；分包合同变更处理；分包合同争议处理；分包合同索赔处理；分包合同文件管理；分包合同收尾。

分包合同文件组成及其优先次序应含下列内容：协议书；中标通知书（或中标函）；专用条款；通用条款；投标书和构成合同组成部分的其他文件（包括附件）；招标文件。

分包合同履行的管理应符合下列规定：项目部应依据合同约定，对项目分包人的合同履行进行监督和管理，并履行约定的责任和义务；合同管理人员应对分包合同确定的目标实行跟踪监督和动态管理；在分包合同履行过程中，项目分包人应向项目承包人负责。

分包合同变更应按下列程序进行：综合评估分包变更实施方案对项目质量、安全费用和进度等的影响；根据评估意见调整或完善后的实施方案，报项目经理审查并按总包合同管理程序审批；进行沟通谈判，签订分包变更合同或协议；监督变更合同或协议的实施。

分包合同收尾应符合下列规定：项目部应按分包合同约定程序和要求进行分包合同的收尾；合同管理人员应对分包合同约定目标进行检查和验证，当确认已完成缺陷修补并达标时，进行分包合同的最终结算和关闭分包合同的工作；当分包合同关闭后应进行总结评价工作，包括分包合同订立、履行及其相关效果评价。